AI 设计与创意实战

品牌、空间、叙事与艺术的未来融合

郭爽◎编著

化学工业出版社
·北京·

内容简介

本书详尽地探讨了AI如何深刻影响和重塑品牌设计、营销策略和品牌相关的艺术创作的过程。书中首先介绍了AI在品牌标识和视觉内容创作中的应用，包括品牌形象设计、创意策略的生成以及视觉概念的开发。接着，深入讨论了AI在空间设计和环境创造中的角色，涵盖了品牌店铺空间规划、光照和材料选择，以及环境可持续性设计等方面。此外，书中还分析了AI在故事叙述和营销中的作用，特别是其在广告脚本创作、视频内容制作和社交媒体互动中的应用。最后，探讨了AI在品牌相关的艺术创作领域的创新实践，如插画、漫画、音乐创作和时尚设计等。

书中结合了丰富的案例分析和实用指南，不仅为读者提供了AI技术在创意产业中的实用策略，还预测了AI技术的未来发展趋势，旨在帮助读者在数字化时代中抓住机遇，运用AI提升创意效率、优化工作流程，实现创新和突破。扫二维码可获得76集教学视频及3000多组AI关键词资料。

图书在版编目(CIP)数据

AI设计与创意实战 ： 品牌、空间、叙事与艺术的未来融合 / 郭爽编著. -- 北京 ： 化学工业出版社, 2024. 11. -- ISBN 978-7-122-30259-5

Ⅰ. TB21-39

中国国家版本馆CIP数据核字第2024Q9H024号

责任编辑：刘莉珺　　封面设计：王晓宇
责任校对：宋　玮　　装帧设计：盟诺文化

出版发行：化学工业出版社（北京市东城区青年湖南街13号　邮政编码100011）
印　　装：北京宝隆世纪印刷有限公司
787mm×1092mm　1/16　印张$16^1/_2$　字数400千字　2025年1月北京第1版第1次印刷

购书咨询：010-64518888　　售后服务：010-64518899
网　　址：http://www.cip.com.cn
凡购买本书，如有缺损质量问题，本社销售中心负责调换。

定　　价：99.00元

版权所有　违者必究

前言

大家好，我是郭爽。作为一名在时尚摄影、品牌营销与传播领域拥有多年经验的从业者和大学教师，我深知商业与创意和技术结合的重要性。写这本书的初衷，源于我多年来在时尚和商业领域的经历和实战经验。

我在大学期间学习的专业是时尚摄影，主要是时尚与广告方向。通过多年在时尚摄影和造型设计领域的打磨，我学会了如何通过镜头捕捉品牌的独特气质，并将其转化为视觉语言。这种对美学和商业需求的平衡让我意识到，成功的品牌不仅需要精湛的技术，更需要独特的创意表达。

因此，我对商业和营销的兴趣愈发浓厚，并在读研期间攻读了时尚营销与传播专业。这一阶段的学习，让我开始将艺术与商业结合，从一个全新的视角理解品牌运作和市场需求。结合艺术和摄影行业的背景和实战经历，我发现视觉元素不仅是艺术表达的一部分，更是品牌传达理念、建立认同感的重要工具。

毕业后多年的营销策划和品牌传播经验，让我经历了上百次营销方案的创作。随着AI技术的不断普及，我在工作中深刻体验到AI技术极大地改变了创意发散和方案制作的流程。AI能够快速生成创意内容，并通过数据分析和消费者行为预测，为企业提供更加精准的营销策略。这种技术上的进步，不仅提高了工作效率，还节约了大量的成本和资源。特别是在企业中，品牌和营销部门往往需要快速响应市场变化，而AI技术能够帮助企业更快地进行试验和调整，大幅提高工作效率。

读博期间，我专注于可持续品牌创新的研究，在研究的过程中发现AI技术不仅为品牌提供了新的创意工具，更推动了品牌创新商业模式的发展，成为革新品牌未来战略发展的重要力量。因此，在高校教学中，我将AI技术融入品牌管理与营销相关的课程中，带领学生利用AI技术完成新产品开发、广告、动画、视频和音乐等品牌营销传播项目的制作。看到学生们利用AI工具创作出了独具创意的作品，不仅开发了非设计专业学生的创意思维能力和艺术表现力，也极大地提高了他们在未来职场中的核心竞争力。

同时，我也为一些企业提供AI方面的培训，帮助品牌和营销部门的人员更好地理解并应用AI技术。企业通常面临着如何快速适应市场变化、提高创意产出和优化工作流程的挑战，而AI工具正是解决这些问题的利器。利用AI技术，企业可以迅速生成多种方案并进行评估和优化，从而节约大量时间和成本。

我写这本书的动机，源于对行业内巨大需求的深刻认识。无论是企业管理者、营销人员、设计师还是创业者，大家对AI创意设计的兴趣和需求都非常强烈，但往往缺乏系统的、从品牌角度出发的实用教程。因此，本书的核心定位非常清晰：为希望提升品牌影响力的品牌管理者、营销专家，寻求新创意灵感的设计师，以及期望利用最新技术开辟商业新渠道的创业者，提供一本极具实操性的指南。

在我的职业生涯中，我多次看到企业和高校对AI创意设计的渴望。在企业中，管理者和营销人员希望通过AI技术提高工作效率，降低成本，同时打造更具吸引力的品牌内容。在高校中，学生们迫切希望掌握最新的技术和方法，以便在毕业后能够在竞争激烈的职场中脱颖而出。因此，本书的目标就是帮助这些读者利用AI技术，实现他们的创意和商业目标。为了方便大家阅读，我尽量以轻松的语言进行讲解，并采用我与品牌主对话的形式展开AI技术的教程内容。由于很多学生亲切地称我为“郭郭老师”，所以每个章节的对话也是以此称呼展开的。

本书主要分为4个部分，站在品牌和营销专家、创业者的视角，涵盖了他们在工作中接触到的最主要的几部分内容：品牌标志设计、品牌海报设计、品牌空间设计、品牌广告创作、品牌视频创作、品牌艺术化叙事内容创作、品牌音乐创作和时尚设计的AI应用。

第1部分：AI赋能的品牌创意设计。这部分探讨了AI如何助力品牌标志和视觉内容创作。从品牌Logo的设计到品牌海报内容的生成和优化，详细解析了AI在这些环节中的应用。通过具体的操作步骤和案例分析，读者可以了解到如何利用AI技术提升品牌的视觉识别度和市场影响力。

第2部分：AI在空间与环境设计中的应用。这部分展示了AI在品牌空间规划和体验空间创造中的作用。无论是智能品牌空间设计，还是快闪店互动体验空间的设计与实现，AI工具都能帮助品牌更高效地设计和优化空间布局，提升顾客的购物体验和品牌互动效果。通过这部分内容，读者可以了解如何运用AI技术进行品牌空间的创意规划和实际操作，从而提升品牌的现场体验和互动性。

第3部分：AI时代的品牌叙述与视频创作。这部分分析了AI在广告脚本创作和视频内容制作中的应用。AI技术不仅可以生成创意脚本，还能够自动化地制作高质量的视频内容，帮助品牌更好地传达故事和吸引观众。本部分将带读者深入了解如何利用AI工具快速生成高质量的广告和视频内容，以提高品牌传播的效率和效果。

第4部分：AI在艺术创作中的应用。这部分介绍了AI在品牌艺术化叙事内容、音乐和时尚设计中的创新实践。AI技术的应用不仅丰富了艺术化叙事创作的手段，还拓展了品牌艺术表达的边界，使得品牌能够实现更多艺术创新和突破。通过这一部分，读者将掌握如何将AI技术融入品牌的艺术创作过程，打造独特的品牌艺术形象，增强品牌的市场竞争力。

未来，企业会在AI的推动下经历更加深刻的流程革新。掌握这些方法不仅能够帮助企业更好地跟上时代步伐，提高效率，也为创业者提供了加快工作流程的强大工具。本书不仅是一次知识的分享，更是一场与AI携手共进的创意旅程。希望这本书能为每一位读者带来启发和实用的指导，帮助大家在这个充满机遇和挑战的时代，勇敢地去追求创新与卓越！

目 录

第 1 部分 AI 赋能的品牌创意设计

第 2 部分　AI 在空间与环境设计中的应用

第 3 部分　AI 时代的品牌叙述与视频创作

第 4 部分　AI 在艺术创作中的应用

第 1 部分

AI 赋能的品牌创意设计

第 1 章

品牌标志的 AI 革命

在如今快速变化的市场环境中，品牌标志已经超越了简单的商标或视觉象征的角色，成为品牌故事的核心，是连接消费者与品牌的重要桥梁。随着人工智能技术的飞速发展，AI 正在全面改变品牌 Logo 设计的传统方法，从概念生成到最终实现的整个过程都被重新定义。本章将深入探讨 AI 如何以更高效、创新的方式帮助品牌建立其标志，并分析这种技术如何使品牌能够更好地与目标受众连接。

本章的目的是向读者展示 AI 在品牌 Logo 创造的各个阶段如何发挥作用，从初步的品牌形象和目标市场分析，到品牌 Logo 视觉概念的开发和具体实现。本章将通过具体的操作指南，详细说明如何运用 AI 工具和技术将抽象的设计理念转化为具体的品牌 Logo 方案。这一过程不仅是技术的应用，更是关于品牌与市场沟通的一次创新探索之旅。对品牌经理、营销专家，以及设计师和创业者而言，理解和掌握这些 AI 技术和方法不仅是跟上行业趋势的必要条件，更是在激烈的市场竞争中获得优势的关键。通过对本章的学习，希望专业人士能够利用 AI 的力量，提高品牌 Logo 的创造力和效率，最终实现与消费者的更有效的连接。

1.1　设计品牌Logo的痛点分析

品牌主：郭郭老师，我是一名刚刚起步的创业者，我和团队在设计品牌Logo时遇到了一些困难。我们不确定应该选择什么样的风格，这使得最初的设计方向难以确定，花费了很长时间。请问这种情况该怎么办呢？

郭郭老师：这是一个非常常见的问题，许多创业团队在设计品牌Logo初期都会遇到。确定Logo的风格和方向是一个复杂且耗时的过程，特别是当团队成员对品牌的视觉表达有不同见解的时候。

设计品牌Logo的主要痛点通常包括以下3点：

- 不清楚想要表达的核心品牌信息。
- 难以抉择品牌Logo适合的风格。
- 缺乏足够的设计经验来将这些想法转化为一个具体的视觉标志。

品牌主：为什么最初的设计方向这么难确定呢？

郭郭老师：主要是因为这涉及多个方面的考量：品牌的核心价值、目标受众的偏好、市场上的竞争品牌，以及如何让Logo在视觉上既独特又具有吸引力。没有清晰的设计方向，团队可能会在各种不同的想法之间徘徊，无法做出决定。此外，缺乏专业的设计指导或者对品牌设计理论知识不足也会增加确定设计方向的难度。

品牌主：那我在设计品牌Logo时，需要考虑哪些关键因素呢？

郭郭老师：对新品牌而言，一个有效的品牌Logo是其成功的关键因素之一。它不仅是一个图形或符号，更是品牌向外界传递其价值观、核心理念和个性的重要方式。好的品牌Logo可以帮助新品牌在竞争激烈的市场中迅速建立独特的身份，从而吸引并保留客户。

在设计品牌Logo时，需要重点思考以下3点：

（1）品牌Logo的整体视觉展现应与产品属性及企业调性保持一致。

（2）品牌的视觉标志有助于品牌在消费者心目中留下非常长期的印象，因此设计的品牌Logo最好能够长期流行。

（3）品牌标志的颜色应该是现实生活中常见的、令人视觉舒适的颜色，色彩组合最好不要超过3种颜色，要遵循色彩学的基本原理。

品牌主：郭郭老师，有没有什么办法可以帮助我们更快地确定品牌Logo的设计方向呢？

郭郭老师：当然有！实际上，现代技术，特别是AI技术，为解决这些痛点提供了高效的工具。AI可以帮助品牌快速分析市场数据和消费者偏好，提供基于品牌信息的设计建议。例如，AI工具可以通过分析类似品牌的成功案例来推荐可能有效的设计风格，甚至生成初步的Logo设计草案供团队讨论和迭代。这不仅可以大大加快设计过程，还能提高设计的针对性和创新性。

首先来梳理下AI品牌标志设计的具体流程。

流程一：分析品牌形象和目标市场。

流程二：确定品牌Logo的主题方向。

流程三：确定品牌Logo的设计风格。

流程四：加入品牌Logo创意风格元素。

接下来围绕这个流程走一遍，帮助大家设计出适合自己的品牌Logo。

1.2　AI分析品牌形象与目标市场

郭郭老师：首先基于你的品牌定位和目标受众群体，借助AI工具如ChatGPT来帮助分析应该如何建立与之相匹配的品牌形象定位。你可以先跟我说下你的品牌名称、品牌定位、目标受众哦。

品牌主：好的！我们创立了一个轻量化户外时尚品牌，具体信息如下。

品牌名称：MountainLite（化名）

品牌定位：MountainLite 是一个专注于轻量化、可持续的户外时尚品牌，结合高端设计与环保材料，为追求自然与冒险生活方式的消费者提供理想的装备选择。品牌的核心理念是通过创新的设计和技术，提供既轻便又耐用的户外服饰，使户外活动变得舒适性更高。MountainLite 致力于使用可回收材料和采取可持续生产方式，以减少对环境的影响，同时确保产品具有极高的功能性和时尚感。

目标受众：MountainLite目标受众的年龄在25至39岁，这一群体热爱户外活动，如徒步、登山、跑步和骑行，且具有环保意识和追求高品质生活。这部分人群通常拥有较高的收入，愿意为高质量、耐用且具有环保属性的户外装备支付中高端价格。他们不仅寻求功能性产品来支持他们的户外冒险，而且希望这些产品能够体现他们对环境保护的承诺。

郭郭老师：很棒的可持续户外品牌！不仅紧跟年轻用户对轻量化户外产品的需求，而且注重可持续生产方式，体现了品牌对社会的责任感。接下来我们将借助AI工具如ChatGPT或Kimi，结合您的品牌信息，探讨几个适合您品牌形象定位的方向。

具体操作如下：使用ChatGPT等AI工具，输入品牌信息，让AI基于以上信息帮助梳理出几个适合的品牌形象定位方向，提问方法和AI给出的回答如图1-1所示。

You

我们创立了一个轻量化户外时尚品牌，具体信息如下：

- 品牌名称：MountainLite
- 品牌定位：MountainLite 是一个专注于轻量化、可持续的户外时尚品牌，结合高端设计与环保材料，为追求自然与冒险生活方式的消费者提供理想的装备选择。品牌的核心理念是通过创新的设计和技术，提供既轻便又耐用的户外服饰，使户外活动变得更加舒适和可达性更高。MountainLite 致力于使用可回收材料和采取可持续生产方式，以减少对环境的影响，同时确保产品具有极高的功能性和时尚感。
- 目标受众：MountainLite 的目标受众是年龄在25至39岁之间，他们热爱户外活动，如徒步、登山、跑步和自行车骑行，且具有环保意识和高品质生活的追求。这部分人群通常拥有较高的收入水平，愿意为高质量、耐用且具有环保属性的户外装备支付中高端价格。他们不仅寻求功能性产品来支持他们的户外冒险，而且希望这些产品能够体现他们对环境保护的承诺。此外，这些消费者喜爱品牌能够讲述引人入胜的故事，这些故事能与他们的价值观和生活方式产生情感共鸣。

请帮我结合这个品牌信息，梳理几个合适的品牌形象定位的大方向。

ChatGPT

为MountainLite品牌定位和塑造品牌形象，可以围绕以下几个关键方向来展开：

1. **环保与可持续性**：
   - 强调MountainLite使用的高端环保材料和可持续生产过程。可以通过故事化的方式讲述品牌如何从原材料采购、生产过程到最终产品的每一步都致力于减少环境影响。
   - 展示具体的环保项目和合作，例如与环保组织的合作，或是参与重要的环境保护活动，以此加深品牌形象在目标受众中的生态责任感。
2. **轻量化技术与创新设计**：
   - 突出MountainLite产品的轻量化特点，展示如何通过创新设计和技术提升户外活动的舒适度和可达性。这可以包括技术解析、设计背后的思考、以及与顶尖设计师的合作等。
   - 展示产品在极端条件下的性能，通过实际户外活动测试的案例，如徒步、登山等，来证明产品的耐用性和实用性。
3. **高端生活方式与时尚感**：
   - 通过高质量的视觉营销材料和时尚摄影，强调产品的设计美学和时尚感。可以在自然美景中展示穿着MountainLite装备的模特，以传达一种高端而自然的生活方式。
   - 开展与时尚界的合作，例如参与时尚周或与知名时尚品牌合作限量版系列，将户外装备与时尚潮流结合，吸引那些对时尚敏感的消费者。
4. **品牌故事与情感共鸣**：
   - 创建与品牌理念相符的内容，如客户故事、创始人的灵感来源、品牌成立的背景等，以情感化的叙述与目标消费者建立情感连接。
   - 利用社交媒体、品牌博客和视频内容，讲述用户如何在户外活动中使用MountainLite产品，并展现他们对环保和高品质生活的承诺。
5. **社区参与与用户互动**：
   - 建立一个品牌社区，鼓励用户分享他们的户外经历和对产品的反馈。可以通过举办线上和线下的户外活动，如徒步旅行团、环保活动等，来加强社区的互动和参与感。
   - 开展用户参与的创意活动，如设计比赛、环保挑战等，使消费者感受到自己是品牌成长和发展的一部分。

图 1-1　ChatGPT 生成的品牌形象定位方向

接下来综合考虑AI给出的几个方向，以及MountainLite品牌的实际情况，确定品牌形象定位的大方向。例如，假设确定MountainLite的核心定位是“环保可持续性+轻量化技术”，则需要确保品牌Logo的视觉设计能够充分体现这一核心定位。

1.3　明确品牌Logo的主题方向

品牌视觉形象定位为“环保可持续性+轻量化技术”，因此品牌Logo也要清晰地反映这一定位。接下来让ChatGPT基于这一定位明确品牌Logo的主题方向。如图1-2所示，结合品牌视觉形象定位，AI提供了几个不同的方向。

ST **You**

接下来要为该品牌做品牌logo。请结合“环保可持续性+轻量化技术”的品牌视觉形象定位，帮助我们明确品牌logo的主题方向。请注意，我的品牌logo要同时体现“环保可持续性+轻量化技术”的视觉形象定位的结合

‹ 2/2 ›

ChatGPT

为MountainLite设计品牌logo时，可以结合“环保可持续性”和“轻量化技术”两大核心理念，创造一个既表达品牌愿景又具有视觉吸引力的标识。以下是几个可能的设计主题方向：

1. **自然元素与简洁线条结合**：
   - 使用自然元素如山脉、树叶或水流作为标志的一部分，这些元素象征着环保和自然。通过将这些元素设计成简洁、现代的线条和形状，体现轻量化的技术感。
   - 例如，可以将山形轮廓简化成几何图形，既显得轻巧，也易于识别和记忆。
2. **循环与再生符号**：
   - 结合环保主题，使用循环箭头或无限循环符号表达可持续性的理念。这些符号可以巧妙地融入到设计中，比如形成一个轻盈的图案，或是环绕在品牌名字周围。
   - 确保符号设计简洁、现代，避免过于复杂，以保持品牌的专业和高端形象。
3. **融入轻质材料纹理**：
   - 在logo中加入象征轻材料的纹理或图案，如羽毛、风帆等。这可以通过精细的线条或轻盈的色彩来体现。
   - 纹理的使用不应过多，以免喧宾夺主，关键在于用轻松的手法表现出轻材料的感觉。
4. **绿色调和清新色彩**：
   - 选择代表自然和环保的颜色，如各种绿色调，或者蓝色和土色调，这些颜色可以传递出品牌对自然的尊重和保护。
   - 颜色的选择也要考虑到视觉的轻松感，例如使用较浅或较柔和的颜色，以表现出轻量化的设计理念。
5. **动态与活力**：
   - 设计一个表现动态和活力的logo，可以通过线条的流动感或形状的倾斜来实现。这种设计不仅传达轻量化的感觉，还能体现出户外活动的活力和乐趣。
   - 动态元素在视觉上更加吸引人，容易与消费者建立情感连接。

图1-2　ChatGPT生成的品牌Logo的主题方向

从中选择一个品牌Logo的主题方向，比如选择“自然元素与简洁线条结合”这个主题方向，然后进行后续的品牌Logo图片制作。

1.4　Midjourney的视觉概念开发

接下来结合上述品牌Logo的主题方向，使用AI文生图工具Midjourney生成品牌Logo。如果刚刚开始接触Midjourney，直接写出文生图关键词会相对困难。这时可以借助ChatGPT生成文生图的英文关键词，提问方法如图1-3所示。

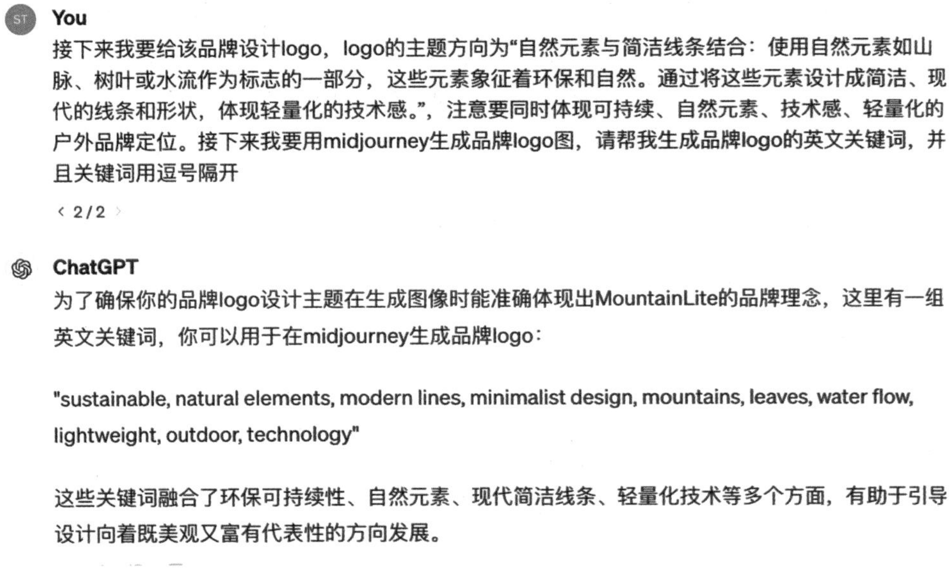

You

接下来我要给该品牌设计logo，logo的主题方向为“自然元素与简洁线条结合：使用自然元素如山脉、树叶或水流作为标志的一部分，这些元素象征着环保和自然。通过将这些元素设计成简洁、现代的线条和形状，体现轻量化的技术感。”，注意要同时体现可持续、自然元素、技术感、轻量化的户外品牌定位。接下来我要用midjourney生成品牌logo图，请帮我生成品牌logo的英文关键词，并且关键词用逗号隔开

‹ 2/2 ›

ChatGPT

为了确保你的品牌logo设计主题在生成图像时能准确体现出MountainLite的品牌理念，这里有一组英文关键词，你可以用于在midjourney生成品牌logo：

"sustainable, natural elements, modern lines, minimalist design, mountains, leaves, water flow, lightweight, outdoor, technology"

这些关键词融合了环保可持续性、自然元素、现代简洁线条、轻量化技术等多个方面，有助于引导设计向着既美观又富有代表性的方向发展。

图1-3　使用ChatGPT生成的Midjourney关键词

品牌主：郭郭老师，Midjourney是什么AI工具呀？

郭郭老师：它是由Midjourney研究实验室开发的人工智能程序哦。它可以根据文本生成图像，目前设立在Discord频道上。使用者可以通过Discord的机器人指令进行操作，并创作出各种图像作品。因此，想要使用Midjourney，需要先注册一个Discord账号，然后进入Midjourney的Discord频道。一旦注册完成，你可以通过浏览器访问Discord，也可以下载他们的客户端。

品牌主：好的，明白啦！那应该怎么用Midjourney做图呢？

郭郭老师：下面我带着你走一遍流程哦。首先下载好程序，之后我们打开Midjourney，进行注册并创建服务器。选择“仅供我和我的朋友使用”选项，然后添加Midjourney机器人。创建好服务器后，就可以开始使用它生成AI图片啦！

◎ 如何用关键词在Midjourney中生成图片？

在服务器下的文本框中输入“/”，弹出一系列指令。选择“/imagine”命令，出现如图1-4所示的画面。接下来输入一组关键词（切记：每个关键词的后面需要加上英文的逗号“,”，然后按空格键输入一个空格后再输入下一个关键词）。

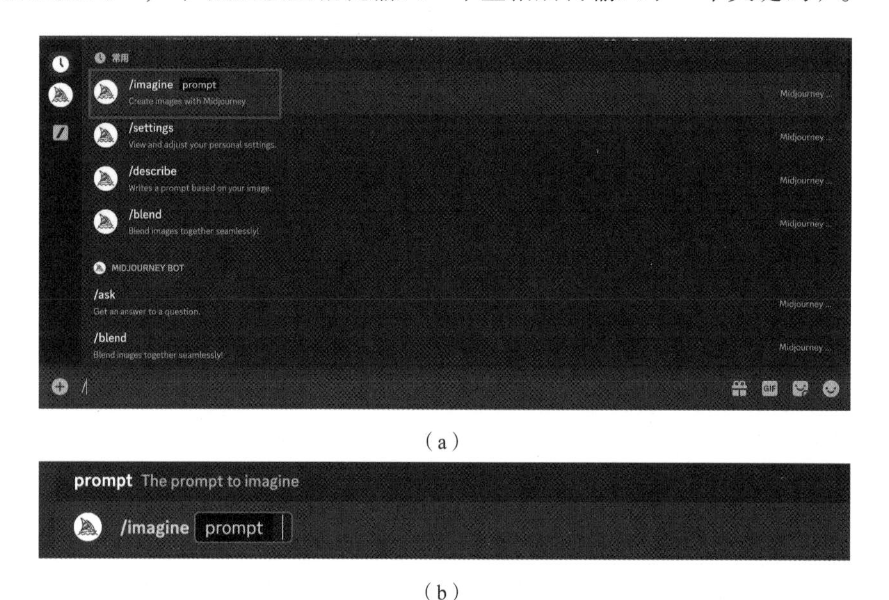

（a）

（b）

图 1-4　在 Midjourney 中输入“/”并选择“/imagine”指令

接下来输入刚刚由ChatGPT生成的品牌Logo英文关键词“sustainable, natural elements, modern lines, minimalist design, mountains, leaves, water flow, lightweight, outdoor, technology”，并在最前面添加“Brand Logo”关键词。将这些关键词输入到“/imagine”指令后面的prompt文本框中，就可以生成品牌Logo图片了，生成的图片如图1-5所示。

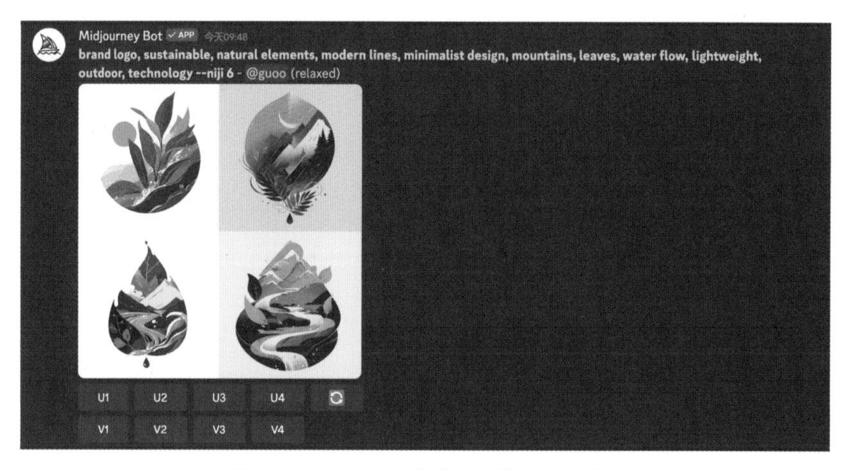

图 1-5　Midjourney 生成的品牌 Logo 图片

如果想要保存生成的图片，可以先单击图片，然后在图片的左下角选择“在浏览器中打开”选项，并在浏览器中点击鼠标右键，选择“存储图像为”命令，保存到计算机的文件夹中，如图1-6所示。这样的保存方法可以确保保存的图片尺寸较大（如果直接在Midjourney中保存图片则图片尺寸较小）。

图 1-6　保存 Midjourney 生成的大尺寸图

如果对生成的某张图片感到满意，可以通过单击图片下方相对应的数字U1、U2、U3、U4按钮放大图片，并按照上述步骤选择“在浏览器中打开”选项保存大图，如图1-7和图1-8所示。

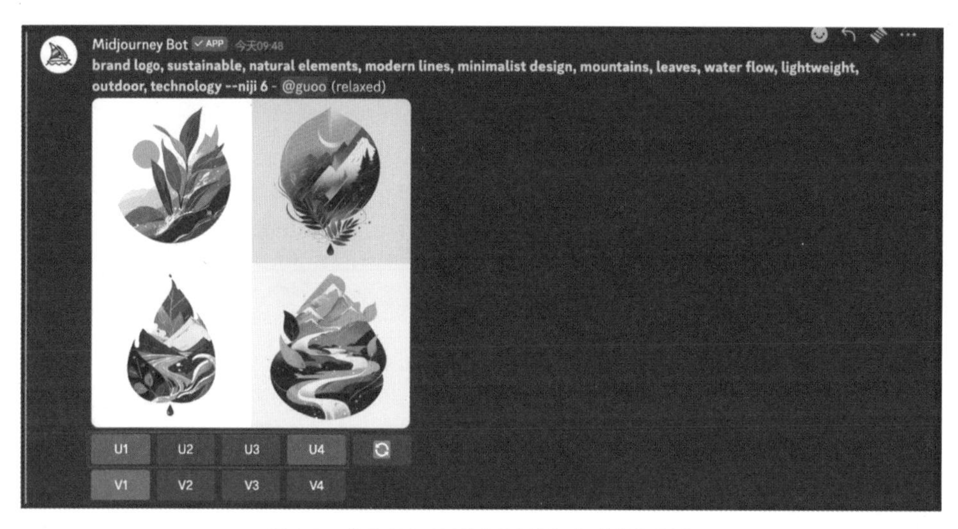

图 1-7　单击 U1~U4 按钮可以生成对应的大图

图 1-8　单击 U1 按钮后生成的大图效果

图片下面的V1、V2、V3、V4指的是在原图的基础之上进行变换。比如，想对第一张图进行变换，可以单击V1按钮，稍后会弹出一个对话框，里面出现的关键词是这张图原有的关键词，如图1-9所示。用户可以在这些关键词的基础之上进行微调，从而生成以第一张图为基础的新图，如图1-10所示。

图 1-9 单击 V1 按钮后弹出的对话框

图 1-10 单击 V1 按钮后修改提示词生成的图片

◎ 如何优化品牌Logo的极简性？

根据目前生成的图片可以看出，作为品牌Logo可能稍显复杂。一个好的品牌Logo应该简约、易记。因此，在现有的基础上，加入一些关键词，使品牌Logo更加简约，如：Minimalist、Simplified、Clean、Streamlined、Subtle、Iconic等。如图1-11所示，加入上述关键词后品牌Logo图片变得更加简约。

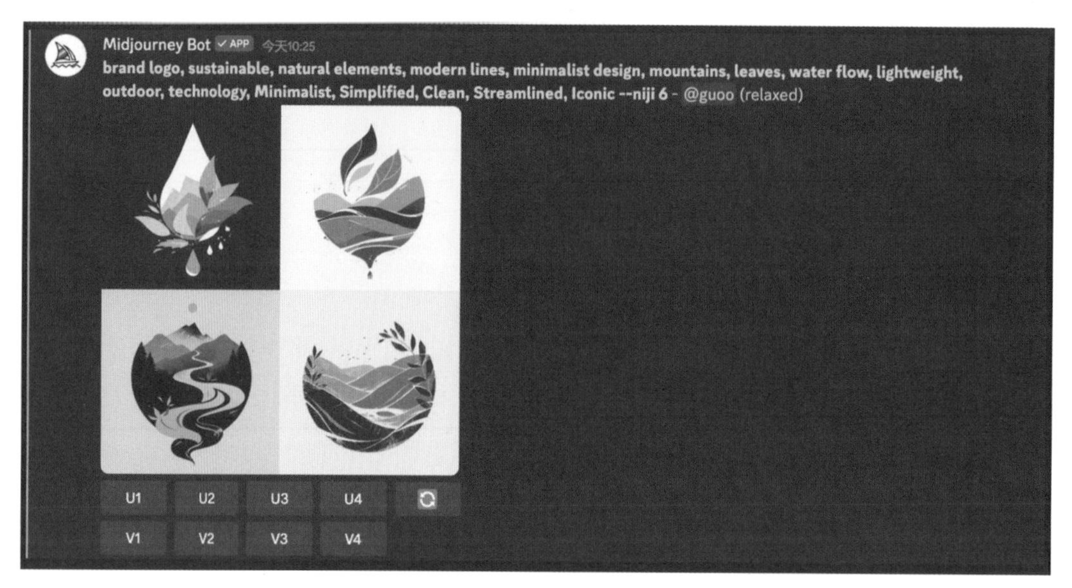

图 1-11　加入极简关键词生成的 Logo 图片

◎ 如何生成个性化的品牌Logo色彩？

如果希望品牌Logo的颜色更具倾向性，比如以蓝色、黑白色或橘色为主色调，可以在现有关键词的基础上，加入颜色关键词，如black and white color、blue color、orange color等。如图1-12所示，分别加入颜色关键词后，生成了以黑白、蓝色和橘色为主色调的品牌Logo。在选择颜色时，可以根据品牌调性来具体匹配合适的颜色，最终生成的品牌Logo颜色更具倾向性，能够加深用户对品牌的印象。

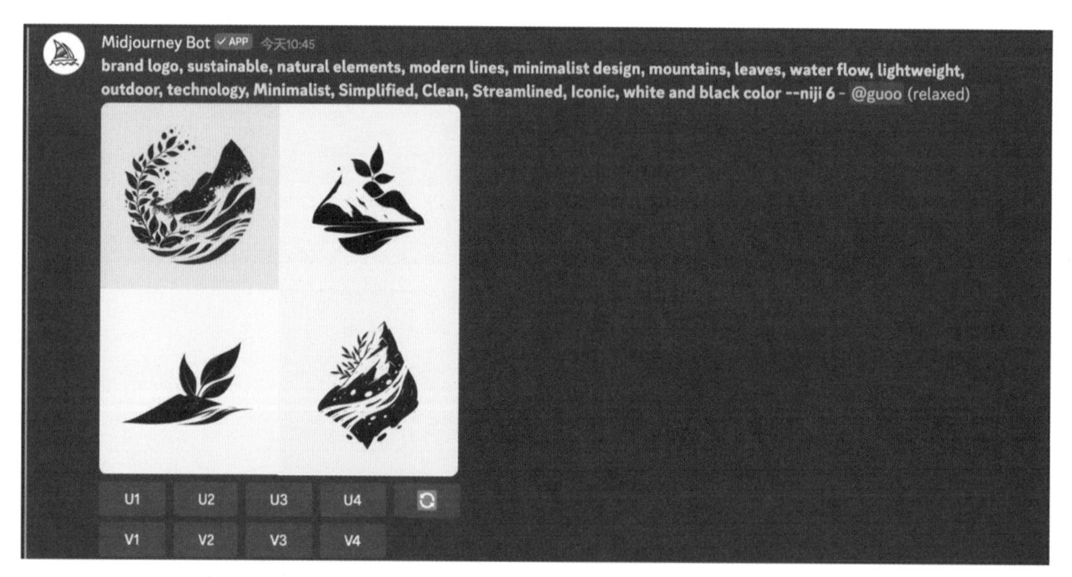

（a）

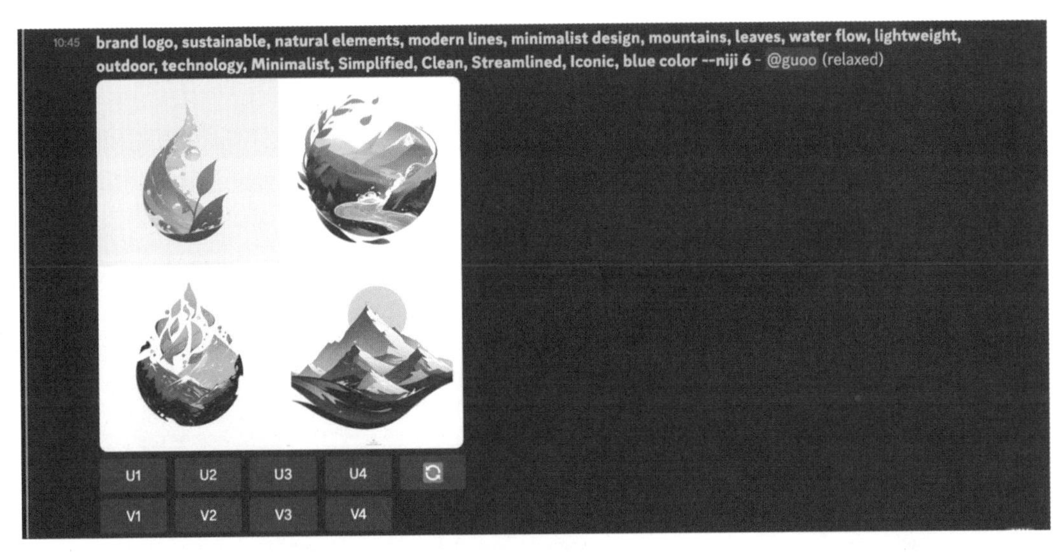

（b）

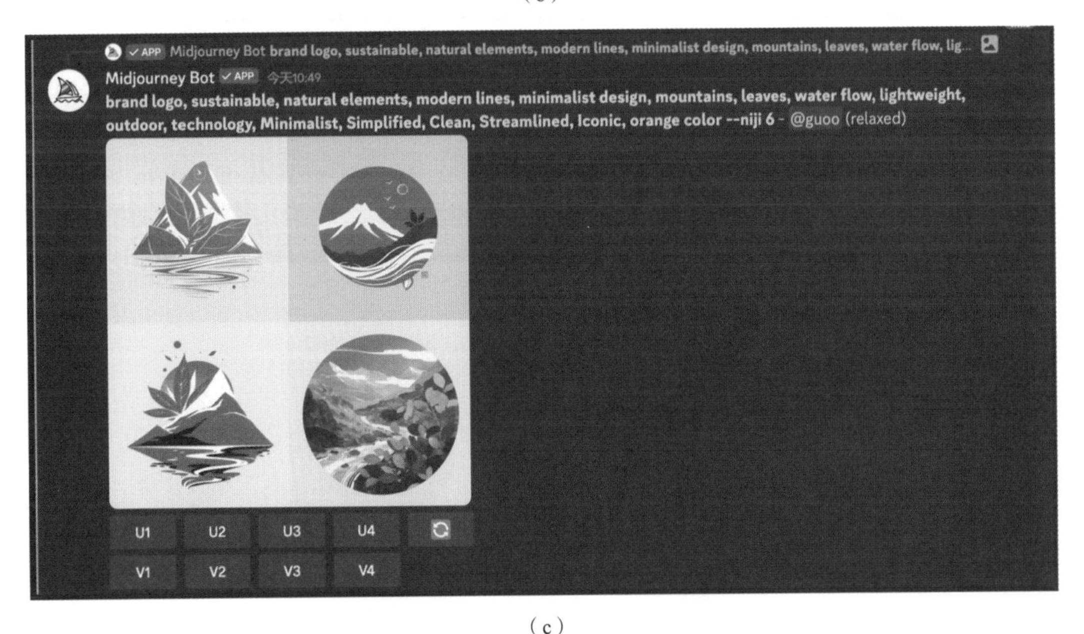

（c）

图 1-12　加入颜色关键词后生成的 Logo 图

◎ 如何提高关键词的权重？

目前生成的品牌Logo仍然显得过于复杂。此时，可以增加某些关键词的权重，使这些关键词在生成图像中具有更大的影响力。在需要增加权重的关键词后面添加一个新的指令“双冒号+数字”，例如“::1”或“::2”。数字越大，该关键词在整个图像中的权重就越高。

下面以图1-12（c）为例，单击V3按钮，在第三张图的基础上调整关键词，并在Minimalist、Simplified、Clean的关键词后面加上权重指令，如Minimalist::2、Simplified::2、Abstract::1等，并去除多余的元素，保证画面元素的简洁。最终，将这组新图的关键词调整为“brand Logo, sustainable, natural elements, modern lines, minimalist Logo design, abstract Logo design, mountains, leaves, water flow, technology, Minimalist::2, Simplified, Clean, Streamlined, Iconic Logo, orange color”。将这组关键词输入Midjourney，生成的全新的品牌Logo图在极简程度上有了显著提升，如图1-13所示。

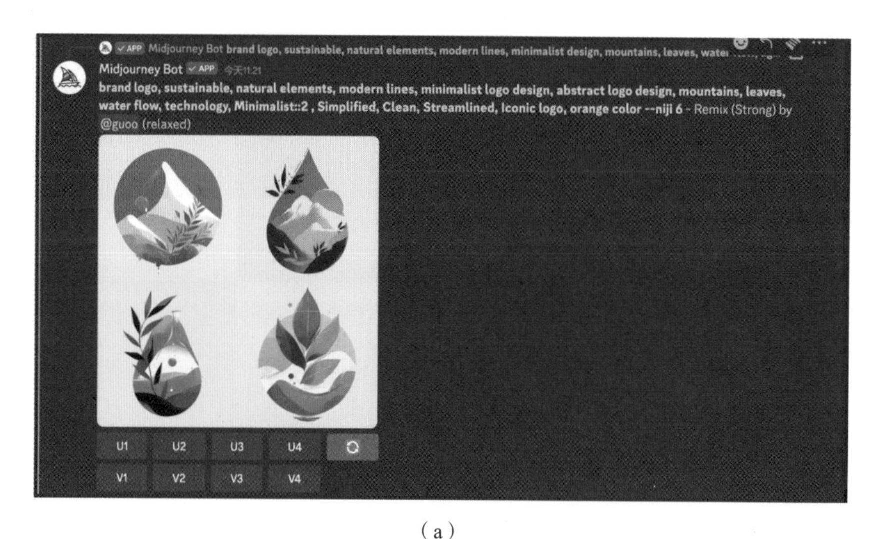

（a）

（b）

（c）

图 1-13　增加极简相关关键词权重后生成的 Logo 图

◎ AI设计灵感锦囊

在设计品牌Logo时，应注意保持品牌Logo的极简性。为了生成简约的Logo图像，以下汇总了一些文生图建议，以及常见的品牌Logo设计思路和关键词，帮助大家生成更符合品牌定位的Logo设计方向。

生成Logo时，要注意根据品牌背景信息（包括品牌定位、核心价值、目标受众等）来确定Logo的主体。主体可以是具体的形象、抽象的线条，或者两者的组合。注意：目前，AI无法通过变形文字生成Logo，因此自动生成的Logo中包含的文字大多是错误的。如果品牌Logo需要文字，建议在后期手动添加。

如果生成的品牌 Logo不够极简，可以考虑通过以下几点来改进。

- 简化元素：简化或去除一些关键词，去除关键词中不必要的细节和复杂性。
- 减少颜色：尽量减少关键词中的颜色，设计单色或双色，以增强整体的简洁感。
- 去除文字：去除 Logo 中的文字部分，只保留图形元素，使设计更直观、简洁。品牌Logo上的文字可以通过后期软件来添加。
- 极简关键词：充分利用极简主义（Minimalist）、负空间（Negative Space）等关键词创造简约而有力的设计，尽量避免过度填充和装饰。

让品牌 Logo 更加极简的常用关键词

Minimalist：追求极简主义，去除不必要的元素和复杂性。
Simplicity：强调简单和直观的设计风格。
Clean Lines：使用清晰的线条和形状，使设计更加简洁和易懂。
Abstract：强调抽象性，避免具体的形象或图案。
Clean：清晰简洁，减少杂乱的视觉元素，突出主要信息。
Streamlined：使设计更加流畅，去除烦琐和多余的装饰。
Subtle：采用细微的变化或细节，使设计更加精致而不张扬。
Elegant：追求优雅的外观，体现品牌的高贵和精致。
Modern：使用现代化的设计元素和风格，凸显品牌的时尚和前沿性。
Iconic：设计一个图标化的 Logo，使其易于识别和记忆。
Timeless：追求经典和永恒的设计，不受时代变迁的影响。
Versatile：设计一个多功能的 Logo，可以适用于不同的媒介和应用场景。
Balanced：保持设计的平衡感，使各个元素相互协调。
Geometric：使用简单的几何形状和线条，强调对称性和结构美。
Monochrome：使用单色或双色调，使设计更加统一、简洁。
Negative Space：利用负空间，创造出独特而简约的视觉效果。
Scalable：确保在不同尺寸和比例下都能保持清晰和可识别性。

常用的品牌Logo颜色关键词

蓝色（Blue）：稳重、可信赖、专业、冷静、沉稳。
红色（Red）：激情、活力、力量、温暖、引人注目。
绿色（Green）：健康、自然、生机、环保、平衡。
黄色（Yellow）：开心、阳光、乐观、创意、活跃。

黑色（Black）：高贵、精致、优雅、简约、神秘。
白色（White）：清爽、纯洁、简约、干净、透明。
橙色（Orange）：欢乐、温暖、友善、创新、充满活力。
紫色（Purple）：奢华、神秘、创意、独特、富有魅力。
粉红色（Pink）：甜美、温柔、女性化、浪漫、柔和。
灰色（Gray）：稳重、中性、专业、现代、稳健。
金色（Gold）：豪华、优雅、独特、高端、贵族。
银色（Silver）：精致、高贵、冷静、优雅、典雅。
棕色（Brown）：自然、实用、朴素、耐用、可靠。
深蓝色（Navy Blue）：专业、稳重、传统、可靠、经典。
青色（Turquoise）：清新、活力、创新、沉着、自信。

1.5　确定品牌Logo设计风格

品牌主：郭郭老师，如果我们的品牌Logo想要非常有科技感的可持续性风格，要怎么设计呢？

郭郭老师：刚刚我们已经确定了品牌Logo的主体，如果想要风格感更强的品牌Logo，可以加入设计风格元素关键词。比如，品牌Logo设计风格为“可持续性+科技感”，可以加入如Eco-Friendly Technology、Eco-Tech Fusion、Sustainable Digital Design等设计风格关键词。接着输入关键词“brand Logo, sustainable, natural elements, modern lines, minimalist Logo design, abstract Logo design, mountains, technology, Minimalist::2, Simplified, Clean, Streamlined, Iconic Logo, Eco-Friendly Technology, Eco-Tech Fusion, Sustainable Digital Design, Green-Tech Aesthetics, Tech-Driven, Futurism, Negative Space::2”，可以看到生成的品牌Logo图片的可持续性+科技感风格属性会更强，如图1-14所示。

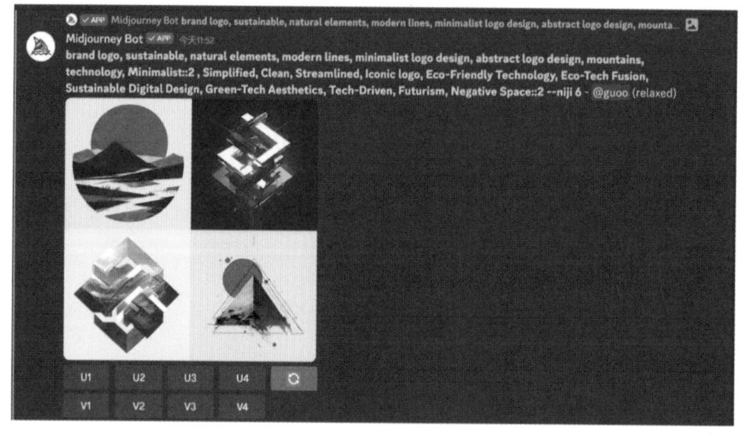

（a）

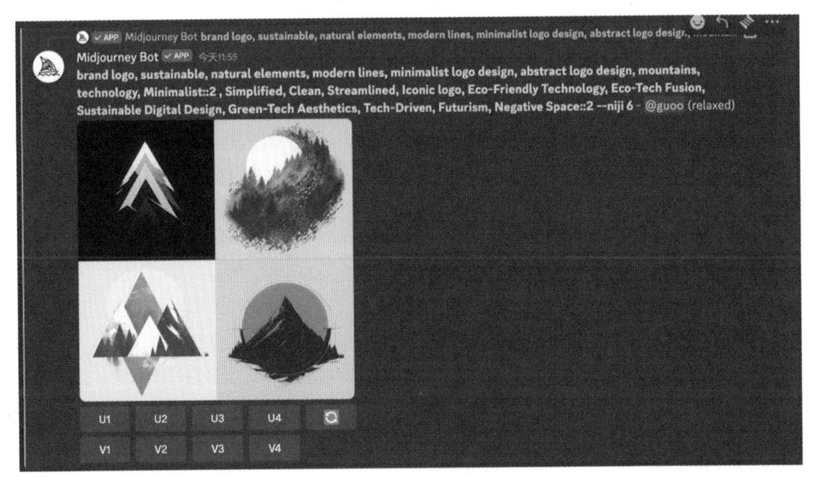

（b）

（c）

图 1-14　增加“可持续 + 科技感”相关设计风格词生成的 Logo 图片

再举个例子，比如想要生成“科技感+朋克感”设计风格的品牌Logo，可以加入Tech-Punk Fusion、Cyberpunk Technology、Futuristic Punk等关键词。加上原有的关键词，让Midjourney生成品牌Logo图片，效果如图1-15所示。因此可以看出，“科技感+朋克感”的设计风格和之前的风格是完全不一样的。同样的，还可以加入其他相关的设计风格关键词，生成最符合自己品牌定位和目标受众的品牌Logo。

（PS：这里需要注明一下，下面生成的图片是多次尝试生成的效果。AI较难一次性生成理想的图片，所以需要有耐心，多次生成，逐渐掌握规律。）

图 1-15　增加“科技感 + 朋克感”相关设计风格关键词生成的 Logo 图片

◎ **AI设计灵感锦囊**

下面为大家提供一些常见品牌Logo设计风格的文生图关键词，大家可以根据不同的品牌定位、目标受众等具体需求对这些关键词进行组合和调整，以创造出符合品牌调性的Logo设计风格。

常用的品牌Logo设计风格关键词

Vintage：复古的，具有历史感和怀旧情怀，突出品牌的传统和品质。

Modern：现代的，强调时尚、前沿的设计风格，突出品牌的现代感和创新性。

Minimalist：极简主义的，强调简洁、干净的设计风格，突出品牌的现代感和精致性。

Cyberpunk：赛博朋克，强调未来主义、科幻和反乌托邦的设计风格。

Classic：经典的，传统而不过时，突出品牌的稳健和可靠性。

Illustrative：插图式的，采用具体的图案或形象来表现品牌形象和特点，突出品牌的故事性和生动性。

Chinese Cultural Elements：中国文化元素，指汉字、传统建筑、山水画等具有中国特色的文化符号。

Geometric：几何的，使用几何形状和线条来构成 Logo 设计，突出品牌的简洁和现代感。

Chinese Calligraphy：中国书法，指汉字的艺术书写，强调笔墨、线条和节奏的美感。

Ink Wash Painting：水墨画，中国传统绘画艺术之一，强调意境和气韵。

Emblematic：徽章式的，将文字和图形组合在一起形成类似于徽章的设计风格，突出品牌的庄重和权威性。

Tech-Inspired：受科技启发的，使用科技元素或灵感来设计 Logo，突出品牌的先进性和未来感。

Sustainable：可持续的，强调环保、可持续发展的设计理念，突出品牌的环保和社会责任感。

Futuristic：未来感的，强调先进、前沿的设计风格，突出品牌的创新和未来性。

Eco-Tech Fusion：生态科技融合，将科技与环保相结合，创造出具有科技感和可持续性的设计风格。

High-Tech Sustainability：高科技可持续性，结合高科技和环保概念，打造出具有科技感和可持续性的品牌形象。

Green-Tech：绿色科技，强调环保科技和可持续发展，使用绿色、自然元素或循环形图案。

Eco-Punk Tech：环保朋克科技，将朋克元素与环保科技相结合，表达出叛逆、创新和环保的品牌形象。

1.6　加入品牌Logo创意风格元素

品牌主：郭郭老师，如果我想要在品牌Logo中融入产品的特性，更能体现我们户外服饰品类，应该怎么做呢？

郭郭老师：在品牌Logo中直接体现产品品类是一个非常好的、可以加深用户产品牌记忆的方式。可以在关键词中添加需要的元素，以加强信息的传递，如图形、颜色、场景等。以MountainLite品牌为例，可以加入Adventure Gear、Outdoor clothing、Outdoor Exploration等关键词。接着调整关键词，重点突出户外服饰品类，最后输入以下关键词“brand Logo, sustainable, natural elements, modern lines, minimalist Logo design, abstract Logo design, mountains, technology, Minimalist::2, Simplified, Clean, Streamlined, Iconic Logo, Negative Space::2, Adventure Gear, Outdoor clothing::2, Outdoor Exploration”，生成的图片如图1-16所示。

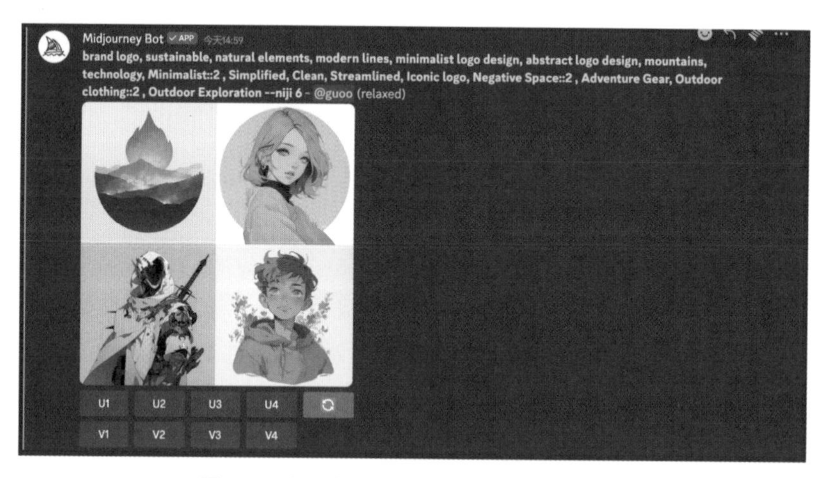

图 1-16　加入户外服饰品类关键词生成的图片

在图1-16中可以发现，由于加上了服饰相关的关键词，所以很容易出现人物。为了解决这个问题，可以增加一个新指令“--no”，本例加入“--no people”指令，生成的图片如图1-17所示。此时人物减少了，但偶尔仍然会出现人物。这时就需要不断尝试和调整AI生成的图片。

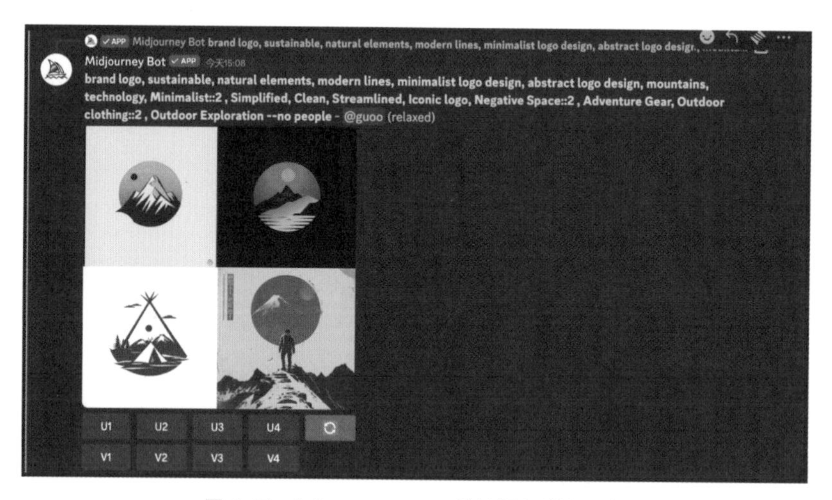

图 1-17　加入 -- no people 关键词生成的图片

单击最右侧的刷新按钮，多尝试几次，直到生成比较满意的图片，如图1-18所示。加入Outdoor Exploration相关的关键词之后，品牌Logo的户外感会更强，这也与品牌想要展现的户外服饰品牌定位更符合。

图 1-18　多次调整生成的效果

再举个例子。如果是以中国传统元素为设计灵感的首饰品牌，并且希望品牌Logo上能够明显地体现出首饰的品类和品牌风格定位，可以加入相应的创意风格关键词，如“brand Logo, modern lines, minimalist Logo design, abstract Logo design, Minimalist::2, Simplified, Clean, Streamlined, Iconic Logo, Negative Space::2, Chinese Symbolism, Jewelry Iconography, Traditional Elegance”，生成的品牌Logo图片如图1-19所示。

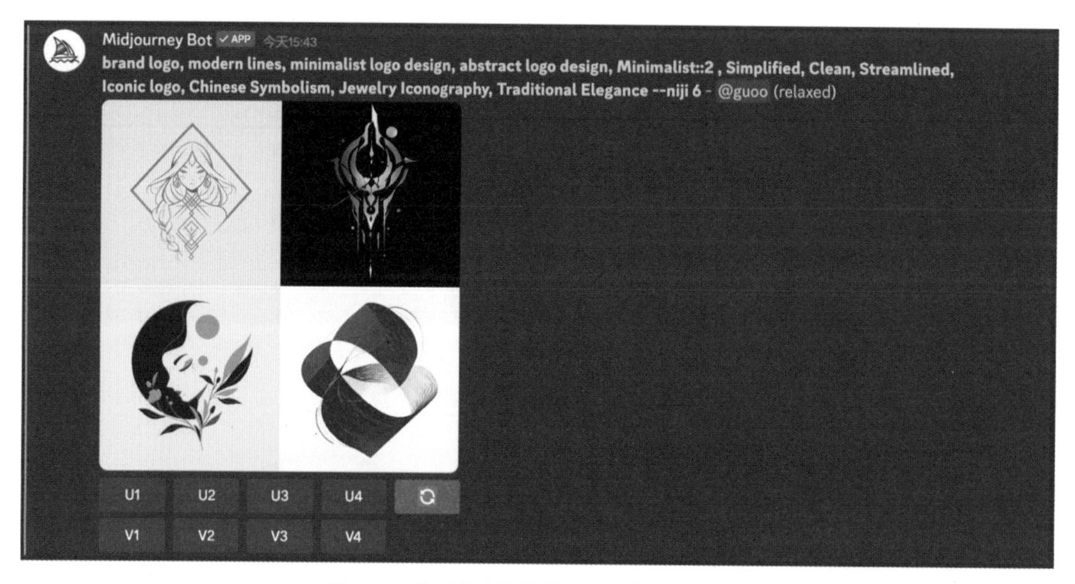

图 1-19　生成的中国传统首饰品牌 Logo 图片

◎ 如何进行垫图？

品牌主：郭郭老师，如果我生成了一张比较满意的Logo图片，但是有点复杂，想在这张图片的基础之上进行简化，应该怎么做呢？

郭郭老师：很好的问题！如果我们生成了比较满意的Logo图片，想要在这张图片的基础之上让其变得更加简约，或者改变形状或一些元素等，可以使用“垫图”功能，这样生成的新品牌Logo图片就是在原图的基础上进行演变的。

垫图的具体操作方法如下。

（1）上传图片——复制链接——空两格——输入关键词。

（2）加入iw（图片权重）指令，取值范围为0.5~2，数值越小代表参考原图越少，如 iw:0.5、iw:2。

以图1-20为例，这张图是之前生成的其中一张Logo图片，接下来演示一下如何在这张图片的基础之上进行微调。

图 1-20　要进行垫图的原图

具体步骤如下。

（1）先将这张图保存在计算机里，然后在Midjourney最下面的对话框里单击“+”按钮，选择“上传文件”选项，选择保存在计算机中的图1-20所示的图片，按Enter键上传，如图1-21所示。

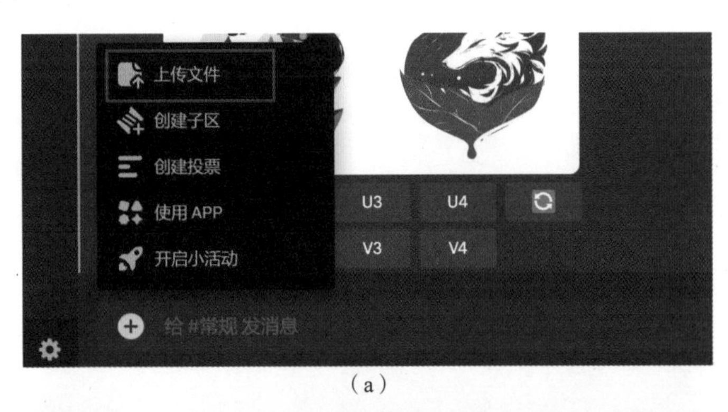

（a）

（b）

图 1-21　上传要进行垫图的图片

（2）单击这张图片，单击鼠标右键，选择“复制链接”命令，如图1-22所示。这里一定要注意，不是复制图片，也不是复制消息链接。

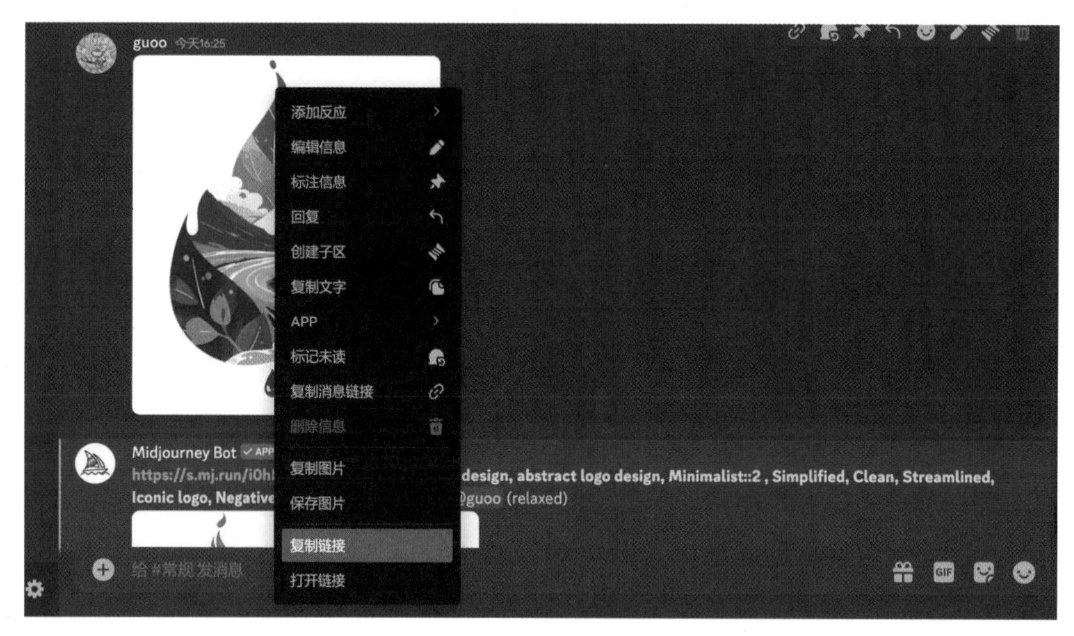

图 1-22 选择“复制链接”命令

（3）接着按照原有的文生图流程，输入“/imagine”指令，在prompt后面的文本框中输入刚刚复制的链接。复制链接后，空两格，再输入对应的关键词。比如想生成的品牌Logo图片在图1-20的基础之上更加简约，可以在空格后加入与极简相关的关键词，并且在最后可以加入“iw”（图片权重）指令，0.5~2范围内的数值较合理，数值越小代表参考原图越少。最后输入的关键词为“https://s.mj.run/iOhHg3ZqKHc（参考图片的链接）minimalist Logo design, abstract Logo design, Minimalist.:2, Simplified, Clean, Streamlined, Iconic Logo, Negative Space::2（极简关键词）iw:0.5（图片权重）”。

按Enter键查看生成的图片，如图1-23所示，在原图的基础上变得更加简约。

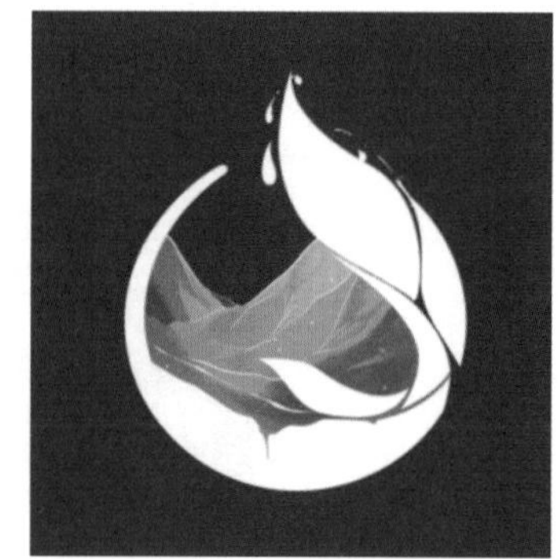

图 1-23 垫图之后生成的更简约的 Logo 图片

◎ AI设计灵感锦囊

以下是不同行业类型可以应用的品牌Logo创意元素关键词，能够帮助不同的品类和行业生成创意Logo图片。

※ 珠宝品牌

Gemstone Icons：使用宝石图案或形状，突出品牌的宝石首饰特色。

Elegant Typography：采用优雅的字体设计，展现品牌的高端和优雅。

Intricate Patterns：使用复杂的纹理或花纹设计，突出珠宝品牌的精细工艺和独特性。

Luxurious Colors：使用奢华的颜色，如金色、银色、宝石色调等，彰显品牌的高贵与豪华。

Chinese Symbolism：融入中国传统文化和象征意义的珠宝设计元素。

Jewelry Iconography：代表珠宝行业特定符号或标志的图标。

Traditional Elegance：融合传统的优雅风格和元素的珠宝设计。

※ 服装品牌

Fashionable Silhouettes：利用时尚的轮廓设计，突出品牌的时尚感和个性。

Trendy Colors：使用潮流的颜色，跟随当季流行色，体现品牌的潮流感。

Creative Fabric Patterns：创意性的面料图案设计，展示品牌的创新与独特。

Dynamic Typography：动感的字体设计，传递品牌的活力和年轻感。

Adventure Gear：代表着适合户外探险活动的装备和用品，生成的Logo会突出品牌的探险和户外特性。

Outdoor Clothing：专为户外活动设计的服装，具有防水、透气、耐磨等特性，以体现品牌的活力、耐用性和探险精神。

※ 科技品牌

Futuristic Symbols：未来感的图形符号，体现品牌的科技感和创新性。

Sleek Lines：简洁流畅的线条设计，展现品牌的现代感和简约风格。

High-Tech Typography：使用科技感十足的字体设计，强调品牌的技术实力和专业性。

Digital Elements：加入数字化元素，如线条、点阵等，突出品牌的数字化特点和先进性。

※ 健康与美容品牌

Organic Icons：有机、自然的图标或图形，突出品牌的健康与自然主张。

Soft Colors：柔和的色彩，如粉色、薄荷绿等，传递舒适和放松的感觉。

Natural Typography：自然风格的字体设计，强调品牌的天然成分和温和性。

Beauty Symbols：美容相关的图标，如花朵、水滴等，凸显品牌的美丽与护理特性。

※ 食品品牌

Delicious Icons：食物或美食相关的图标，凸显品牌的美味与健康。

Appetizing Colors：诱人的颜色，如红色、橙色、黄色等，增加食欲和吸引力。

Whimsical Typography：创意性的字体设计，营造轻松、愉快的品牌形象。

Natural Elements：自然元素，如叶子、花朵等，强调品牌的天然、健康和有机食品特性。

※ 汽车品牌

Sleek Silhouettes：流畅、简洁的轮廓设计，展现汽车的优雅和动感。

Dynamic Lines：动态线条设计，凸显汽车的速度和运动感。

Automotive Symbols：汽车相关的图标或标志，如轮胎、方向盘等，凸显品牌的汽车特性。

High-Tech Elements：加入科技元素，如电子线路、数字仪表盘等，强调品牌的智能和先进技术。

1.7　常用品牌Logo设计指令与参数

本节汇总了在品牌Logo设计中Midjourney的常用指令和常见的AI文生图关键词，如表1-1所示。这些资源旨在帮助读者更高效地利用AI工具，实现精确且富有创意的品牌Logo设计方案。

表 1-1　Midjourney 的常用指令和常见的 AI 文生图关键词

<table>
<tr><td rowspan="6">Midjourney 的常用指令</td><td>/imagine文生图的指令</td></tr>
<tr><td>单击U1、U2、U3、U4按钮将选定图像放大</td></tr>
<tr><td>单击V1、V2、V3、V4按钮将对选定图像进行变换</td></tr>
<tr><td>::2, ::3（双冒号+数字）指令，增加某个关键词的权重</td></tr>
<tr><td>--no 指令，使生成的图片中不包含指定元素，如：--no people、--no green</td></tr>
<tr><td>垫图：上传图片——复制链接——空两格——输入关键词
iw:0.5,iw:2（垫图时用的图片权重，取值范围为0.5~2，数值越小代表参考原图越少）</td></tr>
<tr><td>让品牌 Logo 更加极简的关键词</td><td>Minimalist, Simplicity, Clean Lines, Abstract, Clean, Streamlined, Subtle, Elegant, Modern, Iconic, Timeless, Versatile, Balanced, Geometric, Monochrome, Negative Space, Scalable</td></tr>
<tr><td>品牌 Logo
颜色关键词</td><td>Blue, Red, Green, Yellow, Black, White, Orange, Purple, Pink, Gray, Gold, Silver, Brown, Navy Blue, Turquoise</td></tr>
<tr><td>品牌 Logo
设计风格关键词</td><td>Minimalist, Vintage, Modern, Cyberpunk, Classic, Illustrative, Chinese Cultural Elements, Geometric, Chinese Calligraphy, Ink Wash Painting, Emblematic, Tech-Inspired, Sustainable, Futuristic, Eco-Tech Fusion, High-Tech Sustainability, Green-Tech, Eco-Punk Tech</td></tr>
<tr><td>不同行业类型可以应用的品牌 Logo 创意元素关键词</td><td>珠宝品牌关键词：Gemstone Icons, Elegant Typography, Intricate Patterns, Luxurious Colors, Chinese Symbolism, Jewelry Iconography, Traditional Elegance
服装品牌关键词：Fashionable Silhouettes, Trendy Colors, Creative Fabric Patterns, Dynamic Typography, Adventure Gear, Outdoor Clothing
科技品牌关键词：Futuristic Symbols, Sleek Lines, High-Tech Typography, Digital Elements
健康与美容品牌关键词：Organic Icons, Soft Colors, Natural Typography, Beauty Symbols
食品品牌关键词：Delicious Icons, Appetizing Colors, Whimsical Typography, Natural Elements
汽车品牌关键词：Sleek Silhouettes, Dynamic Lines, Automotive Symbols, High-Tech Elements</td></tr>
</table>

本章小结

本章详细探讨了人工智能在品牌Logo设计中的应用，展示了如何利用AI技术提高Logo设计效率，减少成本，并创造出独特且具有市场吸引力的品牌标志。AI工具可以通过快速分析品牌和消费者信息，提供设计建议，并生成初步设计草案，大大加快了设计过程，提高了设计的针对性和创新性。

在进行品牌Logo设计时可参照以下4个流程。

（1）品牌形象和目标市场的分析：利用AI工具如ChatGPT，品牌团队可以进行深入的市场和目标受众分析，助力团队明确品牌的核心价值和视觉方向，为后续的Logo设计工作奠定基础。

（2）确定品牌Logo的主题方向：基于前期的分析结果，使用AI技术辅助确定品牌Logo的主题方向，捕捉并提升品牌的独特性。

（3）确定品牌Logo的设计风格：一旦确定主题方向，运用AI工具如Midjourney生成和优化品牌Logo设计图，注意确保所有设计元素都与品牌形象和市场定位相匹配。

（4）加入品牌Logo的创意风格元素：最后一步是融入创意元素，这些元素应反映了品牌的个性和市场策略，从而增强品牌Logo的吸引力和识别度。最后进行多次迭代优化，调整设计细节，直到最终设计符合品牌需求并具备较高视觉吸引力的品牌Logo。

在进行品牌Logo设计时有以下注意事项。

• 确保设计简洁：品牌Logo应简洁明了，避免过多复杂的元素，保证易于识别和记忆。

• 重视颜色选择：根据品牌调性选择合适的颜色，避免使用过多的颜色，通常不超过3种颜色。

• 多次迭代优化：通过多轮反馈和调整，优化设计细节，确保最终设计既美观又能有效传达品牌信息。

课后练习

AI技术辅助品牌Logo设计项目

运用本章学到的知识，利用AI工具设计一个符合自己品牌定位和目标市场的Logo。首先，使用AI工具进行品牌和市场的分析，明确品牌形象和目标受众。接着基于这些分析结果，利用AI工具生成初步的Logo设计的主题方向。选择一个最符合自己品牌的设计风格，并细化这个设计，加入特定的创意风格元素。最后，对这个设计进行迭代优化，确保它不仅美观，而且能够有效地传达品牌的核心信息。

第 2 章

AI 视觉内容创作的智能路径

本章将深入探讨如何高效利用 AI 工具进行宣传海报的设计与创作。对品牌经理和营销人员来说，掌握这些前沿技术不仅能够大幅提升创作效率，还能带来更具创新性和吸引力的视觉内容。随着市场竞争的日益激烈，如何快速、有效地制作高质量的视觉内容已成为品牌和营销团队面临的重要挑战。本章旨在为读者提供系统的知识和实用的操作指南，助力其在工作中充分利用 AI 的优势。

本章会向读者展示 AI 在不同类型营销视觉设计中的广泛应用，包括节日营销海报、电商产品海报、公益广告海报及 IP 海报的设计与创新。通过详细的案例分析和具体的操作步骤，读者将学会使用 AI 工具生成高质量的品牌视觉内容，并掌握常用的设计指令与参数。

2.1 AI工具在营销视觉设计中的应用

在当今竞争激烈的市场环境中，品牌和营销人员面临着如何有效地吸引消费者注意力的挑战。AI工具为营销视觉设计人员提供了一个强大的设计工具，使得创意和个性化营销更加高效和创新。AI工具在营销视觉设计中逐渐应用广泛，特别是在处理需要高度创意和快速响应的项目时，AI的高效性和创新能力尤为重要。学会运用AI工具，不仅能够使品牌在竞争中脱颖而出，而且极大地提升了营销活动的效果和效率。

在营销活动中，海报设计是吸引消费者注意力和传递品牌信息的关键工具。相比传统的公司介绍海报或宣传册，节日营销海报、电商产品海报、公益广告及IP相关海报对创意的要求更高。这些类型的海报不仅需要传递信息，还要激发观众的情感反应和文化共鸣。在这方面，AI工具可以极大地助力人们创造独特和引人入胜的视觉作品，通过实现天马行空的创意，显著提升品牌在消费者心中的印象。

- 节日营销海报：AI工具可以根据节日主题生成具有强烈节日风格和文化元素的创意设计，帮助品牌吸引目标市场的注意。
- 电商产品海报：通过AI生成的视觉效果，优化品牌产品的展示，使其更具吸引力和视觉冲击力，并且可以帮品牌节省一定的拍摄费用和时间成本。
- 公益广告：AI可以帮助品牌创造情感驱动的视觉内容，深刻传递公益信息，增强广告的感染力。
- IP相关海报：AI工具能够根据特定IP的特色生成符合品牌故事和角色特征的海报设计，提升粉丝的品牌认同感。

AI在提高设计效率的同时，也极大地扩展了创意的边界，帮助品牌以创新的视觉内容捕获并保持消费者的关注。接下来会重点讲解以上几种品牌营销海报的制作方法，并展示相关案例。

2.2 节日营销海报的AI设计

2.2.1 确定海报目标

品牌主：郭郭老师，我现在正经营一家主要做月饼的食品品牌，我们准备围绕中秋节做一系列节日营销海报，应该怎样借助AI工具进行设计呢？

郭郭老师：运用AI制作节日营销海报是个非常能够提升设计效率的选择！首先可

以先介绍一下品牌名称、品牌定位、目标人群，以及这次节日营销的目标。

品牌主：好的！我们的品牌信息如下。

品牌名称：月满坊（化名）

品牌定位：月满坊致力于为消费者提供优质的、传统与创新相结合的美味月饼。我们将传统工艺与现代创意相融合，不断创新，力求让人们在品尝月饼的同时感受到家的温暖和传统文化的魅力。

目标人群：我们的目标人群是喜爱美食、追求品质生活的消费者，尤其是对传统美食有浓厚兴趣的人群。无论是年轻人还是长者，无论是城市居民还是乡村人士，我们都希望能够为他们带来满足味蕾、触动心灵的美好体验。

中秋节节日营销的目标：在今年的中秋节期间，我们希望通过精心策划的营销活动，提升月满坊品牌的知名度和美誉度，吸引更多消费者选择月满坊的月饼作为中秋节的礼品或美食享受。我们希望结合节日元素，打造吸引人眼球的节日营销海报，传递出团圆、幸福、美好的中秋祝福。

郭郭老师：好的，接下来我们需要围绕本次节日营销的目标，分析想要传播的海报内容。我们可以利用AI工具，如ChatGPT，围绕节日营销的目标，明确中秋节海报的传播目标，以及要实现的海报效果大方向。首先，我们将你的品牌信息和营销目标输入ChatGPT，来看看AI给出的海报设计方向，如图2-1所示。

ST **You**

我现在要围以下品牌制作中秋节节日海报，品牌信息如下：品牌名称：月满坊（化名）
品牌定位：月满坊致力于为消费者提供优质、传统与创新相结合的月饼美味体验。我们将传统工艺与现代创意相融合，不断创新，力求让人们在品尝月饼的同时感受到家的温暖和传统文化的魅力。

目标人群：我们的目标人群是喜爱美食、追求品质生活的消费者，尤其是对传统美食有浓厚兴趣的人群。无论是年轻人还是长者，无论是城市居民还是乡村人士，我们都希望能够为他们带来满足味蕾、触动心灵的美好体验。

中秋节节日营销的目标：在今年的中秋节期间，我们希望通过精心策划的营销活动，提升明月坊品牌的知名度和美誉度，吸引更多消费者选择明月坊的月饼作为中秋节的礼品或美食享受。我们将结合节日元素和促销策略，打造吸引人眼球的节日营销海报，增加销售量，同时传递出团圆、幸福、美好的中秋祝福。
请根据以上信息，帮我围绕中秋节节日营销的目标，确定中秋节海报的传播目标，以及要实现的海报效果大方向有哪些可能性。

（a）

ChatGPT

根据品牌信息和中秋节的营销目标，你的中秋节海报应该着重体现品牌的传统与创新融合、高品质的美食体验，以及节日的团圆和幸福感。以下是详细的传播目标和可能的海报效果大方向：

传播目标：

1. **提升品牌知名度与美誉度**：通过海报传递品牌的独特性和产品的高品质，使品牌形象深入人心。
2. **吸引目标人群的注意**：设计上要吸引包括年轻人和长者在内的广泛消费者，突出月饼的美味与特色，激发他们的购买欲望。
3. **强调节日氛围与文化价值**：通过中秋节的传统元素，让消费者感受到中秋的文化深度和家庭团圆的情感。
4. **促进节日销售**：通过促销信息和节日优惠，鼓励消费者在中秋期间选择月满坊的月饼作为礼品或个人享用。

海报效果大方向：

1. **传统与现代的视觉融合**：
   - 使用传统的中秋元素如月亮、兔子、桂花等，结合现代的图形设计和色彩。例如，可以用现代艺术风格描绘一轮明月，或者以抽象方式表现桂花和月兔。
   - 融合传统工艺感的字体设计与现代简洁的版式布局，呈现一个既传统又现代的视觉效果。
2. **突出美食诱惑力**：
   - 高质量的月饼产品摄影，展示月饼的丰富细节和诱人外观，如酥皮的层次、馅料的丰富多彩。
   - 可以加入一些生活化的场景，如家庭成员围坐一桌，共享月饼，传递出温馨和美味的感受。
3. **强化团圆和节日氛围**：
   - 利用温暖的色调和柔和的光线，营造出中秋夜晚的温馨氛围。
   - 包含诸如“家的味道”、“团圆中秋”等温情口号，强调中秋节的家庭团聚和幸福感。
4. **整合营销与促销信息**：
   - 在海报中明确标注促销活动信息，如折扣率、买赠活动、限时优惠等。
   - 设计专门的促销区域，确保信息清晰可见，同时不影响整体设计的美感。

（b）

图 2-1　ChatGPT 帮助分析传播目标和海报效果方向

接下来根据AI提供的分析，选择本次中秋节海报的目标和效果方向。

（1）海报需要体现传统与现代的视觉融合。

（2）海报中需要突出月饼美食的诱惑力。

（3）海报中需要包含品牌信息和本次中秋节传播的广告标语。

下面基于这些目标利用Midjourney制作海报的背景图，并利用Canva可画等设计软件完善海报的文字等细节。

2.2.2　如何给AI下指令

品牌主：郭郭老师，我要在海报当中体现这么多信息，应该怎么样给AI下指令会更容易让AI理解呢？

郭郭老师：你抓住了重点！当涉及复杂的信息时，正确地给AI下指令，可以更容易让AI理解我们想要传达的信息。下面我给你提供一个AI指令公式，可以直接套用哦！

AI指令公式=“内容描述+风格描述+属性描述”

- 内容描述：先确定图片中的主体。比如，一个小女孩在喝奶茶、两只小兔子在森林中玩耍等。
- 风格描述：确定图片的风格，比如艺术家风格、漫画风格等。
- 属性描述：确定图片的基本属性，比如3：4尺寸、16：9尺寸等。

接下来围绕本次中秋节海报设计目标，套入这个公式来制作海报。

2.2.3 确定海报内容主体&风格&属性

首先，根据月满坊品牌本次中秋节海报设计目标和效果方向，先确定海报内容的主体：海报中间是一个精美的月饼特写，其上层叠放着一轮圆润的明月，月饼旁边描绘了一只轻盈跳跃的月兔，背景采用暖色调的夜空与朦胧的桂花，营造出温馨的中秋团圆氛围。

其次，确定海报风格。比较常见的海报风格包括传统风格、现代风格、艺术家风格、漫画风格、复古风格、电影海报风格、插画风格、水彩风格等。假设本次月满坊品牌中秋节海报的风格为“传统古典复古风格”。

最后，确定海报的基本属性，如海报尺寸。常见的海报尺寸如16：9、3：4、1：1等。假设本次海报尺寸为3：4。关于图片尺寸，可以使用一个新指令：“--ar +图片尺寸比例”，如“--ar 3：4”。

下面根据AI指令公式=“内容描述+风格描述+属性描述”，将上述3部分内容整合到一起，确定即将要生成的海报内容如下：

海报中间是一个精美的月饼特写，其上层叠放着一轮圆润的明月，月饼旁边描绘了一只轻盈跳跃的月兔，背景采用暖色调的夜空与朦胧的桂花，营造出温馨的中秋团圆氛围。海报风格为传统古典复古风格，图片尺寸为3：4。

接下来将海报内容提供给ChatGPT，让AI生成对应的Midjourney关键词（prompt），如图2-2所示。

You

接下来我要用midjourney生成海报图片，海报的内容如下："海报中间是一个精美的月饼特写，其上层叠放着一轮圆润的明月，月饼旁边描绘有一个轻盈跳跃的月兔，背景采用暖色调的夜空与朦胧的桂花，营造出温馨的中秋团圆氛围。海报风格为传统古典复古风格，图片尺寸为4:3。"请结合以上信息，帮我生成合适的midjourney关键词，并用逗号隔开。

ChatGPT

为了生成适合你描述的中秋节海报的MidJourney关键词，你可以使用以下的词汇：

"close-up of exquisite mooncake, full moon layered above, playful moon rabbit beside, background with warm-toned night sky and blurry osmanthus flowers, traditional classical retro style, 4:3 aspect ratio"

这组关键词详细描述了海报的视觉内容和风格，包括月饼的特写、明月、月兔、背景的暖色调夜空和桂花，以及整体的传统古典复古风格，适合用于指导图像生成工具进行具体的海报设计。

图 2-2　ChatGPT 给出的文生图关键词建议

其中将关于尺寸的关键词调整为"--ar 3:4"，最后输入到Midjourney中的文生图关键词为："close-up of exquisite mooncake, full moon layered above, playful moon rabbit beside, background with warm-toned night sky and blurry osmanthus flowers（内容描述）, traditional classical retro style（风格描述） --ar 3:4（属性描述）"，最终生成的图片如图2-3所示。

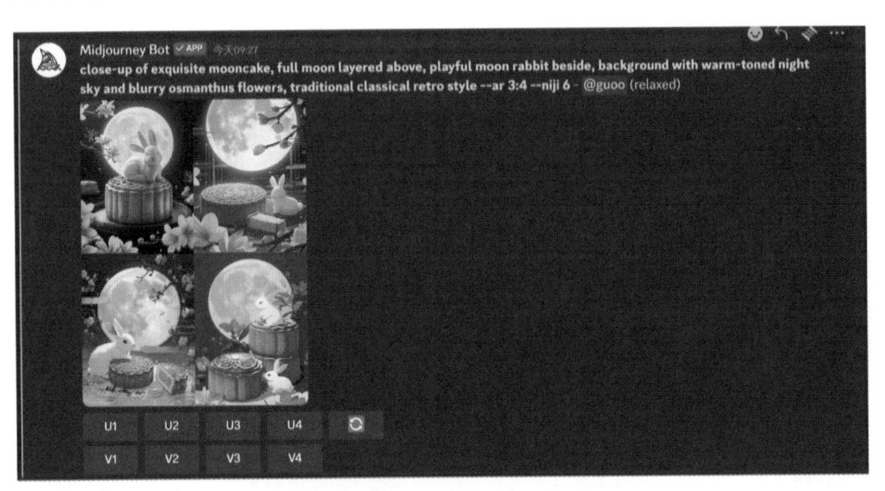

图 2-3　Midjourney 生成的中秋节海报图片

接下来可以单击刷新按钮，或者单击V1~V4按钮，让AI生成一些不同感觉的图片。很快就可以得到效果不错的海报，如图2-4所示。此时，AI已经生成了海报的氛围背景图。之后选择最满意的一张或几张图片，将它们放入PowerPoint、Canva或Photoshop等设计类软件中，添加品牌相关文字信息，并进行图片的后期调整。

图 2-4　Midjourney 生成的海报图片（1）

接下来保持海报中的主体不变，但换一种风格。例如，制作一张浪漫的红色调电影风格海报。前面内容主体关键词保持不变，将海报风格关键词改为“High-contrast hyperrealism, dark romanticism::2 , bold poster style, red and black”，同时加上“super detailed”关键词，以增加海报的细节感。最终生成的海报图片如图2-5所示。

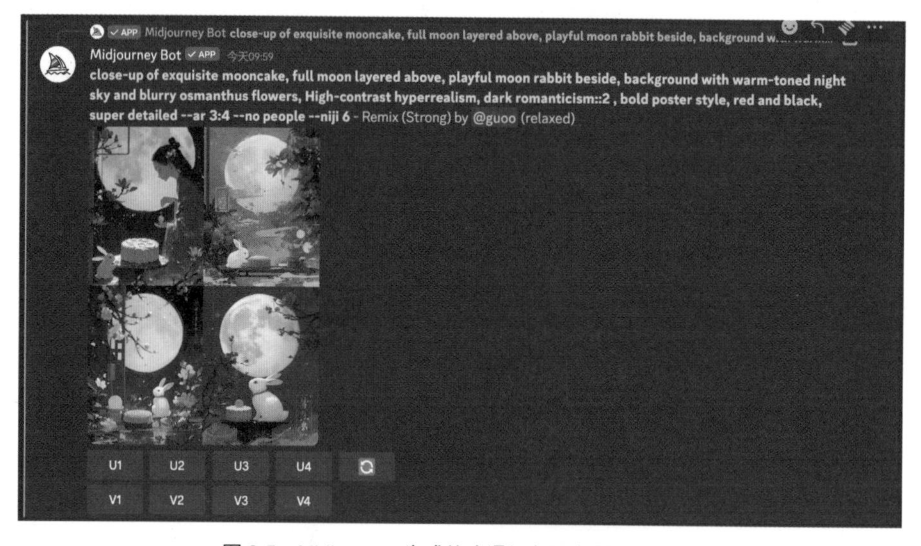

图 2-5　Midjourney 生成的浪漫红色调电影风格海报

在这个基础上保持关键词不变，多次刷新以生成具有不同效果的海报，如图2-6所示。

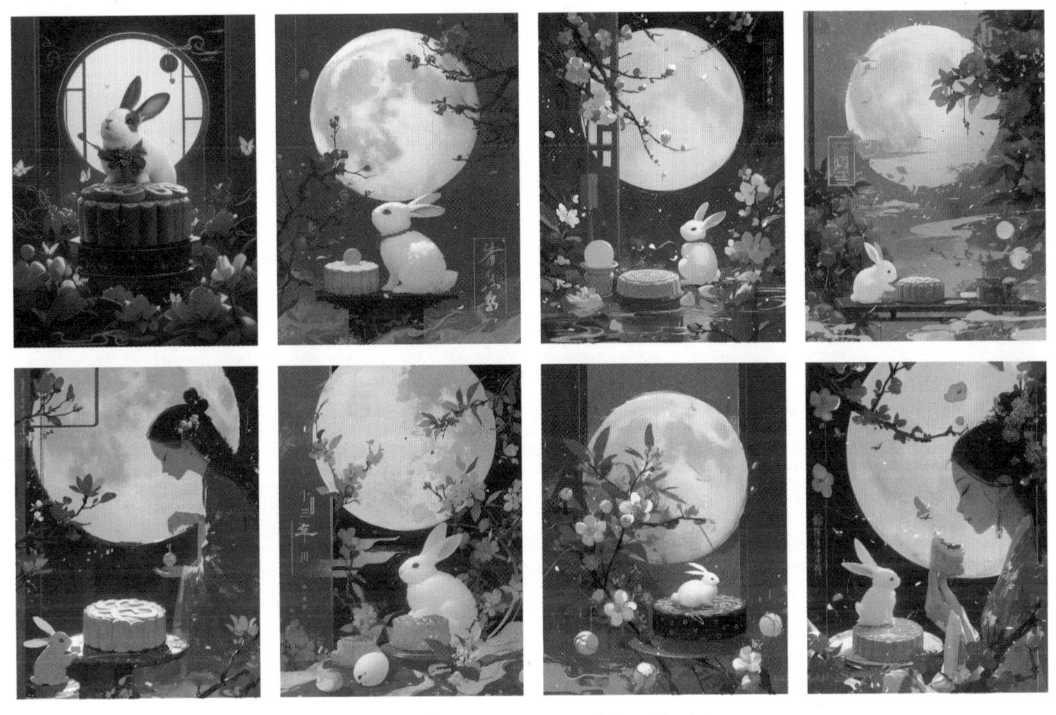

图 2-6　Midjourney 生成的海报图片（2）

接下来保持海报中的主体和风格不变，但将海报的主色调改成蓝红色。前面内容的主体关键词保持不变，只将最后的颜色关键词改为“red and blue color”。最终生成的海报图片如图2-7所示。

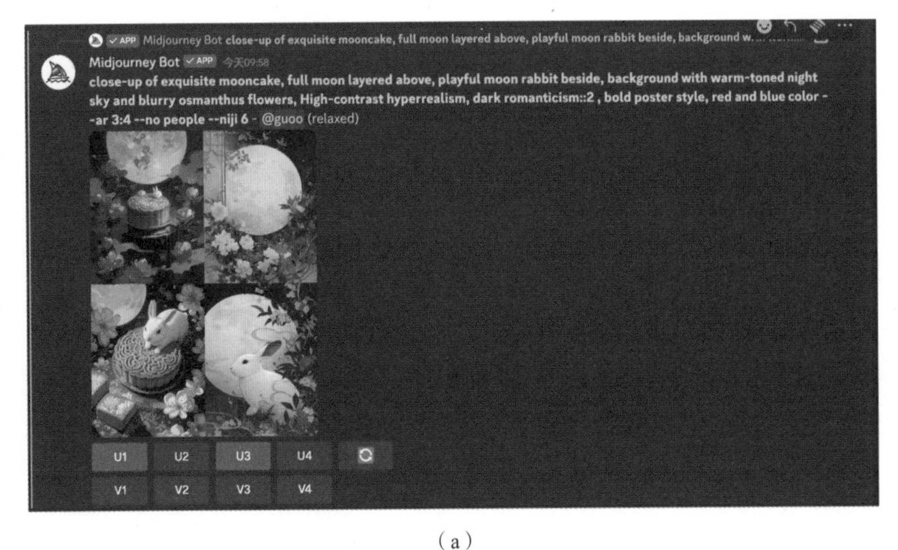

（a）

图 2-7

（b）

图 2-7　Midjourney 生成的海报图片（3）

从Midjourney生成的图中可以看出，除了带月饼、月兔主体的图，AI还会意外生成一些不带主体的氛围背景图。这些图像对于制作宣传海报及在社交媒体上进行传播都是非常好的背景素材，它们可以应用于不同的海报设计宣传场景。大家可以将这些意外之喜保存下来，以备后期调整海报细节时使用。

2.2.4　完善海报细节

接下来在已经生成的海报图片中选择最满意的几张，然后将它们放入PowerPoint、WHEE、Canva可画或Photoshop等设计类软件中，添加与品牌相关的文字信息并进行图片的后期调整。下面通过具体案例讲解操作方法，选择一张海报背景图，如图2-8所示的图片，对这张海报进行后期文字细节的完善。

图 2-8　海报背景图

首先，这张图片是从Midjourney进入到浏览器中单击并保存的，保存的图片大小约为2MB。如果将其用于制作放大版的海报，可能不够大。

因此，返回到Midjourney中，找到这张图片，并单击下面的“Upscale（Subtle）”或“Upscale（Creative）”按钮，将图片放大，并增加细节，如图2-9所示。接下来选择生成的更加喜欢的效果，并选择“在浏览器中打开”选项。这样保存下来的图片会大许多，大小在7~8MB，更适合用于制作海报。

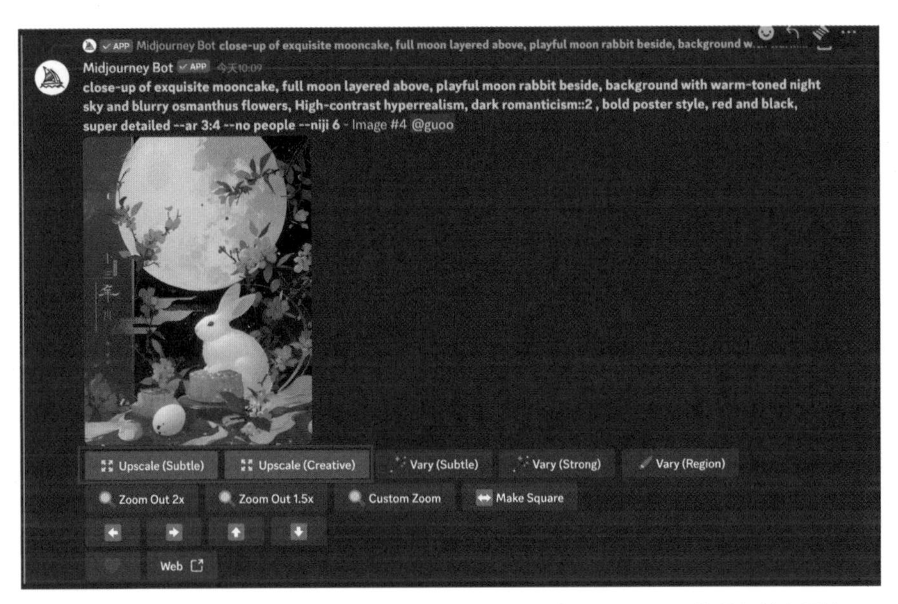

图 2-9　单击下面的“Upscale（Subtle）”或“Upscale（Creative）”按钮放大图片

接下来将生成的大图导入WHEE，去除海报左侧多余的文字。WHEE是一个AI视觉创作工具，该工具集合了文生图和图生图模式，最大的亮点是用户可以上传自己的图片生成想要的模型，并创作出个性化的风格。相比于只能使用英文提示词的Midjourney，WHEE可以使用中英文，因此使用门槛相对较低。

打开WHEE平台，先选择“AI创作工具”→“AI无痕消除”选项。进入相应的界面后，单击“上传图片”按钮，如图2-10所示。

（a）

图 2-10

（b）

图 2-10　打开 WHEE，选择“AI 创作工具”→“AI 无痕消除”选项，单击“上传图片”按钮

单击“涂抹”按钮，设置“大小”，选择需要涂抹的区域，如图2-11所示，先将左侧与品牌信息无关的文字涂抹掉。涂抹后的效果如图2-12所示（消除多余的文字也可以使用Photoshop等设计软件来完成）。

图 2-11　单击“涂抹”按钮消除图片上多余的文字

图 2-12　消除图片上多余文字后的效果

最后，进入Canva 可画平台，选择“设计场景”→“海报设计”→“开始海报设计”选项。进入海报设计页面后，选择左侧栏的“上传”选项，单击“上传文件”按钮，将刚刚用 WHEE 消除多余文字的图片上传至图片库，如图2-13所示。

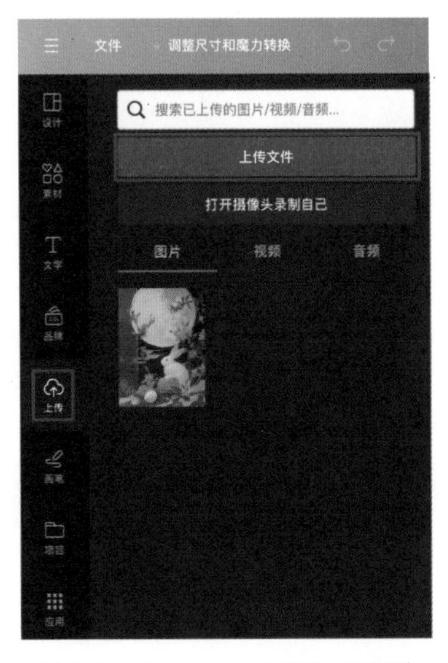

图 2-13　在 Canva 可画里上传图片

接下来在这张图片上添加文字。选择左侧栏的“文字”选项，在图片中添加文本框，输入与品牌相关的文字，同时也可以设置字体、调整字体颜色、调整字间距和行间距。添加文字后，即可在海报上看到与品牌相关的信息，如图2-14所示。

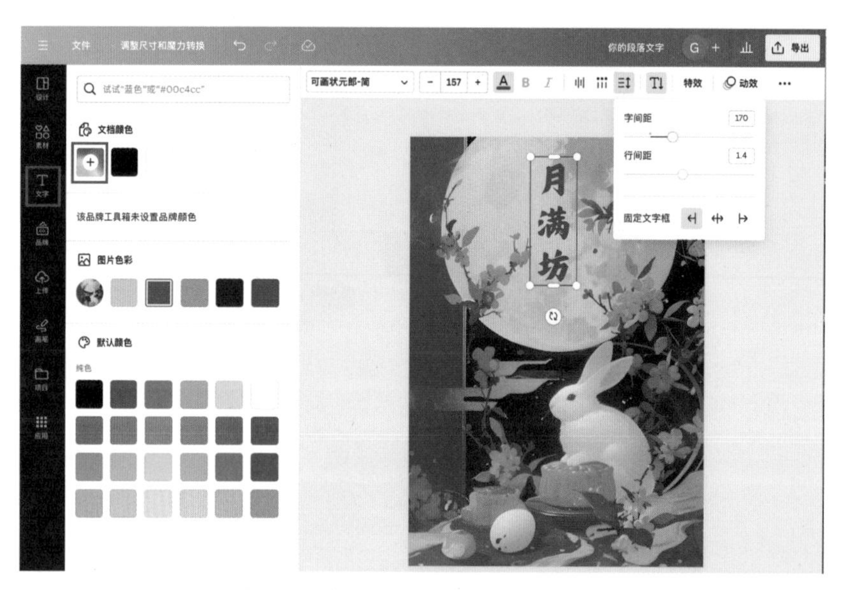

图 2-14　在 Canva 可画里编辑海报文字

编辑好海报上的文字之后，将编辑好的图片导出。单击右上角的“导出”按钮，在弹出的“下载对话框中选择文件类型”单击“下载”按钮，就可以导出海报了，图2-15所示为最终生成的海报图。这里要提醒大家，海报上的文字可以根据品牌需要，添加品牌Logo、二维码、活动日期、产品介绍等具体内容，让消费者可以更好地接收到品牌想要传达的信息。

同样的，运用这个方法，还可以生成很多张不同风格和类型的海报图，如图2-16所示。

图 2-15　Canva 可画最终生成的海报图

图 2-16　最终生成的中秋节日营销海报图

◎ AI设计灵感锦囊

针对想要制作节日营销海报的需求，以下列出了一些常见节日的海报文生图关键词，以及海报风格的主要类型。

常见的节日和海报关键词

※ 中秋节

Mooncake：月饼是中秋节的传统食品，该关键词用于生成人们分享月饼、赏月的场景。

Lantern：灯笼是中秋节的象征，该关键词用于生成色彩斑斓的灯笼装饰场景。

Family Reunion：中秋节强调家人团聚，该关键词用于生成温馨的家庭聚会场景。

Full Moon：中秋节赏月是传统习俗，该关键词用于生成人们在户外赏月的场景。

Harvest：中秋节也是丰收的季节，该关键词用于生成金黄色的丰收景象。

※ 端午节

Dragon Boat：端午节赛龙舟是一项重要活动，该关键词用于生成龙舟竞渡的场景。

Zongzi：粽子是端午节的特色食品，该关键词用于生成包粽子或品尝粽子的场景。

Bamboo Leaves：粽子是被包裹在竹叶中蒸煮的，该关键词用于生成出清新的竹叶装饰场景。

Traditional Costume：端午节人们会穿汉服参加活动，该关键词用于生成带有穿着汉服的人物的场景。

Racing Competition：端午节龙舟比赛激烈刺激，该关键词用于生成龙舟赛场的场景。

※ 春节

Lunar New Year：农历新年，该关键词用于热闹喜庆的新年场景。

Red Envelope：红包是春节的传统礼物，该关键词用于生成送红包的场景。

Family Gathering：家庭团聚是春节的重要习俗，该关键词用于生成家人团聚的场景。

Lion Dance：舞狮是春节的传统表演，该关键词用于生成舞狮庆祝的场景。

Fireworks：燃放烟花是庆祝春节的重要活动，该关键词用于生成烟花绽放的场景。

※ 清明节

Tomb Sweeping：扫墓是清明节的传统活动，该关键词用于生成清新的扫墓场景。

Ancestral Worship：祭祖是清明节的重要仪式，该关键词用于生成祭祖的场景。

Spring Outing：清明节是踏青的好时节，该关键词用于生成户外郊游的场景。

Willow：清明节有插柳、戴柳的习俗，该关键词用于生成带有垂柳的场景。

Floral Tribute：清明节献花祭祖是重要礼节，该关键词用于生成献花祭拜的场景。

※ 元宵节

Lantern Festival：元宵节的主题是灯笼，该关键词用于生成色彩斑斓的灯笼装饰场景。

Tangyuan：元宵节必吃的传统食品，该关键词用于生成品尝汤圆的场景。

Dragon Dance：舞龙是元宵节的传统表演，该关键词用于生成舞龙的场景。

Festive Parade：元宵节有热闹的花灯巡游活动，该关键词用于生成花灯巡游的场景。

Riddles：元宵节猜灯谜是传统习俗，该关键词用于生成人们猜灯谜的场景。

※ 七夕节

Chinese Valentine's Day：七夕节是中国的乞巧节，该关键词用于生成牛郎织女相会的浪漫场景。

Love：爱情是七夕节的主题，该关键词用于设计出浪漫的情侣约会场景。

Starry Sky：七夕节有令人浪漫的星空，该关键词用于生成仰望星空的场景。

Milky Way：七夕节是牛郎织女相会的日子，该关键词用于生成银河之下的场景。

Wish：七夕节有许愿的习俗，该关键词用于生成人们许下美好愿望的场景。

※ 国庆节

National Flag：国庆节是国家的庆典，该关键词用于设计出鲜艳的国旗飘扬的场景。

Parade：国庆节有盛大的阅兵仪式，该关键词用于生成壮观的阅兵场景。

Fireworks：国庆节晚会常有烟花表演，该关键词用于设计出绚丽多彩的烟花秀场景。

Unity：国庆节强调国家团结，该关键词用于生成人民团结一心的场景。

Celebration：国庆节是庆祝国家生日的日子，该关键词用于生成欢庆的场景。

※ 母亲节

Mother's Love：母爱是母亲节的主题，该关键词用于设计出母亲呵护孩子的场景。

Flower Bouquet：鲜花是母亲节的常见礼物，该关键词用于生成送花给母亲的场景。

Family Brunch：母亲节一家人会聚餐，该关键词用于生成温馨的家庭聚餐场景。

Heartfelt Cards：母亲节送贺卡是传统，该关键词用于设计出制作贺卡的场景。

Appreciation：母亲节是感恩母亲的日子，该关键词用于生成孩子表达感激之情的场景。

※ 父亲节

Father's Love：父爱是父亲节的主题，该关键词用于生成父亲与孩子亲昵互动的场景。

Outdoor Activities：父亲节常有户外活动，该关键词用于生成户外运动或郊游的场景。

BBQ Party：父亲节可以举办烧烤派对，该关键词用于生成家人围坐烧烤的场景。

Gift Giving：父亲节送礼物是常见行为，该关键词用于设计出孩子送礼物给爸爸的场景。

Bonding Time：父亲节强调家庭团聚，该关键词用于生成家庭欢聚的场景。

常见节日营销海报风格关键词

※ 传统风格

Heritage：传统风格强调文化传承和历史传统，常用于强调品牌的传统价值和信任度。

Classic Design：经典设计，注重简洁、稳重，以传统元素和纹饰为特色。

Timeless Elegance：永恒优雅，表达出经久不衰的优雅魅力，吸引受众的品位和情感共鸣。

※ 现代风格

Minimalist：极简主义，注重简约、清晰的设计风格，强调功能性和美学。

Contemporary：当代风格，结合了现代主义和传统元素，强调新颖、时尚、前卫。

Sleek Design：简洁流畅的设计，强调线条的流畅性和空间的利用。

※ 艺术家风格

Artistic Expression：艺术表现，强调创作者个人的独特艺术风格和情感表达。

Creative Vision：创意视野，突出创作者独特的审美观和创意理念。

Experimental Techniques：实验性技法，尝试新颖的艺术表现方式和创作技巧。

※ 漫画风格

Cartoon Illustration：卡通插画，使用夸张的造型和明亮的色彩，形象生动、幽默。

Comic Elements：漫画元素，强调漫画特有的线条和表现手法，增加趣味性和互动性。

Playful Characters：可爱角色，设计出可爱、有趣的漫画形象，吸引受众的注意力。

※ 复古风格

Vintage Design：复古设计，重现过去的风格和氛围，呈现怀旧感和历史情怀。

Retro Aesthetics：复古美学，强调过去时代的审美趣味和独特魅力。

Nostalgic Vibes：怀旧氛围，唤起人们对过去时光的美好回忆和情感共鸣。

※ 电影海报风格

Cinematic Art：电影艺术，采用电影海报特有的表现手法和视觉效果，吸引目光和情感共鸣。

Dramatic Imagery：戏剧性图像，强调戏剧化的场景和人物形象，增加视觉冲击力和吸引力。

Film Noir：黑色电影风格，采用暗调和对比强烈的色彩，营造出神秘、诡异的氛围。

※ 插画风格

Illustrative Art：插画艺术，强调手绘风格和丰富的细节，呈现出生动的画面和情感。

Whimsical Illustrations：童趣插画，设计出梦幻、童话般的图像，增加趣味性和想象空间。

Artistic Rendering：艺术渲染，采用多种表现手法和材质，打造出独特的艺术感和观赏性。

※ 水彩风格

Watercolor Painting：水彩绘画，以水彩特有的柔和色彩和渐变效果，营造出轻盈、柔美的氛围。

Soft Pastels：柔和粉彩，采用柔和、清新的色彩，强调浪漫和优雅。

Dreamy Atmosphere：梦幻氛围，通过柔和的色彩和模糊的边界，营造出梦幻般的氛围和情感。

2.3　电商产品海报的创新制作

品牌主：郭郭老师，我们现在在做一个香水品牌，需要在各大电商平台展示产品海报，请问我应该怎样借助AI工具进行设计呢？

郭郭老师：运用AI制作产品海报可以大大提升设计效率哦。首先，可以先说下品牌名称、品牌定位、目标人群，再发一张品牌产品的照片。

品牌主：好的！我们的品牌信息如下：

品牌名称：清韵Serenity（化名）

品牌定位：清韵的定位是为现代生活中的繁忙都市人提供一种轻松舒缓的感受，通过精致的香氛呈现出清新、自然的氛围，让人们在喧嚣的城市中找到片刻宁静与放松。清韵的香调来源于天然植物、花卉和果实的精华。品牌注重选择高品质的原料，如清新的柑橘、舒缓的薰衣草、温暖的香草等，以及独特的中草药和木质调香成分，通过精心的配比和调配，展现出层次丰富、纯净自然的香氛特质。

目标人群：清韵的目标人群是注重心灵平静和生活品质的现代都市人。他们是繁忙的白领、注重自我修养的文艺青年和追求简约生活的家庭主妇。无论他们的身份背景如何，他们都渴望在快节奏的生活中找到一份平和与美好，通过清韵香水来感受内心的宁静与舒适。

核心香水产品图如图2-17所示。

图 2-17　清韵品牌产品图（示例图，非实物图）

郭郭老师：好的，接下来我们先梳理一下生成产品海报图的思路。首先，要想生成产品海报图，最重要的是如何在保持产品图尽可能不变的情况下，生成产品在不同环境背景下的海报图片。这就要求我们通过不断地训练AI，来尽量保证产品图的一致性。

生成产品海报图的步骤可以分为4步。

步骤1：根据产品图，去除图片背景，保留产品（PNG格式）；

步骤2：生成一张想要的产品海报的背景图；

步骤3：将抠图后的产品图和海报的背景图拼合在一起；

步骤4：利用Midjourney的描述功能，生成拼接图的升级版。

接下来介绍一步步生成产品海报图的详细过程和方法。

步骤1: 根据产品图，去除图片背景，保留产品（PNG格式）

首先，打开removebg网站（这是一个免费的抠图工具网站），网址为 https://www.remove.bg/zh，单击“上传图片”按钮，上传图2-17所示的产品图。这样就可以得到抠图后PNG格式的产品图，如图2-18所示，然后把这张图片保存下来。

（a）

（b）

图 2-18　去除图片背景的产品图

步骤2: 生成一张想要的产品海报的背景图

接下来生成理想中的产品海报背景图。假设想要让产品海报体现出产品成分来自于“天然植物和中草药”，那么产品背景可以是“俯视视角的地面上铺满了天然植物和中草药的背景图”。接下来让ChatGPT生成合适的关键词：“Natural plants, herbal ingredients, woody fragrance notes, botanical background, greenery, foliage, herbs, wood texture, aromatic, earthy, natural elements, organic, freshness, purity, vitality, tranquility, harmony, essence, holistic --ar 3:4”。然后将这些关键词提供给Midjourney，帮助生成产品的背景图，如图2-19所示。从整体来看，第一张图比较符合预期的背景氛围，后续可以将产品放在第一张图的中间，然后进行后期合成。

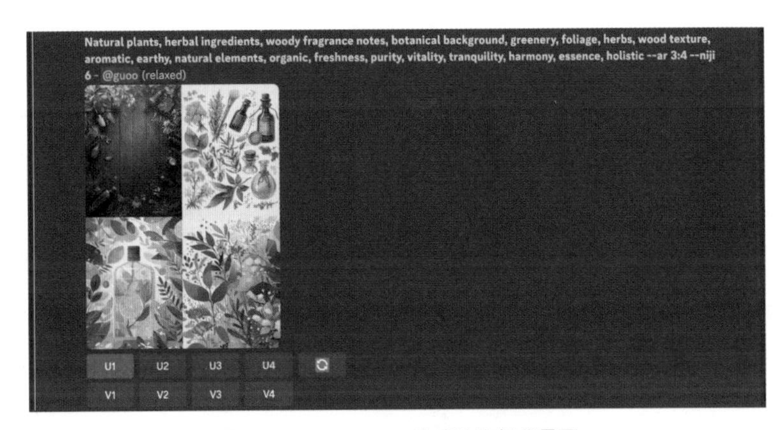

图 2-19　Midjourney 生成的海报背景图

步骤3： 将抠图后的产品图和海报的背景图拼合在一起

使用PowerPoint等软件，把产品图和海报背景图拼合到一起，如图2-20所示。这里需要注意的是，如果拼接效果显得有些生硬也不用担心，后期可以通过Midjourney进行润色和调整，以最终生成理想的产品海报图。

图 2-20　使用 PowerPoint 将产品图和海报背景图拼接到一起

步骤4： 借助Midjourney的描述功能，生成拼接图的升级版

接下来以图2-20中的拼合图片为基础，利用Midjourney的描述功能生成更具海报氛围的图片。这一步将会使用Midjourney的一个新功能，即“describe”（描述）功能。

首先，在对话框中输入“/”，选择“/describe”指令，然后选择“image”选项，接着会出现一个上传图片的位置，在这里单击上传图2-20中拼接好的图片，并按下Enter键进行上传。随后，Midjourney会帮助分析这张图片中包含的信息，并提供4组用于描述图片的提示词。选择其中最接近图像内容的提示词，并将其复制留作备用，如图2-21所示。

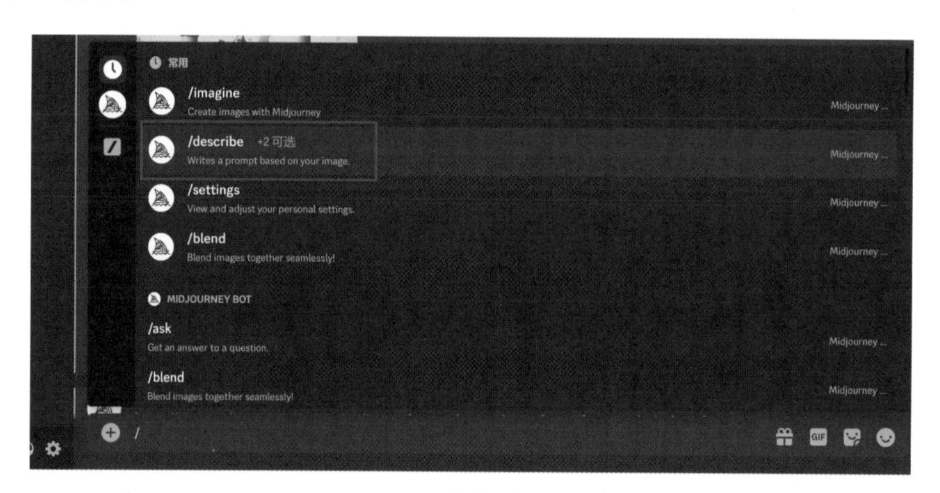

（a）

（b）

（c）

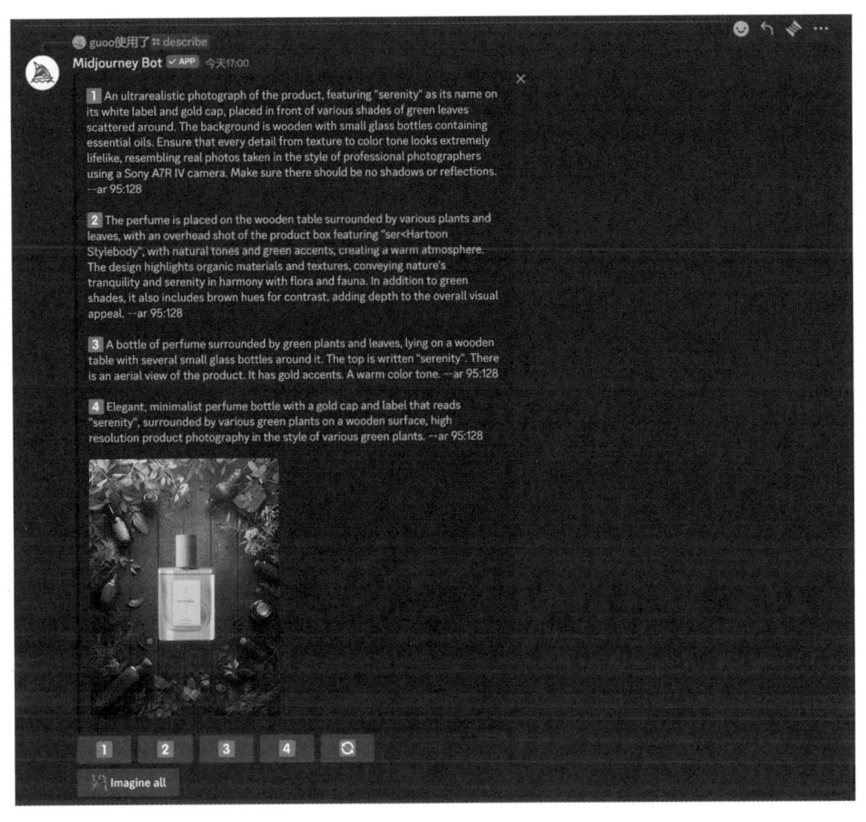

（d）

图 2-21　使用 describe（描述）指令，分析图片关键词

需要注意的是，有时有的提示词可能会导致Midjourney难以理解，但是Midjourney根据图像识别出的关键词一定是AI能够理解的内容。因此，根据AI提供的提示词再次生成图片可以提高生成图片的准确性。

接下来选择一组提示词，比如选择第三组提示词“A bottle of perfume surrounded by green plants and leaves, lying on a wooden table with several small glass bottles around it. The top is written "serenity". There is an aerial view of the product. It has gold accents. A warm color tone. --ar 95:128”，先复制下来。

然后上传抠除背景后的产品图片，并选择右链快捷菜单中的“复制链接”命令，如图2-22所示。

下面将对拼合好的图片进行润色，并尽可能让Midjourney还原产品图，降低差异化。首先，输入“/imagine”指令，在prompt后面粘贴图2-22中复制的产品图的链接，空两格后，加入上述由Midjourney生成的第三组提示词。在发送之前，可以对这些关键词进行微调。例如，根据实际情况将图片比例调整为“--ar 3:4”；为了确保香水瓶中的液体颜色是透明的，可以添加关键词“translucent white perfume bottle”；为了尽可能保持产品图的原样，在最后加上参考产品原图的权重指令“iw::2”。其中，iw后面的数值越大，生成的图片就越接近原始产品图像。

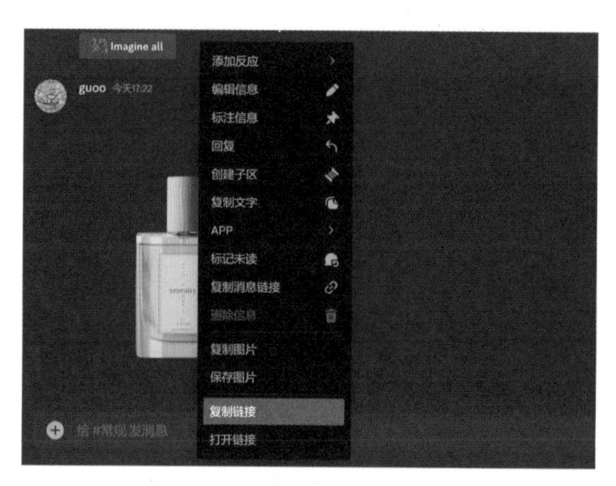

图 2-22　上传产品图并复制链接

接着将最终调整后的关键词输入到Midjourney中，具体为“A bottle of perfume surrounded by green plants and leaves, translucent white perfume bottle, lying on the wooden table. The brand name is "serenity" with an illustrative background in the style of KeyCode refrainexecute homosex Amesxphua OCCas NES. There is also some glass in front of it, filled with various fragrance ingredients. A label for serenity is placed on top of the box, adding to its overall aesthetic appeal, iw:2 --ar 3:4”，查看最终生成的图片，效果如图2-23所示。

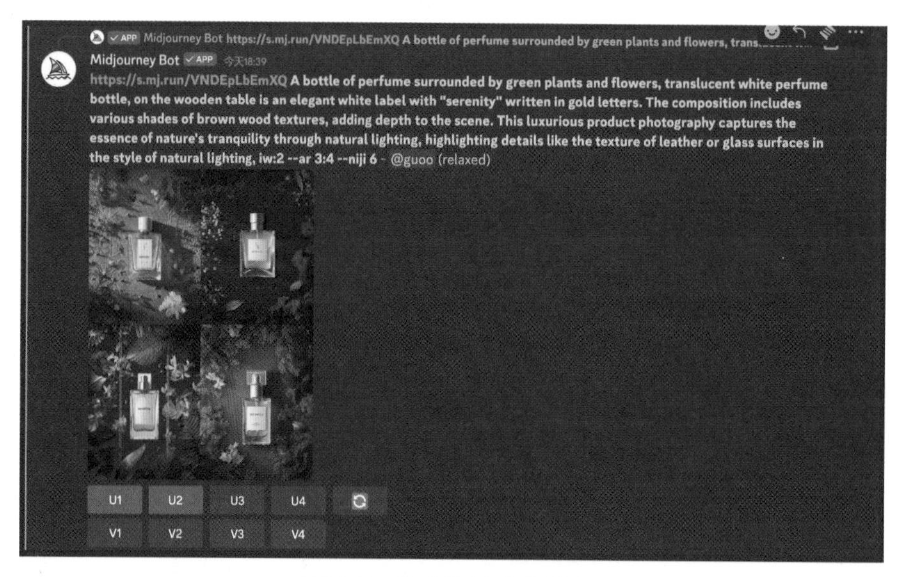

图 2-23　生成的产品海报效果

在这里可以观察到，尽管在步骤3中提供的拼接图并不是十分完美，但是AI的创造力是非常强大的。它可以以用户提供的图片为灵感，生成更具创意和视觉效果的图片。同样的，通过运用相同的关键词，可以生成更多不同的海报效果，如图2-24所示。

图 2-24　生成的产品海报效果

接下来使用相同的方法，尝试另一个场景。假设想要在产品海报中展现产品原材料来自清新的柑橘、舒缓的薰衣草和温暖的香草等，可以打造风格完全不同的海报。先生成合适的产品背景图。比如输入指令“Top-down view, citrus, lavender, herbs, natural elements, background scenery --ar 3:4”，生成的图片如图2-25所示。

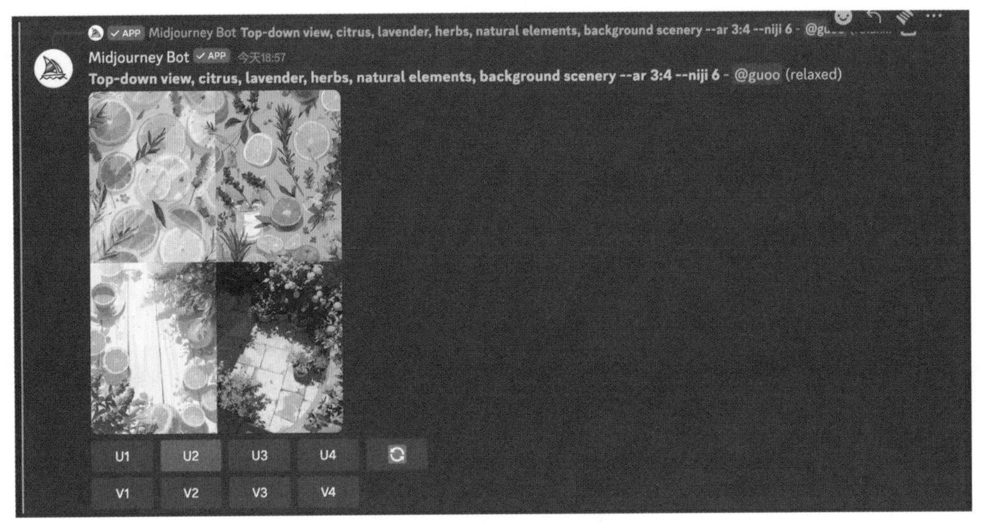

图 2-25　生成的海报背景图

以生成的第二张图为例，将这张背景图片和香水产品图拼接，如图2-26所示。

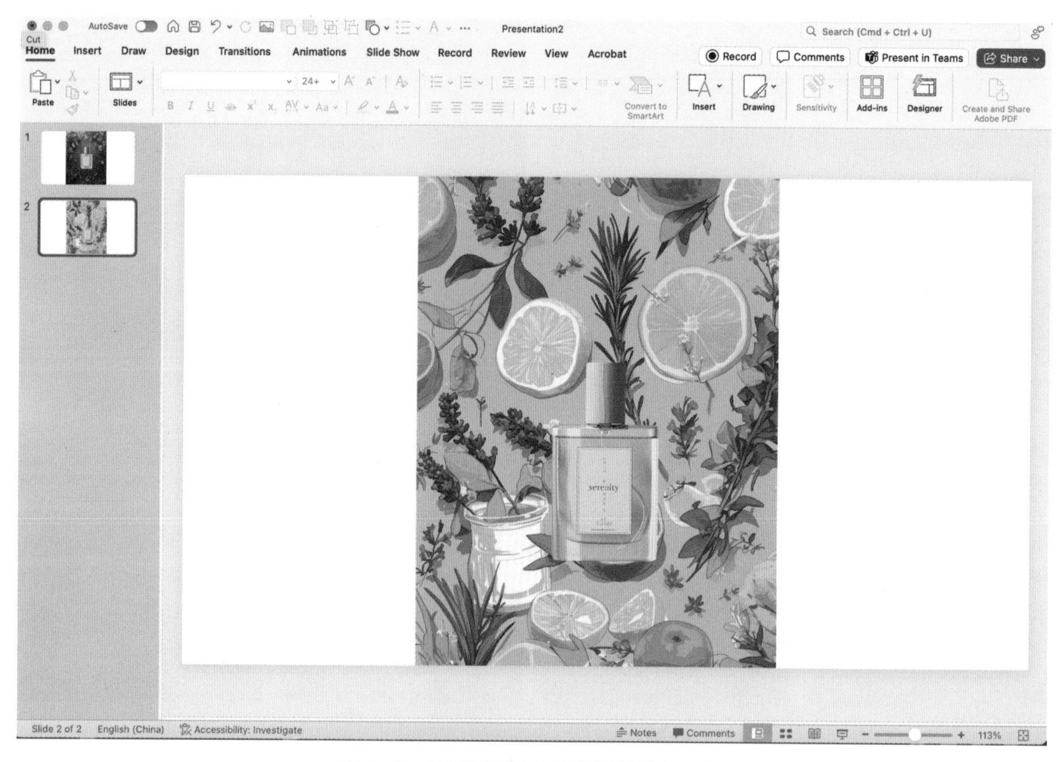

图 2-26　将背景图片与产品图拼接在一起

接下来使用相同的方法。首先输入“/”指令，选择“/describe”指令，然后选择“image”选项。接着，出现上传图片的位置，上传拼接好的图片，然后按Enter键进行上传。接下来输入“/imagine”指令，在prompt后面先粘贴产品图链接，空两格后，加入Midjourney提供的提示词，AI生成的产品海报图如图2-27所示。

图 2-27　生成的产品海报图片

使用相同的方法，还可以尝试在不同氛围下的产品海报图片，如图2-28所示。

图 2-28　生成的不同氛围的产品海报图片

最后，参照2.2.4小节中的方法，在Canva可画中调整生成的产品海报图片的细节，并加入文字等品牌信息，最终生成的产品海报图片如图2-29所示。需要注意的是，由于AI生成的产品海报图片中的产品可能与原产品图存在差异，因此当前生成的产品海报图片可作为前期效果图使用，或者可以将生成的图片导入Photoshop等后期处理软件中，将原产品图覆盖在AI生成的产品海报图上，然后进行调整和润色。

图 2-29　最终生成的产品海报图片

2.4　公益广告海报的AI应用

品牌主：郭郭老师，我想在今年的世界地球日期间制作一系列公益海报，呼吁人们关注海洋保护问题，并激励他们采取行动。我该如何使用AI来制作这些海报呢？

郭郭老师：这是一个很棒且有意义的想法！借助AI技术，可以高效地制作出具有吸引力和影响力的公益海报。下面我来为你提供一些制作公益广告海报的思路和步骤。

公益广告海报制作的核心步骤如下。

步骤1：明确公益广告海报的目标和受众；

步骤2：确定公益广告海报的核心信息；

步骤3：利用AI确定视觉元素并生成图片；

步骤4：添加海报文案，完善细节。

接下来以品牌需求为例，制作一系列在世界地球日期间呼吁人们关注海洋保护的公益广告海报。

步骤1： 明确公益广告海报的目标和受众

明确公益广告海报的目标：以上述需求为例，公益广告海报的目标是在今年的世界地球日期间，引起人们对海洋保护问题的关注，并激励他们采取积极的行动保护海洋环境，并且强调可持续利用海洋资源的重要性，呼吁人们共同努力保护海洋生态系统。

明确目标受众：本次公益广告海报的目标受众包括广大消费者群体、环保倡导者。品牌希望通过这些海报，触动消费者的内心，让他们意识到自己的购买行为对海洋环境的影响，并激发他们改变行为、支持环保产品的积极态度。

步骤2： 确定公益广告海报的核心信息

根据以上公益广告海报的目标和受众，确定公益广告海报中要传达的核心信息，可以借助AI进行分析，如图2-30所示。接下来以ChatGPT给出的第一个海报信息方向为例，强调“海洋保护的重要性：着重强调海洋保护的紧迫性和重要性，提醒观众海洋生态系统的脆弱性，以及保护海洋环境对地球生命的重要性。”

ChatGPT

基于你提供的信息，公益广告海报中要传达的关于海洋保护的核心信息可以有以下方向。

1. **海洋保护的重要性：** 着重强调海洋保护的紧迫性和重要性，提醒观众海洋生态系统的脆弱性，以及保护海洋环境对地球生命的重要性。
2. **可持续利用海洋资源：** 突出公司产品采用回收的塑料瓶和渔网制成的特点，强调可持续利用海洋资源的方式，以及企业在这方面的积极作用，从而向观众传达对环保产品的支持意识。
3. **个人责任和行动号召：** 呼吁观众意识到个人购买行为对海洋环境的影响，鼓励他们采取积极的行动，例如减少使用塑料制品、选择环保产品、参与海洋清洁行动等，强调每个人都有责任保护海洋环境。
4. **共同努力和团结合作：** 强调只有通过人们的共同努力和团结合作，才能实现有效的海洋保护，实现可持续发展的目标，呼吁观众积极参与到海洋保护的行动中来。

图 2-30 借助 ChatGPT 分析海报的核心信息

步骤3： 利用AI确定视觉元素并生成图片

接下来让AI围绕这个方向，写出5个不同的海报视觉元素信息，包括海洋污染、海洋中的塑料和渔网垃圾、海平面上升等生态环境恶化情景。要求每张海报能够传达一个信息，清晰地体现海报主体。由于是公益广告海报，所以可以夸张地表达真实的场景，AI的回答如图2-31所示。

You

请第一个海报信息方向为例，在海报中强调"海洋保护的重要性：着重强调海洋保护的紧迫性和重要性，提醒观众海洋生态系统的脆弱性，以及保护海洋环境对地球生命的重要性。"请围绕这个方向，写出五个不同的海报视觉元素信息，包括海洋污染、海洋中的塑料和渔网垃圾、海平面上升等生态环境恶化情景等。要求每个海报中要能够传达一个信息，能够清晰的体现海报主体物，由于是公益广告海报，所以可以比较夸张的表达真实的场景

‹ 3/3 ›

ChatGPT

理解了，以下是五个不同的海报视觉元素信息，围绕着海洋保护的紧迫性和重要性：

1. **海洋生物悲惨的景象：**
   - 图像：一只悲伤的海龟被缠绕在塑料袋和渔网中，眼神中透露出绝望和痛苦。
   - 文字：海洋生物正因塑料和渔网污染而濒临灭绝。保护海洋，拯救生命。
2. **海洋污染的破坏力：**
   - 图像：一幅夸张的画面，海洋表面漂浮着大量的塑料瓶、垃圾和废弃物，污染着海水，形成一片"塑料海洋"景象。
   - 文字：海洋污染正在加剧，我们的海洋生态系统岌岌可危。拒绝使用一次性塑料，保护我们的海洋。
3. **海洋中的废弃物堆积：**
   - 图像：一座巨大的塑料和渔网垃圾山耸立在海洋中，鱼群和海洋生物无处可逃。
   - 文字：海洋中的垃圾越来越多，生态平衡受到威胁。共同行动，清理海洋垃圾。
4. **海平面上升的威胁：**
   - 图像：一座城市的街道被淹没在水中，建筑物的顶部露出海面以上，暗示着海平面上升的威胁。
   - 文字：海洋污染和气候变化导致海平面上升，威胁着沿海城市和人类生存。行动起来，减缓气候变化。
5. **枯竭的海洋资源：**
   - 图像：一艘渔船在茫茫大海中漂泊，旁边只有枯萎的鱼群和空无一物的海洋，暗示着海洋资源的枯竭。
   - 文字：过度捕捞和海洋污染导致海洋资源枯竭，威胁着人类的生存。保护海洋，拯救未来。

图 2-31　ChatGPT 分析海报故事和视觉元素

接下来可以根据这5个海报视觉方向，分别让AI生成合适的文生图关键词，要求能够通过关键词体现每个故事的氛围感，并且画面要接近真实效果，而不是漫画效果，如图2-32所示。

You

下面我要用Midjourney做图，请根据这五个海报视觉方向，分别合适的文生图英文关键词，并用逗号隔开。要求能够通过关键词体现每个故事的氛围感和故事感，并且画面要接近真实效果，不是漫画效果。

ChatGPT

明白了，以下是根据每个海报视觉方向的合适文生图英文关键词，用逗号隔开：

1. **海洋生物悲惨的景象：**
    - keywords: Sea turtle entangled in plastic bag, Desperate ocean wildlife, Pollution impact on marine life, Endangered species
2. **海洋污染的破坏力：**
    - keywords: Plastic pollution in ocean, Floating garbage in sea, Environmental degradation, Plastic waste contamination
3. **海洋中的废弃物堆积：**
    - keywords: Massive ocean garbage accumulation, Plastic and fishing net debris, Marine pollution crisis, Threat to marine ecosystem
4. **海平面上升的威胁：**
    - keywords: Rising sea levels, Flooded coastal city, Climate change impact on ocean, Coastal inundation
5. **枯竭的海洋资源：**
    - keywords: Depleted marine resources, Overfishing consequences, Empty fishing grounds, Threat to seafood supply chain

图 2-32　利用 ChatGPT 生成的文生图关键词

接下来在Midjourney中分别使用以上关键词生成海报背景图片，可以加上“Realistic, Authentic, Genuine, True-to-life, Lifelike, Naturalistic, High-resolution, Photo-realistic”等关键词，让图片更接近写实效果，并在后面加上海报的尺寸等信息，生成的海报背景图如图2-33所示。

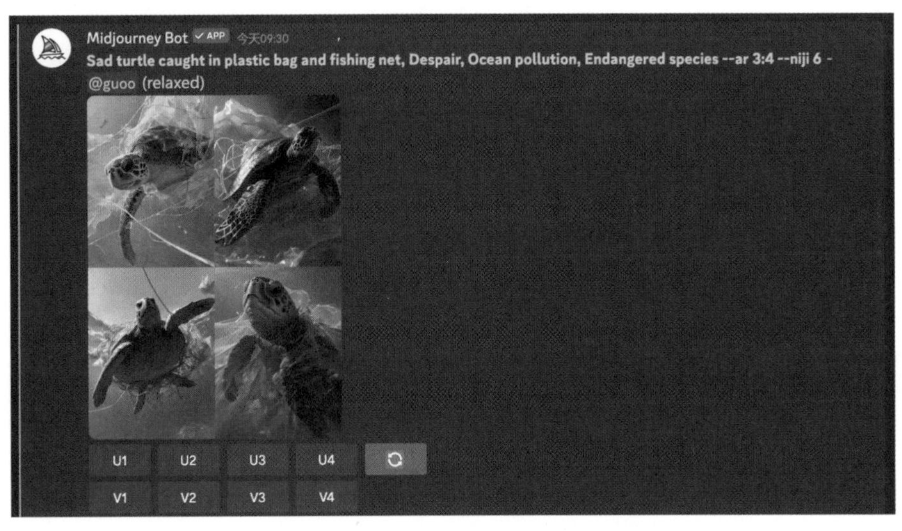

图 2-33　Midjourney 生成的第一个海报图

如果希望生成的图片中的主体缩小一点，可以单击该图片下方的“Zoom Out 2x”或“Zoom Out 1.5x”按钮，可以分别将图片主体拉远2倍和1.5倍，拉远1.5倍后的效果如图2-34所示。

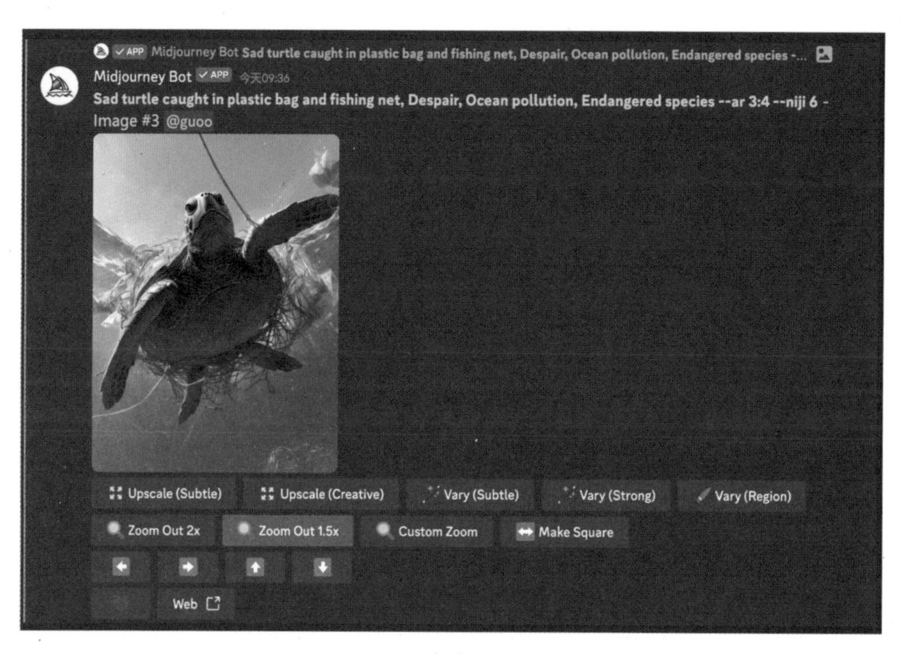

（a）

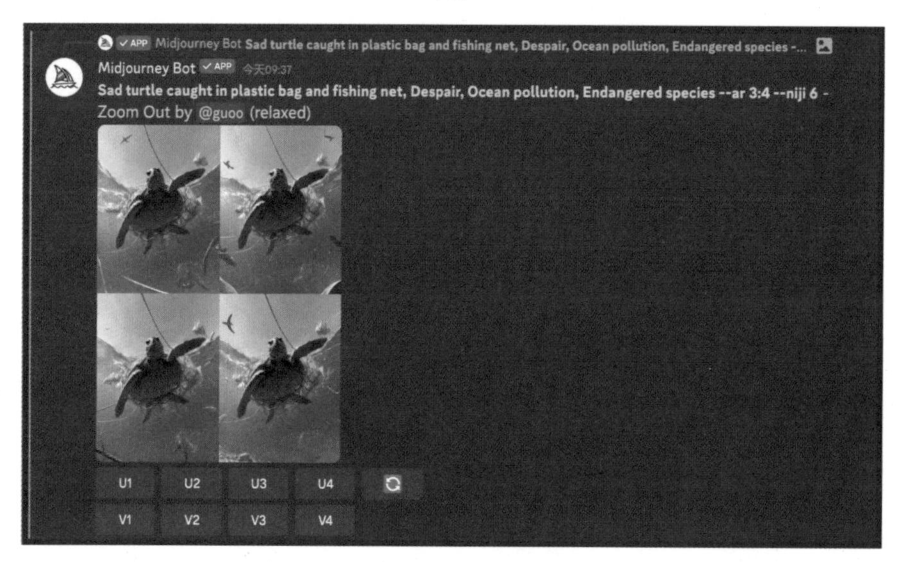

（b）

图 2-34　单击“Zoom Out 1.5x”按钮后的图片效果

接下来用相同的方法，继续生成其他主题的海报背景图，生成的图片效果如图2-35所示。

图 2-35　Midjourney 生成的其他海报背景图

步骤4： 添加海报文案，完善细节

注意，如果想要在Midjourney生成的图片的基础上拓展画面，可使用WHEE平台里的“AI扩图”功能，可以在原图的基础上以任意角度拓展画面。如图2-36所示，选择“AI创作工具”→“AI扩图”选项，单击“上传图片”按钮，选择要进行扩图的图片，通过调整图片位置来选择扩图大小。

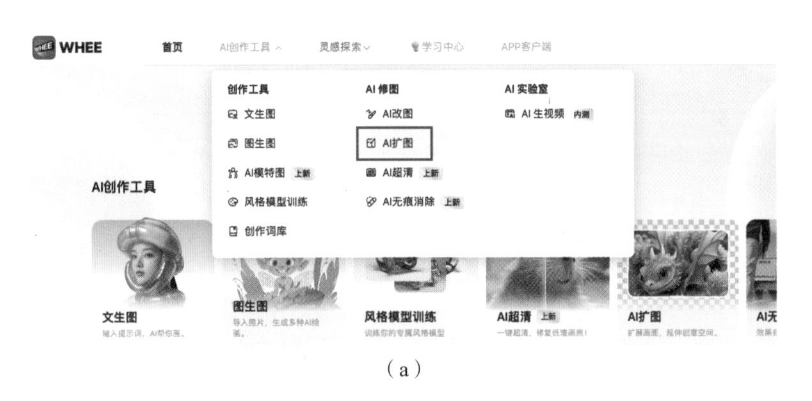

（a）

AI扩图

扩展画面，延伸创意空间

（b）

图 2-36　在 WHEE 平台进行 AI 扩图

拓展过程和拓展后的效果如图2-37所示。从图中可以发现拓展后的图片很好地延展了图片空间，并且清晰度是非常不错的。拓展后的效果更方便接下来的海报文字添加和制作。

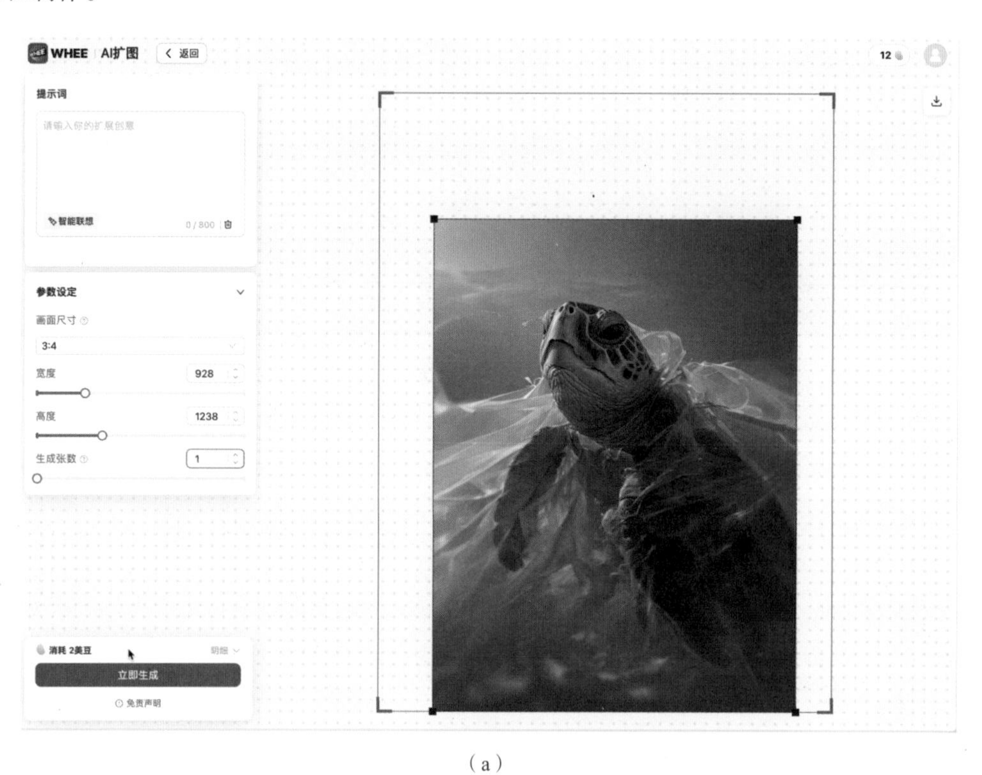

（a）

（b）

图 2-37　在 WHEE 平台进行 AI 扩图后的效果

接下来参照2.2.4小节中的方法，在Canva可画平台调整产品海报细节，加入文字等信息，最终生成的公益广告海报效果如图2-38所示。

图 2-38　最终生成的公益广告海报效果

案例分享：学生课堂优秀AI公益广告海报作品如图2-39所示。

图 2-39

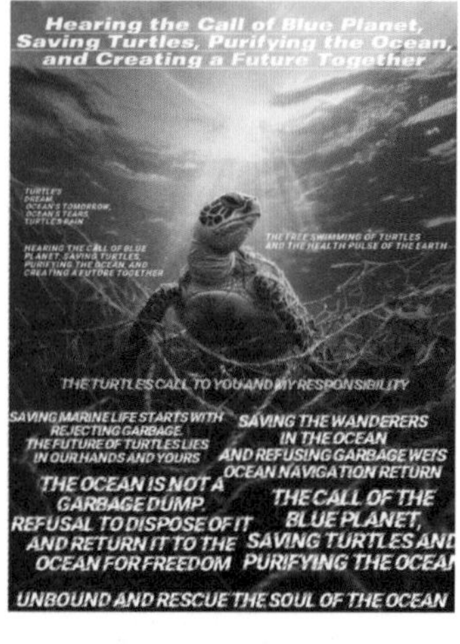

图 2-39　公益广告海报案例

2.5　IP海报的设计与创新

品牌主：郭郭老师，我在经营一个甜品品牌，想要做一个比较可爱的IP形象用于社交媒体宣传海报中，您有什么好的AI作图方法吗？

郭郭老师：IP海报是当下非常热门的海报宣传形式哦！下面我先来带你拆解一下制作步骤。

制作IP海报可以分为4步。

步骤1：明确品牌定位和IP定位；

步骤2：生成品牌IP角色；

步骤3：确定IP海报详细信息并生成海报；

步骤4：完善海报细节。

步骤1： 明确品牌定位和IP定位

郭郭老师：可以先介绍下你的品牌信息哦，包括品牌定位、目标人群、IP需求。

品牌主：好的！我们甜品品牌的具体信息如下。

> 品牌名称：冰悦FrostJoy（化名）
>
> 品牌定位：冰悦FrostJoy是一家以提供创新、美味的雪糕、冰激凌为主打产品的甜品品牌。其定位为顾客带来清新、快乐的冰激凌体验，注重原创和品质，致力于让人们在品尝甜品的过程中感受到快乐和满足。
>
> 目标人群：冰悦的目标人群主要包括年轻人和家庭。年轻人对创新、时尚的甜品有较高的需求，而家庭则希望为自己和孩子选择健康美味的甜品。因此，冰悦的产品和营销策略将针对这两个主要消费群体。
>
> IP需求：冰悦希望通过构建一个可爱、富有想象力的品牌形象和角色IP，增强品牌的认知度和影响力。该IP是一个活泼可爱的冰激凌吉祥物，代表着快乐和创意，与品牌的核心价值观相契合。此外，冰悦还可以利用IP形象来设计宣传海报、包装、广告和社交媒体内容，吸引目标受众的注意力，增强品牌的吸引力和竞争力。

步骤2： 生成品牌IP角色

郭郭老师：根据以上品牌定位，可以发现该品牌需要一个非常可爱有活力的IP形象，并且要和冰激凌强相关。所以我们先将品牌IP角色确定为“一个活泼可爱的粉色冰激凌小女孩，身形矮小可爱，有时尚感，身着时尚的印有冰激凌图案的彩色冰激凌套装，表情生动活泼，眼睛明亮可爱，笑容灿烂，带着冰激凌形状的帽子”。

接下来，先在Midjourney中生成品牌IP角色的图片。结合品牌IP形象，在Midjourney中输入关键词“A lively and adorable pink ice cream character, petite in size, exuding a sense of fashion, dressed in a stylish colorful ice cream suit patterned with ice cream motifs, with bright and lively eyes, a radiant smile, and wearing an ice cream-shaped hat, depicted in a jumping pose, lively and playful”，并在后面加入“super detailed, realistic, 3D animation --ar 3：4”关键词，可以生成细节感更强的、3D动画效果、3：4尺寸的IP人物图片。生成的IP形象效果如图2-40所示。

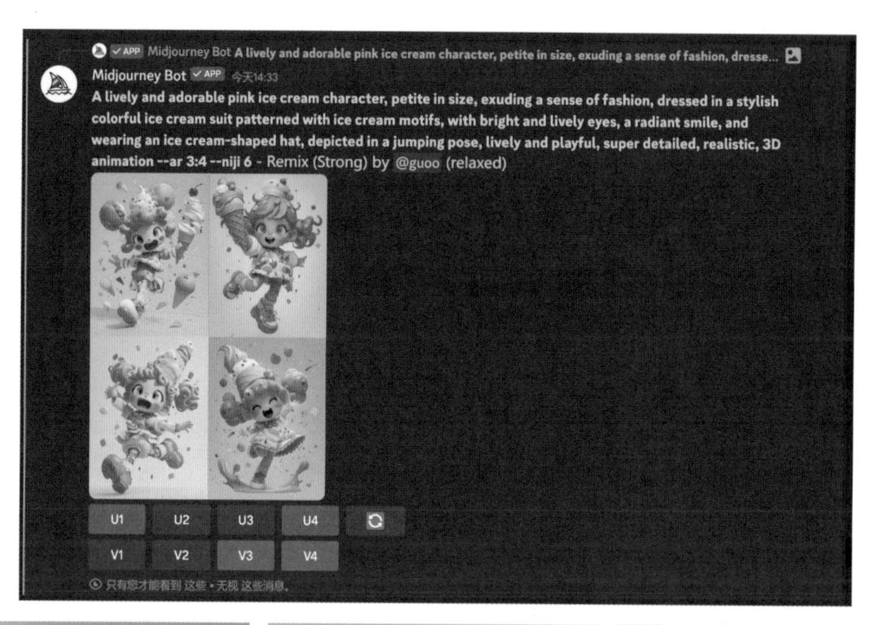

图 2-40　Midjourney 生成的 IP 形象

步骤3： 确定IP海报详细信息并生成海报

接下来需要确定IP海报要传达的详细信息。以冰悦FrostJoy品牌为例，希望生成的海报信息为“冰激凌小女孩围绕着一大堆冰激凌、气球和糖果，形成欢快的派对场景。配以‘冰悦派对，尽情享受’的品牌口号”。围绕这个海报信息，借助AI生成文生图关键词“Ice cream girl, ice cream pile, balloons, candies, party atmosphere, joyful laughter, lively jumping, candy colors”，再加上图片细节关键词“super detailed, realistic, 3D animation --ar 3：4”。

那么，如何让IP角色不变，生成IP角色在不同场景下的海报图片呢？

下面介绍一个角色一致性功能“--cref ”。

什么是角色一致性功能？

“--cref ”功能非常适合在利用Midjourney制作图像要保持角色一致性时使用。角色一致性功能的工作原理为，它会“聚焦”于角色特征，能够尽可能保证角色的一致性，但是目前还无法准确复制酒窝、雀斑或T恤标志等细节信息。

“--cref ”使用方法如下。

在提示后输入 --cref并输入字符图像的 URL网址，再使用--cw 来修改参考强度。

默认强度为100（--cw 100），使用脸部、头发和衣服。

当强度为 0（--cw 0）时，则只关注脸部（适合更换服装/头发等）。

了解了角色一致性指令“--cref”的使用方法之后，接下来尝试下如何在刚刚描述的海报场景中，根据已经做好的品牌IP形象，生成新的海报图。先将要参考的IP形象图片上传至Midjourney，并在右键快捷菜单中选择“复制链接”命令，如图2-41所示。

图 2-41　上传要参考的 IP 图片并复制链接

接着输入“/imagine”指令，在prompt后面输入上面写好的关键词“Ice cream girl, ice cream pile, balloons, candies, party atmosphere, joyful laughter, lively jumping, candy colors, super detailed, realistic, 3D animation --ar 3：4”。接着输入空格，再输入指令“--

cref+刚复制的链接”。然后再空一格输入指令“--cw 90”（数值越大，生成的图片会越参考原图的脸部、头发和衣服），最后输入的关键词和生成的效果图如图2-42所示。

图 2-42　输入的关键词及生成的效果图

多次尝试，最后生成不同效果的IP海报背景图，如图2-43所示。从图中可以发现IP角色的脸部基本保持一致，服装有一些微小变化。大家也可以单击扩大视角指令“Zoom Out 2x”或“Zoom Out 1.5x”，让人物在画面中变得更小，给后期添加海报文字留一些设计空间。

图 2-43　生成的 IP 海报背景图

步骤4： 完善海报细节

接下来参照2.2.4小节中的方法，在Canva可画平台调整上面生成的IP海报细节，加入文字等信息，最终生成的IP海报效果如图2-44所示。

图 2-44　最终生成的海报效果

◎ AI设计灵感锦囊A

以下是生成品牌IP形象时常用的文生图关键词，这些关键词适用于各种不同风格的品牌IP形象设计。通过使用这些关键词，可以更精准地塑造出符合品牌定位和目标受众需求的IP形象，从而增强品牌的独特性和吸引力。

常用的品牌IP角色关键词

Cartoon Character：卡通角色，适合萌系、可爱风格的品牌IP形象，具有幽默和亲和力。

Superhero Figure：超级英雄形象，适合有力量、正义感强的品牌IP形象，展现英勇的特点。

Fantasy Creature：幻想生物，适合奇幻、冒险风格的品牌IP形象，充满神秘和想象力。

Animal Mascot：动物吉祥物，适合家庭、儿童品牌的IP形象，具有亲和力和温暖感。

Sci-fi Character：科幻角色，适合科技、未来感强的品牌IP形象，富有创新性和前瞻性。

Historical Figure：历史人物，适合传统、文化品牌的IP形象，展现文化传承和价值观。

Fairy Tale Character：童话角色，适合梦幻、童趣风格的品牌IP形象，充满浪漫和幻想。

Robot Figure：机器人形象，适合科技、未来主义风格的品牌IP形象，展现先进和智能的特点。

Mythical Creature：神话生物，适合古典、神秘风格的品牌IP形象，富有传奇色彩和神秘感。

Space Explorer：太空探险者，适合探索、冒险风格的品牌IP形象，具有勇气和探索精神。

Sports Athlete：运动员角色，适合运动、健康品牌的IP形象，展现出活力和竞争精神。

Ninja Warrior：忍者战士，适合动作、冒险品牌的IP形象，具有速度和敏捷感。

Fairytale Princess：童话公主，适合童趣、甜美风格的品牌IP形象，充满梦幻和浪漫气息。

Cyberpunk Character：赛博朋克角色，适合科技、未来主义风格的品牌IP形象，具有前卫和叛逆的特质。

Magical Girl or Boy：魔法少女或少年，适合奇幻、梦幻风格的品牌IP形象，具有活力和幻想力。

Steampunk Adventurer：蒸汽朋克冒险家，适合复古、科技风格的品牌IP形象，融合了工业和冒险元素。

Martial Arts Master：武术大师，适合动作、体育品牌的IP形象，展现力量和技艺。

Fashion Model or Influencer：时尚模特或影响者，适合时尚、美妆品牌的IP形象，具有潮流和个性。

Musician or Rock Star：音乐家或摇滚明星，适合音乐、娱乐品牌的IP形象，具有热情和艺术气息。

常用的IP角色风格关键词

Masterpiece Cinema：大师电影风格，适合艺术、文化品牌的IP形象，展现出深度和品质。

Animated Character：动画角色，适合儿童、娱乐品牌的IP形象，具有生动和趣味性。

Anime Style：动漫风格，适合亚文化、娱乐品牌的IP形象，具有个性和独特风格。

3D Model Character：3D模型角色，适合科技、游戏品牌的IP形象，展现先进和现代的特点。

3D Animation：3D动画，适合科技、娱乐品牌的IP形象，具有视觉冲击力和逼真感。

Surrealistic Art：超现实主义艺术，适合艺术、文化品牌的IP形象，具有梦幻和超越现实的特质。

Pop Culture Icon：流行文化偶像，适合时尚、娱乐品牌的IP形象，具有时尚和个性的特点。

Retro Vintage Style：复古怀旧风格，适合时尚、文化品牌的IP形象，具有复古和怀旧的氛围。

Street Art Graffiti：街头涂鸦艺术，适合潮流、艺术品牌的IP形象，具有叛逆和自由的氛围。

Abstract Expressionism：抽象表现主义，适合艺术、设计品牌的IP形象，具有抽象和情感表达的特点。

Fantasy Adventure：奇幻冒险，适合游戏、娱乐品牌的IP形象，具有奇幻和冒险的氛围。

Cybernetic Future：网络未来，适合科技、游戏品牌的IP形象，具有科幻和未来主义的特质。

Mythological Legend：神话传奇，适合文化、游戏品牌的IP形象，具有神秘和传奇色彩。

Post-Apocalyptic World：后启示录世界，适合科幻、游戏品牌的IP形象，具有末日风和幸存者等元素。

Fairytale Wonderland：童话乐园，适合儿童、娱乐品牌的IP形象，具有梦幻和童真的氛围。

2.6　常用品牌视觉内容设计指令与参数

本节汇总了品牌海报设计中常用的网站和Midjourney指令，以及常见的AI文生图关键词，如表2-1所示。这些资源旨在帮助读者更高效地利用AI工具，打造更精确且富有创意的品牌海报设计方案。

表 2-1　品牌海报设计常用的网站 Midjourney 指令和 AI 文生图关键词

常用网站	消除图片背景：removebg https://www.remove.bg/zh AI无痕消除、AI扩图：WHEE https://www.whee.com/ Canva可画：https://www.canva.cn/
Midjourney 常用指令	“--ar”尺寸指令：如“--ar 16：9”“--ar 3：4” “describe”描述指令：系统分析4组用来描述上传图片的提示词 “--cref”：角色一致性功能 “--cw”：参考强度，默认强度 100 (--cw 100)，关注脸部、头发和衣服 当强度为 0 (--cw 0) 时，只会关注脸部（适合更换服装/头发等）
常见的节日和海报关键词	中秋节：Mooncake, Lantern, Family Reunion, Full Moon, Harvest 端午节：Dragon Boat, Zongzi, Bamboo Leaves, Traditional Costume, Racing Competition 春节：Lunar New Year, Red Envelope, Family Gathering, Lion Dance, Fireworks 清明节：Tomb Sweeping, Ancestral Worship, Spring Outing, Willow, Floral Tribute 元宵节：Lantern Festival, Tangyuan, Dragon Dance, Festive Parade, Riddles 七夕：Qixi Festival, Love, Starry Sky, Milky Way, Wish 国庆节：National Flag, Parade, Fireworks, Unity, Celebration 母亲节：Mother's Love, Flower Bouquet, Family Brunch, Heartfelt Cards, Appreciation 父亲节：Father's Love, Outdoor Activities, BBQ Party, Gift Giving, Bonding Time
常见节日营销海报风格关键词	传统风格: Heritage, Classic Design, Timeless Elegance 现代风格: Minimalist, Contemporary, Sleek Design 艺术家风格: Artistic Expression, Creative Vision, Experimental Techniques 漫画风格: Cartoon Illustration, Comic Elements, Playful Characters 复古风格: Vintage Design, Retro Aesthetics, Nostalgic Vibes 电影海报风格: Cinematic Art, Dramatic Imagery, Film Noir 插画风格: Illustrative Art, Whimsical Illustrations, Artistic Rendering 水彩风格: Watercolor Painting, Soft Pastels, Dreamy Atmosphere
常用品牌IP角色关键词	Cartoon Character, Superhero Figure, Fantasy Creature, Animal Mascot, Sci-fi Character, Historical Figure, Fairy Tale Character, Robot Figure, Mythical Creature, Space Explorer, Sports Athlete, Ninja Warrior, Fairytale Princess, Cyberpunk Character, Magical Girl or Boy, Steampunk Adventurer, Martial Arts Master, Fashion Model or Influencer, Musician or Rock Star
常用的IP角色风格关键词	Masterpiece Cinema, Animated Character, Anime Style, 3D Model Character, 3D Animation, Surrealistic Art, Pop Culture Icon, Retro Vintage Style, Street Art Graffiti, Abstract Expressionism, Fantasy Adventure, Cybernetic Future, Mythological Legend, Post-Apocalyptic World, Fairytale Wonderland

本章小结

本章详细探讨了AI技术如何为品牌经理、营销人员、设计师及创业者在品牌营销宣传海报创作中赋予其全新视角和工具。重点展示了AI在高创意需求海报设计中的应用，如节日营销海报、电商产品海报、公益广告及IP相关海报，这些应用场景通常要求更高水平的创意和个性化表达。通过AI工具，用户可以快速生成符合品牌定位的视觉内容，实现精准和个性化的目标受众传达，从而有效提升市场竞争力和品牌影响力。

在进行品牌海报设计时，可参照以下流程。

（1）目标和受众分析：明确海报设计的商业目标和目标受众，以此为基础确定设计需求。

（2）内容和风格确定：根据品牌特性和市场趋势选择适合的海报内容主题和视觉风格。

（3）AI工具应用：运用AI工具（如Midjourney）根据前两步生成海报初步设计背景图，并不断进行评估和迭代。

（4）最终化和应用：利用AI工具生成海报背景图后，用设计类软件（如Canva可画）进行最终调整并应用于实际的营销活动中。

在制作海报时，当涉及复杂的信息时，可以使用以下AI指令公式，让AI更理解用户想要传达的信息。

AI指令公式=“内容描述+风格描述+属性描述”

• 内容描述：先确定图片中的主体。比如，一个小女孩在喝奶茶、两只小兔子在森林中玩耍等。

• 风格描述：确定图片的风格，比如艺术家风格、漫画风格等。

• 属性描述：确定图片的基本属性，比如3：4尺寸、16：9尺寸等。

课后练习

AI辅助品牌营销海报设计

运用在本章学习的知识，使用AI工具为即将到来的营销活动（如产品发布、节日促销等）设计一张品牌海报。首先，选择一个具体的主题，并明确目标受众，包括他们的偏好、消费习惯和心理特征。接着制作与活动主题和目标受众相关的AI海报背景图和文案。然后利用AI设计工具如Canva可画、Photoshop等完善海报设计细节。在设计初稿后，根据反馈进行必要的调整和迭代，确保海报在视觉和信息传达上符合营销目标，同时保持品牌的视觉一致性，确保信息的清晰性。完成后，可以将海报设计与团队分享，获取反馈并讨论其效果和潜在改进空间。

在设计过程中要注意以下事项。

• 品牌一致性：确保海报设计符合品牌的视觉标准和风格指南。

• 视觉清晰性：海报应清晰地传达营销信息，避免过度拥挤，确保关键信息突出。

• 受众适应性：设计应吸引目标受众，使用与他们相关的视觉语言和调性。

• 法律遵守：确保使用的图像和内容符合我国的版权法规定，避免使用未经授权的材料。

第 2 部分

AI 在空间与环境设计中的应用

第3章

智能品牌空间设计：从理念到实践

本章将深入讨论 AI 技术如何为品牌经理、营销专家及设计师提供新的视角和工具，进而刷新对品牌空间设计和店铺规划的传统认知。随着 AI 技术的不断进步，其在空间设计方面的应用更加广泛成现实，使品牌空间创新和顾客体验提升成为可能。不论是对品牌店铺的布局设计，还是营销活动中的快闪店概念，AI 工具和技术使得抽象设计理念到具体执行方案的转变成为可能，可以助力品牌在激烈的市场竞争中取得优势。

通过具体案例分析和详尽的操作指南，本章意在向读者展示如何运用 AI 工具和技术将设计理念转化为实际的品牌空间方案。这一过程不仅是技术的应用，更是一次关于品牌空间设计创新的探索之旅。请大家跟随本章内容，一步步了解 AI 如何在品牌空间设计中发挥关键作用，开启设计革新的新篇章。

3.1　空间设计中的AI应用概述

品牌主：郭郭老师，我们的品牌店铺正在考虑引入AI来设计空间，能告诉我们具体应该如何操作吗？

郭郭老师：当然可以，AI技术在空间设计中的应用确实能带来许多创新和效率提升。首先，利用AI工具，如ChatGPT，从品牌定位和理念出发，深入理解品牌的核心主题和风格，这一步是构建整个设计项目的基础。在对品牌理念有了深入理解之后，使用AI进行店铺布局的优化。AI技术可以帮助我们提高空间的使用效率，并提升顾客体验。

品牌主：AI如何在提供设计灵感方面帮助我们呢？

郭郭老师：AI能够大大地激发设计团队的创造力，提供丰富的灵感和建议哦。借助AI，团队可以找到最契合品牌形象的设计风格，比如通过使用如Midjourney等AI图像生成工具，生成视觉效果预览，这对品牌主和空间设计师来说可以快速迭代设计方案，确保店铺空间设计与品牌形象一致，同时吸引顾客并提供愉悦的购物体验。

AI店铺空间设计的具体流程主要分为4步。

流程一：结合品牌定位确定店铺空间设计需求；

流程二：确定店铺空间的布局；

流程三：确定店铺空间的设计风格；

流程四：调整店铺空间设计的细节。

3.2　使用AI分析空间需求

步骤1：梳理品牌的基础信息

郭郭老师：在设计前期，了解和分析空间需求是优化店铺布局设计的关键步骤。利用AI工具，我们可以更精确地分析和满足这些需求。首先介绍下你的品牌信息吧，包括品牌定位、线下店铺空间设计风格。

品牌主：好的！我们的品牌信息如下。

> 品牌定位：AuraAthletica（化名）是一家专注于提供高品质、高端的瑜伽和健身装备的品牌。品牌致力于为一线城市热爱瑜伽和健身的高级白领提供优雅、舒适且功能性强的运动服装和配件。
>
> 线下店铺：线下店铺以简约、时尚的设计风格为主导，体现高端品质和舒适的氛围。

步骤2： 结合品牌基础信息，使用ChatGPT拓展线下店铺方向

接下来将以上品牌基础信息提供给ChatGPT，并让它围绕品牌定位和线下店铺的基础信息，确定该品牌的线下店铺风格，生成更加具体详细的店铺空间设计方向，如图3-1所示。

You

AuraAthletica是一家专注于提供高品质、高端的瑜伽和健身装备的品牌。该品牌致力于为一线城市的热爱瑜伽和健身的高级白领提供优雅、舒适且功能性强大的运动服装和配件。线下店铺以简约、时尚的设计风格为主导，体现出高端品质和舒适的氛围。请围绕以上品牌定位和线下店铺的基础信息，帮我展开该品牌的线下店铺空间应该如何设计

ChatGPT

以下是AuraAthletica线下店铺空间设计的建议：

- **简约时尚的装修风格：** 店铺内部设计应以简约时尚为主导，采用清晰简洁的线条和现代感十足的家具，营造出高端品质和专业形象。
- **自然元素与舒适感：** 店铺装修中可以融入自然元素，如绿色植物或仿木材质的装饰，以增添一丝清新自然的氛围，为顾客带来舒适愉悦的购物体验。
- **充足的自然光线：** 店铺设计应充分利用自然光线，通过大面积的玻璃窗户和天窗，让阳光充足照射进店内，营造明亮开放的氛围，为顾客提供愉悦的购物环境。
- **产品陈列与展示：** 产品陈列区域设计应简洁大方，采用高品质的陈列架和展示柜，将产品摆放整齐有序，突出品牌的高端形象和产品特色，吸引顾客的注意力。
- **试衣体验区：** 店铺内应设置宽敞舒适的试衣体验区，配备私密的试衣间和全身镜，为顾客提供良好的试穿体验，让顾客能够更好地感受到产品的舒适度和质感。
- **互动体验与活动空间：** 店铺设计可以考虑设置互动体验区和活动空间，定期举办瑜伽课程、健身讲座和社交活动，为顾客提供与品牌互动的机会，增强顾客对品牌的认同感和忠诚度。
- **个性化服务和定制体验：** 店员应提供专业的购物建议和个性化的服务，根据顾客的需求和偏好，推荐适合的产品，并提供定制化的服务，让顾客感受到品牌对其关怀和关注，增强顾客的购物满意度和忠诚度。

图 3-1　ChatGPT 生成的店铺空间设计方向

根据以上提示，继续让AI总结品牌店铺的核心设计点，如图3-2所示。具体的品牌店铺设计核心可以结合AI拓展的内容进行微调整。接下来流程二的店铺空间规划将会以此为核心，继续展开下面的操作步骤。

ST **You**
好的，根据以上分析，帮我总结出一段店铺设计的核心点
‹ 5 / 5 ›

ChatGPT
根据以上分析，AuraAthletica的店铺设计的核心点如下：

AuraAthletica的线下店铺设计以简约、时尚为主导，体现出品牌的高端品质和专业形象。设计中充分利用自然光线，营造明亮开放的购物氛围，同时注重舒适度和私密性。试衣体验区设计宽敞舒适，产品陈列区合理布局，展示出品牌的专业性和高品质。店内互动体验区和活动空间定期举办瑜伽课程和健身讲座，加强与顾客的互动和联系。店员提供个性化的购物建议和定制化的服务，让顾客能够获得满意的购物体验，并提升他们的忠诚度。综上所述，AuraAthletica的店铺设计旨在为高级白领提供一个舒适、专业、时尚的购物场所，让他们在此尽情享受运动时尚的魅力。

图 3-2　ChatGPT 生成的店铺设计核心点

3.3　AI辅助的空间布局规划

一旦了解了空间需求，下一步就可以使用AI进行空间布局的详细规划。AI可以帮助人们确定店铺设计的核心区域，并根据品牌特性和顾客行为，规划出各个功能区的具体布局。

步骤1： AI生成店铺空间规划的具体区域分布

根据AuraAthletica品牌信息，告诉AI围绕店铺设计核心，规划出具体的空间布局，分为几个区域，并详细解析每个区域的设计特点，如图3-3所示。可以看出，AI提供的回答详尽地将店铺规划成5个区域，每个区域列出了空间内的灯光、设计风格、产品展示和货架布局等要素。在这一过程中，应用AI技术不仅提高了设计的效率，还为设计师提供了丰富的创意灵感和具体的设计建议，助力团队明确最适合品牌形象的设计风格。

ST **You**
AuraAthletica的店铺设计的核心点如下：

AuraAthletica的线下店铺设计以简约、时尚为主导，体现出品牌的高端品质和专业形象。设计中充分利用自然光线，营造明亮开放的购物氛围，同时注重舒适度和私密性。试衣体验区设计宽敞舒适，产品陈列区合理布局，展示出品牌的专业性和高品质。店内互动体验区和活动空间定期举办瑜伽课程和健身讲座，加强与顾客的互动和联系。店员提供个性化的购物建议和定制化的服务，让顾客能够获得满意的购物体验，并提升他们的忠诚度。综上所述，AuraAthletica的店铺设计旨在为高级白领提供一个舒适、专业、时尚的购物场所，让他们在此尽情享受运动时尚的魅力。

请围绕此店铺设计核心，帮我生成该品牌线下店铺的空间布局规划，具体可以分为哪几个区域，并具体展开每个区域的设计特点

图 3-3

ChatGPT

根据AuraAthletica店铺设计的核心理念，我们可以将线下店铺的空间布局规划划分为以下几个主要区域，每个区域都紧扣简约、时尚的主导风格，同时突出品牌的高端品质和专业形象：

1.

入口与接待区:

- 设计为开放式，使用大面积的透明玻璃窗以引入自然光线，营造明亮、热情的第一印象。
- 接待台采用简洁的线条设计，配以品牌标志，体现时尚感。
- 可以设置一个小型的休息区，提供杂志或品牌手册，供顾客等待时浏览。

2.

产品陈列区:

- 空间布局合理，采用模块化的展示架和浮动式货架，便于调整展示空间，展示最新产品。
- 利用柔和的照明设计突出商品特色，同时保持整体的明亮感。
- 分区明确，如运动服装区、配件区、运动鞋区等，每个区域均提供专业的产品介绍和购买建议。

3.

试衣体验区:

- 宽敞舒适，内部装饰简约高雅，提供充足的更衣空间和镜面，确保顾客的私密性和舒适度。
- 设置智能化试衣镜，能够提供虚拟试穿体验，增加互动乐趣。
- 提供多样化的灯光设置，模拟不同场景下的穿着效果。

4.

互动体验区与活动空间:

- 设计为多功能空间，可用于举办瑜伽课程、健身讲座等活动，增强品牌与顾客的互动。
- 空间布局灵活，配备可移动的装备和座椅，便于根据活动需要进行调整。
- 设置高质量的音响和照明设备，确保活动的专业性和氛围。

5.

个性化服务区:

- 提供一对一的购物顾问服务，为顾客提供个性化的购物建议和定制化服务。
- 设计私密的咨询区域，确保顾客在享受定制化服务时的舒适和隐私。
- 利用高科技产品如平板电脑或互动屏幕展示产品信息，提升购物体验。

整体设计注重简约和时尚的元素融合，同时确保空间的实用性和舒适度，体现AuraAthletica品牌的专业性和高品质。通过这样的空间布局规划，旨在为高级白领提供一个既能享受购物乐趣又能体验运动时尚魅力的理想场所。

图 3-3　ChatGPT 生成的店铺空间规划内容

步骤2：生成每个区域的关键词

让AI生成每个店铺区域的英文关键词，并且关键词用逗号隔开，如图3-4所示。

You

下面我要用Midjourney做这个空间的场景图，请帮我生成这六个区域适合的英文prompt，关键词用逗号隔开

‹ 2/2 ›

ChatGPT

当然，为每个区域生成的英文prompt关键词如下：

1.

入口与接待区:

"open, welcoming space, transparent glass, natural light, modern reception desk, high-end image, plants, art pieces, minimalist design"

2.

产品陈列区:

"open layout, custom display shelves, targeted lighting, product highlights, spacious, clear segmentation, sports apparel, shoes, accessories, minimalist, stylish"

3.

试衣体验区:

"spacious, comfortable, private, quality lighting, full-length mirrors, minimalist elegance, high-tech, virtual fitting technology"

4.

互动体验区与活动空间:

"multi-functional area, yoga classes, fitness talks, flexible layout, simple dynamic decor, brand interaction, active lifestyle"

5.

个性化服务区:

"one-on-one shopping consultation, private, personalized shopping advice, custom services, discreet, undisturbed environment"

6.

休息区:

"comfortable seating area, free Wi-Fi, charging stations, tea and healthy snacks, relaxed environment"

这些prompt可以帮助你创建出符合AuraAthletica店铺设计核心理念的空间场景图。每个区域的关键词都旨在强调简约、时尚、舒适和专业的主题。

图 3-4　ChatGPT 生成每个店铺区域的英文关键词

步骤3： 用Midjourney生成店铺空间设计图

在获得了每个店铺区域的关键词后，便可以尝试利用Midjourney来实现空间设计的可视化。以店铺的“产品陈列区”为例，首先打开Midjourney，根据ChatGPT为该区域生成的关键词，开始生成空间设计图，如图3-5所示。

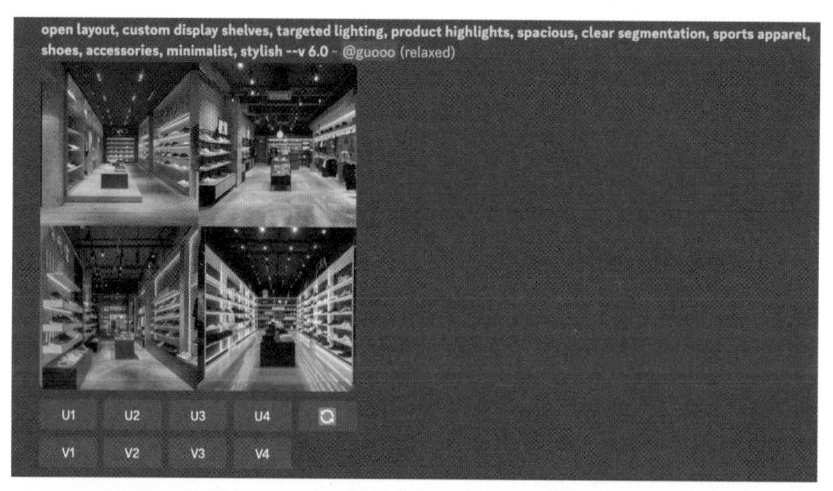

图 3-5　Midjourney 生成的店铺产品陈列区图

步骤4： 调整关键词指令以生成细节更加完善的空间设计图

接下来基于Midjourney初次生成的空间设计图进行一系列细致的调整，以丰富图像的细节并使其更加符合设计要求。需要注意的是，虽然Midjourney默认生成的是正方形（1：1比例）图像，但空间设计图通常更适合以长方形展示。因此，可以通过添加特定的指令“--ar”来调整图像比例，使之匹配一般空间设计图的标准尺寸，即16：9比例，本例增加“--ar 16：9”指令。

其次，考虑到Midjourney生成的图像在细节上可能还不够丰富，需要引入额外的关键词，如“super detailed”和“decoration”，以增加图像的细节和层次。同时，为了更好地捕捉室内设计的广阔场景感，还可以加入如“panoramic view”和“large-scale scene”等描述大场景的关键词。

在调整并加入了上述新关键词后，再使用Midjourney生成新的图像。这次确保将图像的比例指令“--ar 16：9”置于所有关键词的末尾，并与其他关键词以空格分隔，如图3-6所示。这样生成的图像不仅符合16：9这一比例，而且场景更加开阔，细节也更加丰富。

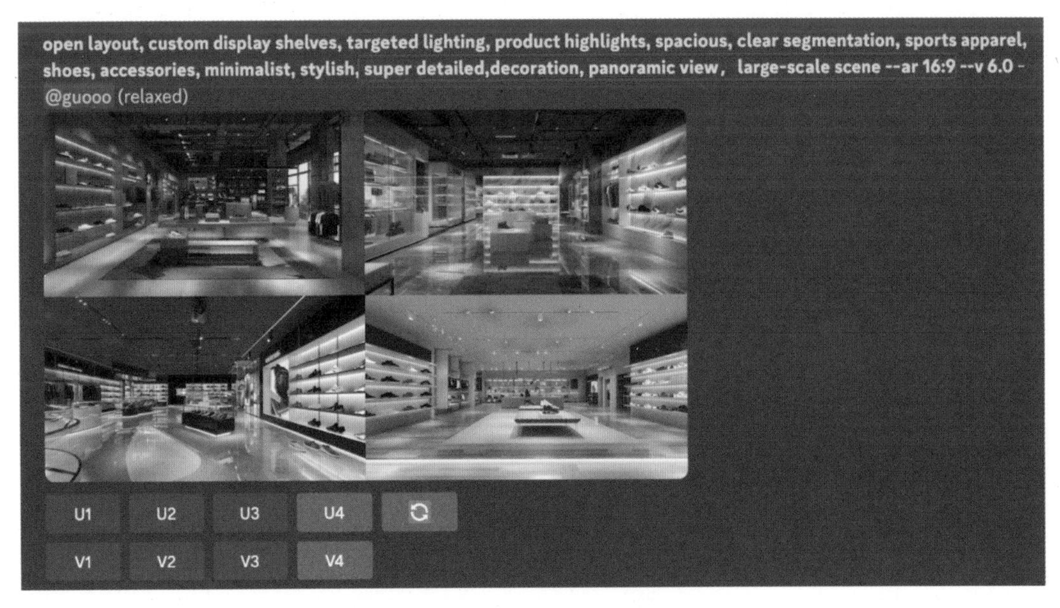

图 3-6　使用 Midjourney 生成新的图像

如果对生成的某张图像感到满意，可以通过单击相应的U1、U2、U3、U4按钮来放大图像，并单击“在浏览器中打开”超链接，以便在浏览器中打开，并单击鼠标右键进行保存，这样可以确保保存的图像尺寸较大，适合后续使用，如图3-7和图3-8所示。

图 3-7　单击左下角的“在浏览器中打开”超链接

图 3-8　在浏览器中单击鼠标右键保存图像

此外，如果想要基于当前图像展现更多的空间拓展效果，可以单击图像下方的上下左右箭头，如图3-9、图3-10和图3-11所示，从而生成拓展四周空间的效果图。此操作有助于更全面地预览和规划店铺空间布局。

图 3-9　单击图片下方的箭头即可拓展空间

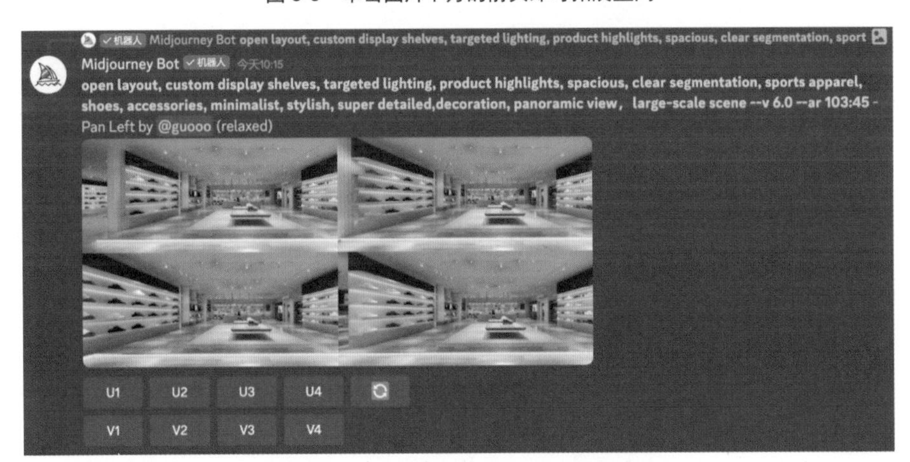

图 3-10　单击左箭头拓展左侧空间的效果

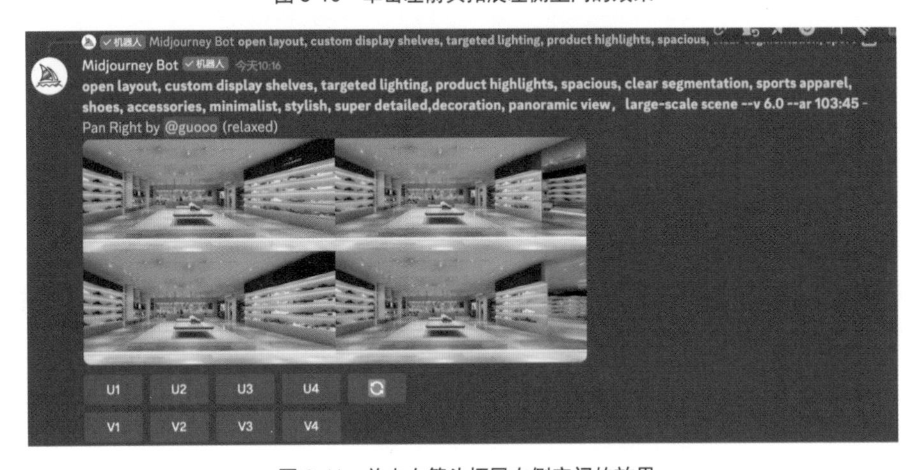

图 3-11　单击右箭头拓展右侧空间的效果

最后，为了获得更广阔的视野，可以利用Midjourney提供的“Zoom Out”功能，如图3-12所示，选择2倍或1.5倍扩展视野，如图3-13是单击“Zoom Out 2x”的效果，从而让图像展示更加宽广的空间，增强店铺空间的全景感。

图 3-12　利用 Zoom Out 功能显示更广阔的视野

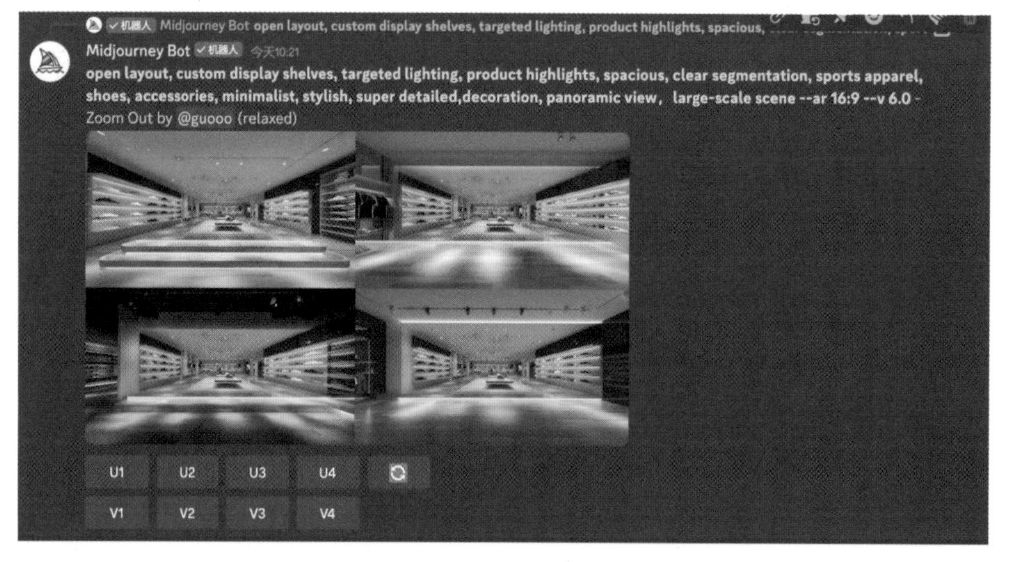

图 3-13　单击 Zoom Out 2x 按钮扩展视野的效果

通过这一系列细致的调整步骤，能够更加精确地利用AI生成符合空间设计需求的高质量图像，为品牌店铺的视觉呈现和空间规划提供有力支撑。

◎ AI设计灵感锦囊

下面介绍一些常见的品牌线下店铺空间设计元素和空间布局的文生图关键词，大家可以将这些关键词根据不同品牌的定位、目标顾客群体及店铺的具体需求进行组合和调整，以创造出既符合品牌形象又满足顾客体验需求的店铺设计方案。

设计元素与风格关键词

Minimalist, modern：体现简约而现代的设计理念。

Industrial, exposed brick, concrete：工业风格，暴露砖墙，混凝土结构。

Rustic, vintage：乡村或复古风格，强调历史感和温暖。

Luxury, elegant：奢华、优雅的设计，使用高端材料和精致的装饰。

Eco-friendly, sustainable：环保和可持续设计，强调绿色材料和节能技术。

Tech-savvy, futuristic：科技感或未来派设计，采用高科技元素和创新材料。

Interactive, digital displays：互动性设计，包括数字展示屏和触控互动设施。

空间布局与功能区域关键词

Open layout, flexible space：开放式布局，灵活可变的空间设计。

Product display areas, custom shelving：产品展示区，定制货架和展示柜。

Fitting rooms, private consultation areas：试衣间，私密咨询区。

Lounge area, customer relaxation spaces：休息区，顾客放松空间。

Cash wrap, checkout area：收银台，结账区域。

Activity zone, workshop space：活动区域，工作坊空间。

Greenery, indoor plants：室内绿化，植物装饰。

3.4　运用AI进行光照和材料选择

品牌主：在确定空间布局后，光照和材料选择对于空间设计也很重要，我们应该如何利用AI来进行这些选择呢？

郭郭老师：选择合适的光照和材料对于营造理想的店铺氛围至关重要。AI可以帮助我们分析不同材料和光照对顾客体验的影响，从而提供最合适的选择建议，确保每个区域都能达到最佳的视觉效果和功能性。具体操作的步骤如下：

步骤1： 利用AI选择光照和材料

首先，以AuraAthletica品牌的“互动体验区与活动空间”为例，借助ChatGPT进一步深化对空间内光照设计和装饰材料选择的理解，如图3-14所示。

You
下面我要做该品牌线下店铺“互动体验区与活动空间”区域的空间设计图。我需要选择合适品牌调性的光照和装饰材料，请帮我推荐合适的光源设计和材料选择。

ChatGPT
为了匹配AuraAthletica品牌的简约、时尚调性，并且营造一个互动体验区与活动空间，光源设计和材料选择应该反映出品牌的高端品质和专业形象，同时保证空间的多功能性和舒适性。以下是针对这一区域的推荐：

光源设计推荐：

1. **自然光引入：**
   - 利用大窗户或天窗来最大化自然光的引入，为空间提供明亮、温暖的氛围。
   - 可以考虑使用可调光遮阳帘或智能玻璃，以根据活动需要调节光线强度。
2. **LED筒灯：**
   - 选择可调色温和亮度的LED筒灯，以适应不同活动的照明需求。例如，瑜伽或冥想课程可能需要柔和的照明，而健身讲座或展示则可能需要更明亮的光线。
3. **轨道灯：**
   - 使用轨道灯来提供灵活的照明解决方案，可以根据空间布置和活动需求调整灯具方向和位置。
4. **氛围照明：**
   - 设置LED条灯或壁灯，创造温馨和放松的氛围，特别是在晚间活动中非常有效。

材料选择推荐：

1. **天然木材：**
   - 用于地板、墙面装饰或家具，天然木材可以带来温暖和自然的感觉，同时提供耐用性。
2. **环保复合材料：**
   - 对于需要更高耐用性和易清洁性的区域，可以选择高品质的环保复合材料，如再生塑料或竹纤维地板。
3. **不锈钢或铝制细节：**
   - 用于扶手、灯具或家具的小部件，不锈钢或铝材料可以增添现代感，同时保持耐久性和易维护性。
4. **玻璃和透明材料：**
   - 用于分隔空间或展示柜，玻璃可以增加开放感和透明度，使得空间看起来更加宽敞明亮。

结合这些光源设计和材料选择，互动体验区与活动空间将不仅能够满足多种功能需求，还能体现AuraAthletica品牌的高端、专业和时尚形象

图 3-14　ChatGPT 生成关于光源设计和装饰材料的关键词

接下来根据AI的提示，选择符合品牌调性和店铺设计风格的光源和材料，并让ChatGPT生成对应的Midjourney关键词。比如，根据提示选择“该空间利用大窗户或天窗来最大化自然光的引入；有可调色温和亮度的LED筒灯；使用天然木材用于地板、墙面装饰或家具，带来温暖和自然的感觉”。ChatGPT根据这些内容生成文生图关键词，如图3-15所示。

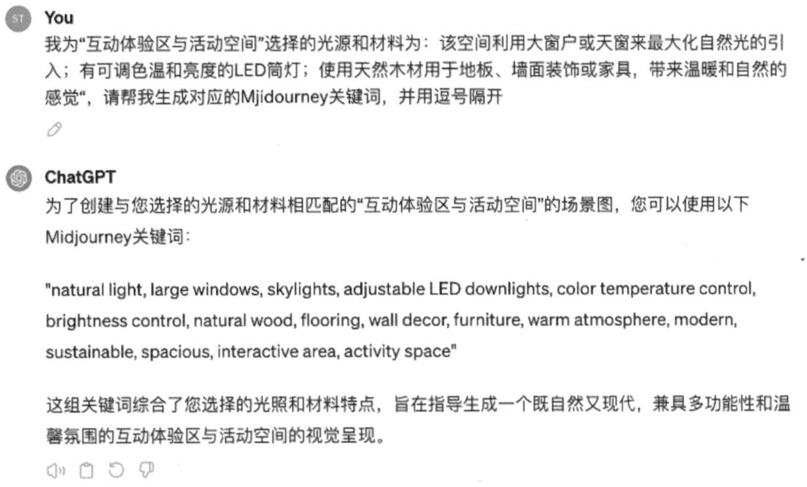

You
我为"互动体验区与活动空间"选择的光源和材料为：该空间利用大窗户或天窗来最大化自然光的引入；有可调色温和亮度的LED筒灯；使用天然木材用于地板、墙面装饰或家具，带来温暖和自然的感觉"，请帮我生成对应的Mjidourney关键词，并用逗号隔开
ChatGPT
为了创建与您选择的光源和材料相匹配的"互动体验区与活动空间"的场景图，您可以使用以下Midjourney关键词：
"natural light, large windows, skylights, adjustable LED downlights, color temperature control, brightness control, natural wood, flooring, wall decor, furniture, warm atmosphere, modern, sustainable, spacious, interactive area, activity space"
这组关键词综合了您选择的光照和材料特点，旨在指导生成一个既自然又现代，兼具多功能性和温馨氛围的互动体验区与活动空间的视觉呈现。

图 3-15　生成光源和材料对应的 Midjourney 关键词

步骤2： 用Midjourney生成细节感更强的空间设计图

下面结合ChatGPT为"互动体验区与活动空间"提供的初步用于Midjourney生成空间设计图的关键词（multi-functional area, yoga classes等），加上刚刚选定的光源和材料关键词（natural light, large windows, skylights等），并融入增加细节的关键词（super detailed，decoration），以及全景关键词（panoramic view，large-scale scene）和尺寸关键词（--ar 16：9），让Midjourney生成图像，生成后的图像如图3-16和图3-17所示。通过生成的图像可以看出，AI生成了拥有更丰富细节的空间设计图，这不仅让设计更接近最终实现的效果，而且为空间的氛围营造和功能性布局提供了更为详细的视觉预览。

Midjourney Bot ✓机器人 今天11:07
multi-functional area, yoga classes, fitness talks, flexible layout, simple dynamic decor, brand interaction, active lifestyle, natural light, large windows, skylights, adjustable LED downlights, color temperature control, brightness control, natural wood, flooring, wall decor, furniture, warm atmosphere, modern, sustainable, spacious, interactive area, activity space, super detailed,decoration, panoramic view, large-scale scene --ar 16:9 --v 6.0 - @guooo (relaxed)
U1
U2
U3
U4
V1
V2
V3
V4

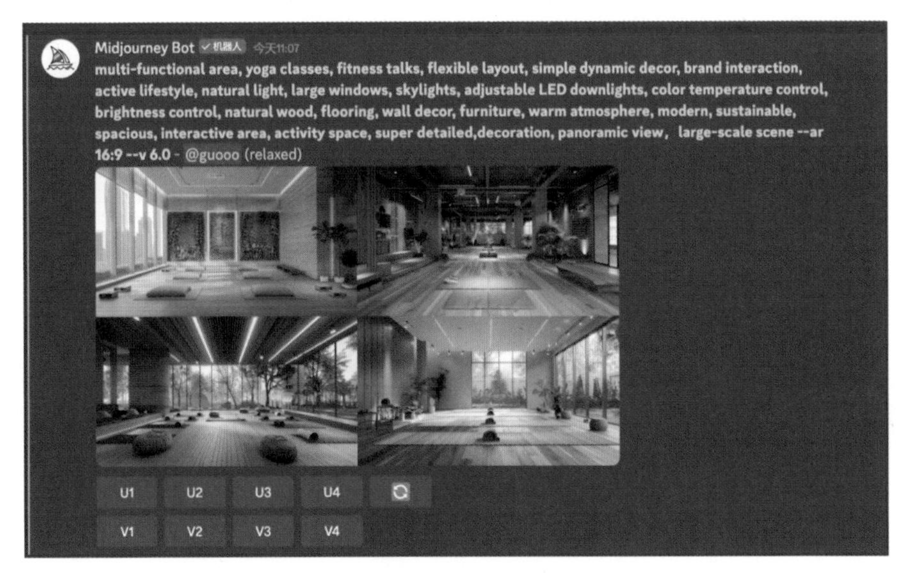

图 3-16　输入"互动体验区与活动空间"提示词生成设计图

图 3-17　Midjourney 生成互动体验区与活动空间设计图

◎ AI设计灵感锦囊

下面介绍一些常见的品牌线下店铺光源和装饰材料相关的文生图关键词，这些光源和材料的选择不仅能够满足品牌店铺的实际功能需求，同时也能够在视觉和感官上与品牌形象和店铺设计理念相协调，为顾客提供独特的购物体验。

光源设计关键词

LED Downlights：适用于主照明，可调节色温和亮度。

Track Lighting：灵活调节，适合照亮展示区和重点区域。

Pendant Lights：营造中心氛围或突出展示某区域。

Spotlights：强调和突出展示商品或装饰物。

Ambient Lighting：软光源可以营造舒适的购物环境。

Natural Light：利用大窗户和天窗引入自然光，提高空间的明亮度和节能效果。

Smart Lighting Systems：根据时间和需要自动调节光线的智能系统。

Skylights：在屋顶安装天窗，增加自然光，适合无窗户区域。

装饰材料关键词

Natural Wood：用于地板、墙面装饰或家具，带来温馨的自然感。

Glass and Acrylics：增加透明度，使空间更加开放明亮。

Concrete：营造现代和简约的工业风格。

Stainless Steel：提供现代感，同时易于清洁和维护。

Recycled Materials：再生材料如再生木材，展示品牌的环保理念。

Stone：天然或人造石材，为地面或墙面添加自然的质感。

Textured Fabrics：增加舒适度和视觉深度，用于窗帘和家具。

Bamboo：环保且具有良好的美观性和实用性，适用于装饰和家具。
Live Plants：增加室内绿化，提升空气质量和美观度。

3.5　通过AI实现环境可持续性设计

品牌主：郭郭老师，我们的线下店铺想要结合可持续性设计，我们应该如何利用AI技术来支持店铺的这种设计呢？

郭郭老师：非常重要的问题！在当前环保意识日益增强的市场环境中，可持续性设计已变得非常重要。如果线下店铺有可持续相关主题，比如，使用可持续性材料、有可持续性相关产品、可持续性装饰品、可持续性能源等，可以在原有的空间设计文生图关键词的基础之上，加上和可持续性相关的关键词，以确保设计反映出品牌的绿色承诺。在这方面，AI能够帮助我们可以分析和推荐最适合的可持续性材料和技术，以确保我们的设计既美观又环保。

步骤1： 利用AI工具精选可持续性相关关键词

以AuraAthletica品牌的“试衣体验区”为案例，首先运用ChatGPT根据该空间的可持续性特点生成一系列关键词。假设该区域配备了可持续性装饰、艺术作品、装置，以及使用可持续性材料制成的产品衣架，指导ChatGPT输出如“sustainable decor”和“eco-friendly art”等关键词，如图3-18所示，这些词汇旨在指导后续的设计方向。

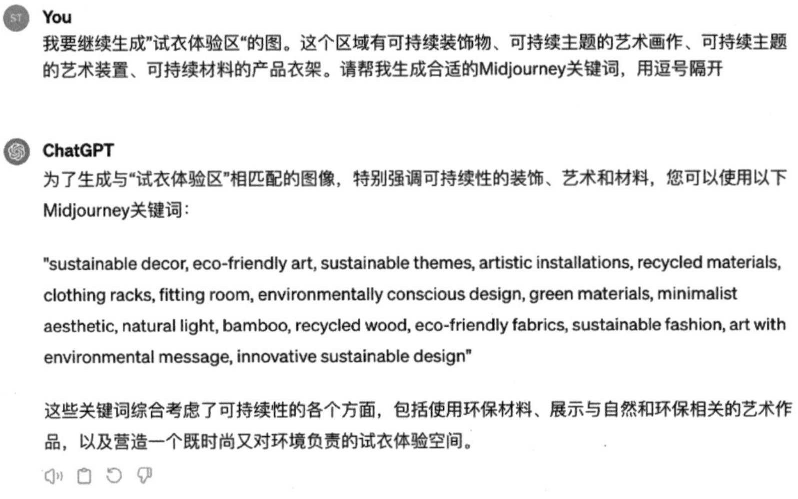

ST **You**
我要继续生成"试衣体验区"的图。这个区域有可持续装饰物、可持续主题的艺术画作、可持续主题的艺术装置、可持续材料的产品衣架。请帮我生成合适的Midjourney关键词，用逗号隔开

ChatGPT
为了生成与"试衣体验区"相匹配的图像，特别强调可持续性的装饰、艺术和材料，您可以使用以下Midjourney关键词：

"sustainable decor, eco-friendly art, sustainable themes, artistic installations, recycled materials, clothing racks, fitting room, environmentally conscious design, green materials, minimalist aesthetic, natural light, bamboo, recycled wood, eco-friendly fabrics, sustainable fashion, art with environmental message, innovative sustainable design"

这些关键词综合考虑了可持续性的各个方面，包括使用环保材料、展示与自然和环保相关的艺术作品，以及营造一个既时尚又对环境负责的试衣体验空间。

图 3-18　生成可持续性相关的关键词

步骤2： 创造具有可持续性风格的空间设计

结合ChatGPT初步提供的“试衣体验区”的关键词（spacious, comfortable, private

等），去除与高科技（high-tech）相关的词汇，以强调环保主题。接着在这些基础关键词之上加入了“super detailed, decoration, panoramic view, large-scale scene --ar 16：9”等关键词，使用Midjourney生成符合可持续性风格的空间设计图，如图3-19所示。这些调整使得空间设计不仅美观而且体现了环保理念。

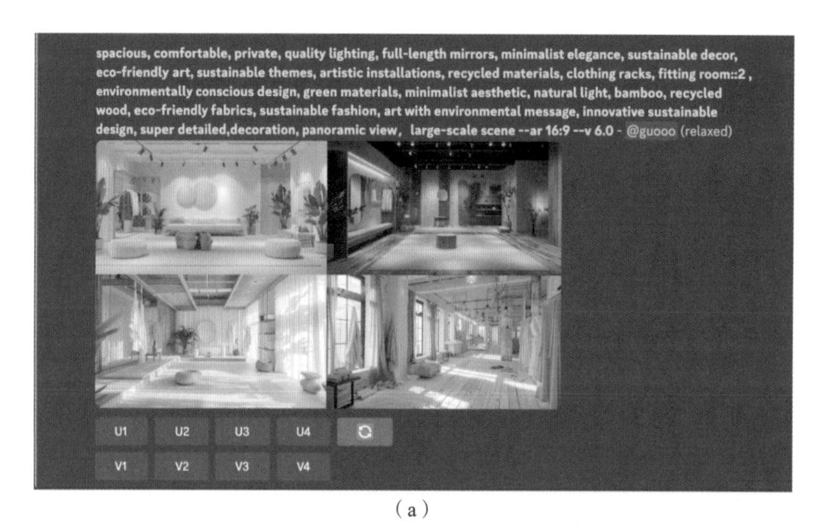

（a）

（b）

图 3-19　Midjourney 生成的有可持续性元素的空间设计图

◎ AI设计技巧小贴士：增加权重与排除指定元素

为了让可持续性元素在设计中更明显，可以通过添加“::+ 数字”指令来增加某些关键词的权重，如“::2”或“::3”，权重越大，相关元素在生成的图像中就越突出。例如，将关键词调整为“fitting room::2，eco-friendly art::2，innovative sustainable design::2”，重新生成图像后可以发现显著增强了可持续性元素的表现，如图 3-20 所示。

图 3-20　加大可持续性相关关键词的权重后生成的图像

如果希望减少生成图像中的特定元素，如减少过多的绿色，可以在关键词末尾添加“--no+关键词”指令。这样可以有效地避免某些不希望出现的元素出现在图像中，例如在这张图的基础上可以加入“--no green”指令，画面中就不会出现以绿色为主的图像，如图3-21所示。

通过这些步骤，不仅强调了设计的可持续性特征，还灵活运用了AI工具来细化和完善空间设计，确保最终的店铺空间既美观又符合环保理念，展现出品牌对可持续发展的承诺。

（a）

图 3-21

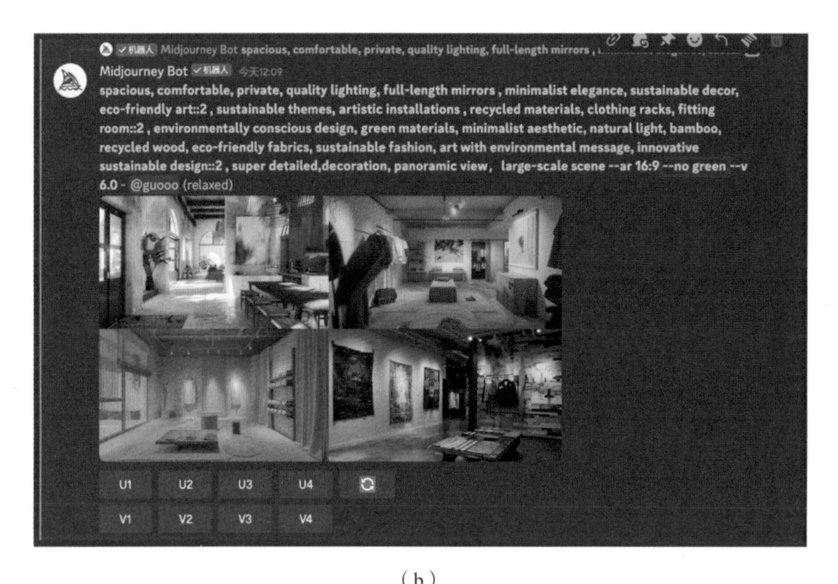

（b）

图 3-21　加入“--no green”指令后生成的图像

◎ AI设计灵感锦囊

在品牌线下店铺设计中，强调可持续性元素和理念不仅能够展示品牌对环境责任的承诺，还能吸引越来越多关注可持续性消费的顾客。以下是与可持续性相关的常用文生图关键词，旨在指导相关品牌线下店铺的设计和装饰。

可持续性设计理念关键词

Eco-friendly Design：环保设计，减少对环境的影响。

Sustainable Materials：可持续性材料，包括再生木材、竹材、回收塑料等。

Energy Efficiency：能源效率，使用节能照明和设备。

Green Building Certifications：绿色建筑认证，如LEED或BREEAM。

Minimalist Design：简约设计，减少材料的使用和浪费。

Biophilic Design：仿生设计，强调自然光、植物、自然元素的融入。

Zero Waste Principles：零废弃原则，设计中考虑材料的回收和再利用。

可持续性材料与装饰关键词

Recycled Wood：回收木材，用于地板、家具、墙面装饰。

Natural Fibers：天然纤维，如有机棉、麻、竹纤维，用于软装。

Non-toxic Paints：无毒油漆，保证室内空气质量。

Sustainable Art：可持续性主题艺术，包括环保主义艺术作品和装置。

Green Walls：绿色墙壁，利用植物墙提升空气质量和美观度。

Upcycled Decor：上行循环装饰，将废旧物品改造成有价值的装饰。

Eco-friendly Lighting：环保照明，如LED灯具。

可持续性相关店铺运营关键词

Sustainable Packaging：可持续性包装，减少塑料的使用，鼓励循环利用。

Ethically Sourced Products：道德采购产品，确保供应链的可持续性和公正。

Carbon Footprint Reduction：减少碳足迹，通过节能措施和可再生能源使用。

Water Conservation：水资源保护，使用节水设备和解决方案。

Community Engagement：社区参与，支持本地环保项目和倡议。

Sustainable Brands Collaboration：与其他可持续性品牌合作，共同推广环保理念。

Renewable Energy Sources：使用可再生能源，如太阳能或风能供电。

3.6　AI与用户体验设计的结合

品牌主：在整个店铺设计中，应该如何利用AI生成店铺内顾客的体验图片呢？

郭郭老师：顾客体验是品牌成功的关键，AI 的应用不局限于生成店铺空间的设计图，还可以扩展到创建与顾客互动的场景氛围图，为店铺的用户体验设计提供直观的参考。这使品牌能够提前规划并优化活动期间的店铺氛围和顾客体验。

步骤1： 定制与用户体验相关的AI关键词

以AuraAthletica的“个性化服务区”为例，假设该区域活跃着参与DIY运动产品再制造的顾客，以及提供现场指导的店员，首先通过ChatGPT生成与该用户体验密切相关的关键词，如“personalized service area”和“DIY sports products”等，如图3-22所示。这些关键词旨在捕捉该空间为顾客提供的独特互动和服务特点。

ST **You**

我要接着设计个性化服务区的空间设计图。该空间有很多顾客在进行DIY运动产品改造体验手工活动，也有店员在现场教学。请帮我生成合适的符合该运动品牌调性的该空间的Mjidourney关键词，并用逗号隔开

‹ 3/3 ›

ChatGPT

对于设计个性化服务区，尤其是专注于DIY运动产品改造体验和现场教学的空间，以下是一些符合运动品牌调性的Midjourney关键词，这些关键词旨在帮助生成具有活力、创意和互动性的空间设计图：

"interactive workshop, DIY sports products, hands-on activities, live tutorials, energetic atmosphere, custom design experience, sporty aesthetic, creative crafting area, personalized service zone, customer engagement, innovative sports gear, eco-friendly materials, vibrant colors, dynamic lighting, modern furniture, flexible layout, inspiration and creativity, teamwork and collaboration, athletic brand ambiance, customer-centric design, skill-sharing sessions, sustainable crafting, active lifestyle theme"

这些关键词综合了个性化服务区的核心活动特点，强调创意DIY体验、现场教学互动、以及与运动品牌活力和可持续性理念相符的设计元素。

图 3-22　使用 ChatGPT 生成店铺“个性化服务区”的关键词

步骤2： 创建反映用户体验的空间设计图

基于这些用户体验关键词，再加入最初生成的关键词“super detailed，decoration，panoramic view，large-scale scene --ar 16：9”，使用Midjourney生成该用户体验空间的设计图，如图3-23所示。这些图像不仅展示了空间布局和设计细节，也部分体现了品牌与顾客互动的氛围。

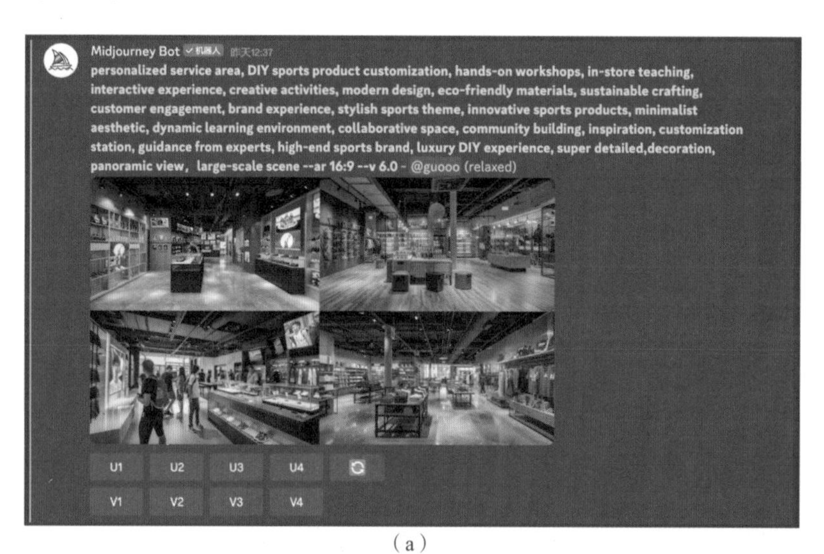

（a）

（b）

图 3-23　Midjourney 生成的个性化服务区空间设计图

步骤3： 生成用户体验的近景镜头

为了更细致地展现顾客在店铺内的体验，可以生成反映顾客特定互动和细节的近景镜头。通过添加“hands-on crafting”“personalized product creation”“close-up shots”等关键词，并移除“panoramic view”和“large-scale scene”等较宽广场景的描述，能够生成更集中展示个人体验和细节的图像，如图3-24所示。这些特写视角的图像为人们提供了优化店铺以增强顾客个性化体验的参考。

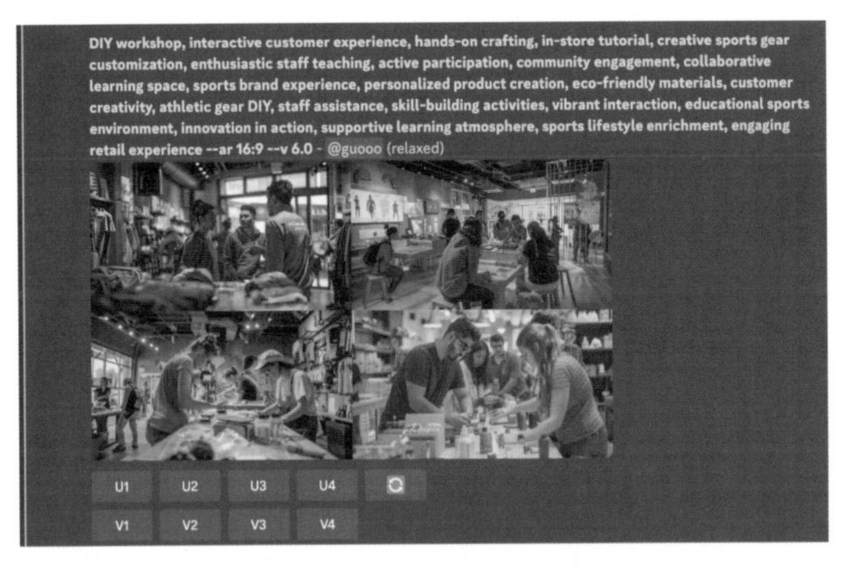

（a）

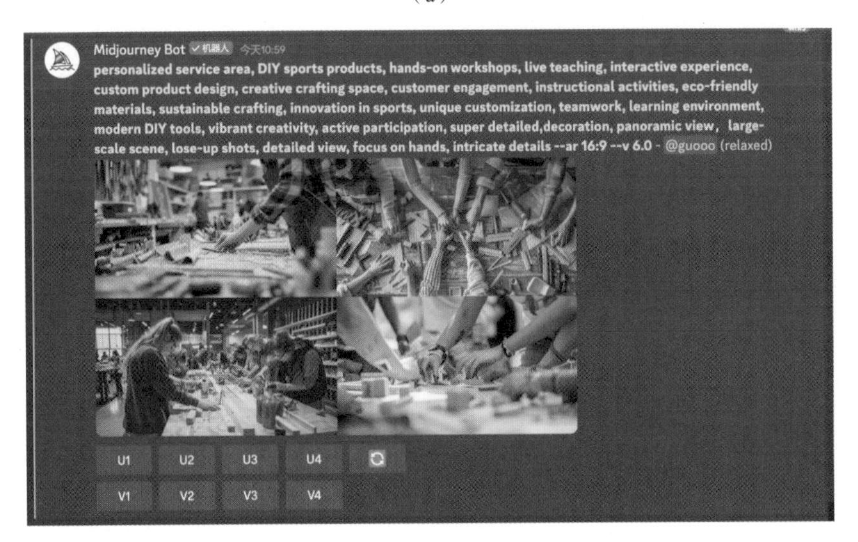

（b）

图 3-24　Midjourney 生成的店铺用户体验的近景图

◎ AI设计灵感锦囊

想要创建一个丰富的店铺内用户体验的活动场景，以及强调细节的近景镜头，可以使用以下关键词，生成的AI图片可以捕捉品牌线下店铺中顾客参与活动的动态，以及通过近景镜头展示活动细节的视觉效果。

用户体验活动关键词

Interactive workshops：互动式工作坊。
Product customization：产品定制体验。
Live demonstrations：现场演示。
Hands-on crafting sessions：手工制作环节。
Customer engagement activities：顾客参与活动。
In-store product trials：店内产品试用。
Personal shopping consultations：个人购物咨询。
Fitness and wellness classes：健身与健康课程。
Eco-friendly DIY projects：环保DIY项目。
Brand storytelling sessions：品牌故事讲述。
Interactive digital experiences：互动数字体验。
Community meet-ups and events：社区聚会和活动。
Athlete and expert Q&A sessions：运动员和专家问答环节。
Sustainability education workshops：可持续性教育工作坊。
Virtual reality experiences：虚拟现实体验。

近景镜头关键词

Close-up on hands and products：手和产品的近距离镜头。
Detail shots of materials and textures：材料和纹理的细节镜头。
Intimate customer interactions：顾客间的亲密互动。
Focused expressions of concentration：集中注意力的表情特写。
Precision and craftsmanship：精确性和工艺技能。
Detailed view of DIY process：DIY过程的详细视图。
Zoomed-in reactions and emotions：近景镜头捕捉的反应和情感。
Intricate workings of tools and equipment：工具和设备的复杂操作。
Micro-textures of sustainable materials：可持续性材料的微观纹理。
Personal touches and customizations：个人触摸和定制的细节。
Artisanal techniques in action：手工技艺的动态展示。
One-on-one instructional moments：一对一教学时刻。
Engaging product demonstrations：吸引人的产品演示细节。
Emotive customer feedback：情感丰富的顾客反馈。
Vivid colors and branding elements：鲜明的颜色和品牌元素。

3.7　利用AI生成店铺空间线稿图

品牌主：郭郭老师，如果我们公司想要在设计初期快速生成店铺空间的线稿图，应该怎样借助AI操作呢？

郭郭老师：在设计的早期阶段，快速迭代和可视化设计图至关重要。AI可以快速生成线稿图，有助于我们快速沟通和调整设计概念，以确保最终设计方案既满足功能需求又符合美学标准。下面分享一下如何运用AI技术生成店铺空间的线稿图，以及这一技术在空间设计和品牌营销中扮演的关键角色。

3.7.1 线稿图及其对品牌人的重要性

首先介绍一下什么是线稿图。线稿图，也被称为草图或轮廓图，是空间设计的初步表达形式，它通过简洁的线条和图形来概述空间布局、结构和主要元素。在空间设计的早期阶段，线稿图是沟通设计意图、快速迭代设计方案的重要工具。对品牌经理和营销专家而言，线稿图不仅有助于对未来店铺的空间布局和顾客流动路径有一个初步的了解，也是评估和讨论设计概念、确保设计符合品牌形象和营销目标的重要依据。

3.7.2 线稿图与3D渲染图的区别

虽然线稿图和3D渲染图在空间设计中都极为重要，但二者各有侧重。线稿图主要展现设计的基本概念和布局，以便设计师能够快速调整和完善设计方案，而3D渲染图（3.3~3.6中生成的图）则提供了更加逼真的视觉体验，帮助设计师和客户更清晰地预见最终空间效果，包括材料选择、光影效果及细节处理等。

3.7.3 如何生成店铺设计的线稿图

使用AI生成线稿图的过程分为几个关键步骤，包括结合使用ChatGPT来识别设计相关的关键词，以及应用Midjourney进行图像创作，此方法不仅加快了设计过程，也为探索和实现创新设计理念提供了新途径。下面介绍生成空间设计线稿图的具体步骤。

步骤1：明确设计需求

首先，清晰地定义空间设计项目需求，包括空间的功能、目标受众，以及希望传达的品牌信息等。

步骤2：生成关键词

根据设计需求，使用AI生成与项目相关的关键词。这里以设计一个“科技感零售空间”为例，Futuristico品牌（化名）致力于将前沿科技与日常生活融合，通过创新的产品和体验，连接未来与现在。Futuristico品牌的目标人群是科技爱好者、环境意识强的消费者，以及追求高品质生活方式的年轻专业人士。Futuristico的零售空间设计的核心风格是“科技感与可持续性的融合”。接下来把品牌信息提供给ChatGPT，并生成合适的文生图关键词，如图3-25所示。

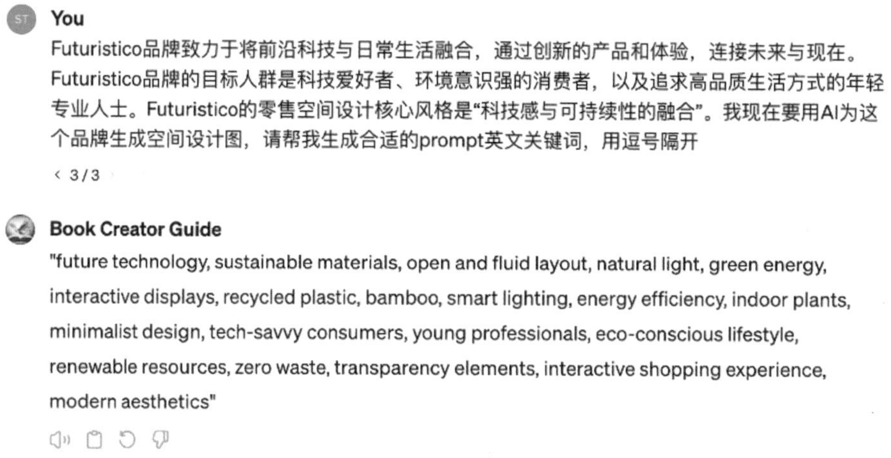

ST **You**

Futuristico品牌致力于将前沿科技与日常生活融合，通过创新的产品和体验，连接未来与现在。Futuristico品牌的目标人群是科技爱好者、环境意识强的消费者，以及追求高品质生活方式的年轻专业人士。Futuristico的零售空间设计核心风格是“科技感与可持续性的融合”。我现在要用AI为这个品牌生成空间设计图，请帮我生成合适的prompt英文关键词，用逗号隔开

‹ 3/3

Book Creator Guide

"future technology, sustainable materials, open and fluid layout, natural light, green energy, interactive displays, recycled plastic, bamboo, smart lighting, energy efficiency, indoor plants, minimalist design, tech-savvy consumers, young professionals, eco-conscious lifestyle, renewable resources, zero waste, transparency elements, interactive shopping experience, modern aesthetics"

图 3-25　用 ChatGPT 生成符合品牌调性的空间关键词

步骤3： 加入线稿图相关关键词

在生成的初步关键词的基础上，引入与线稿图相关的关键词，并适当增加其权重，如加入“line drawing::2、schematic design，blueprint, minimalist lines, concept art”等关键词，通过Midjourney进行图像创作，如图3-26所示。

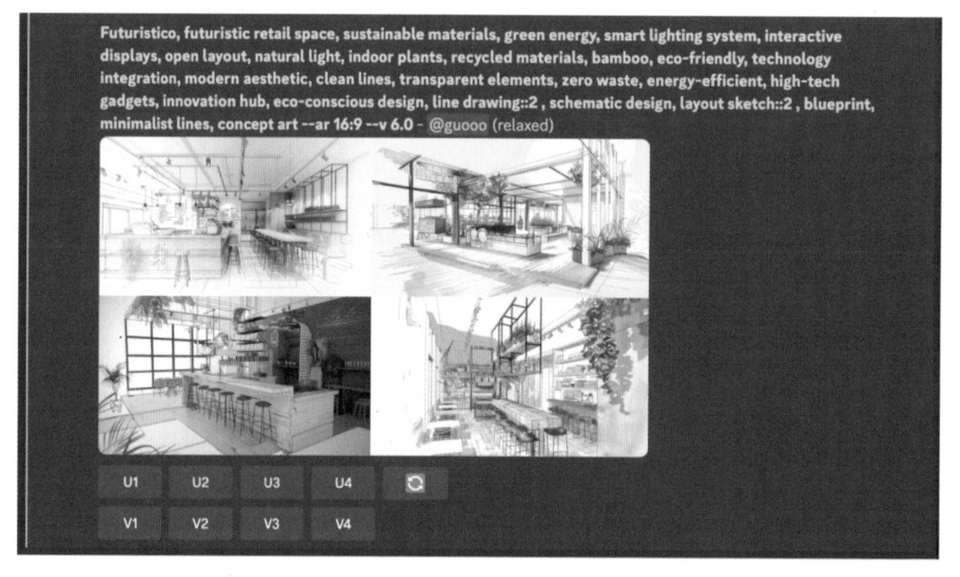

图 3-26　Midjourney 生成的线稿图

如果要生成黑白线稿，可以加入“black and white line drawing, black and white color”等关键词，如图3-27所示。

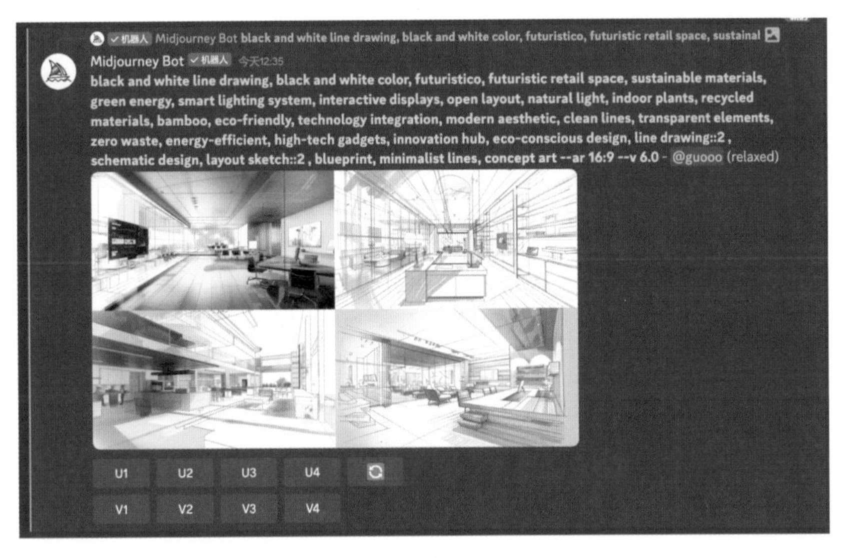

（a）

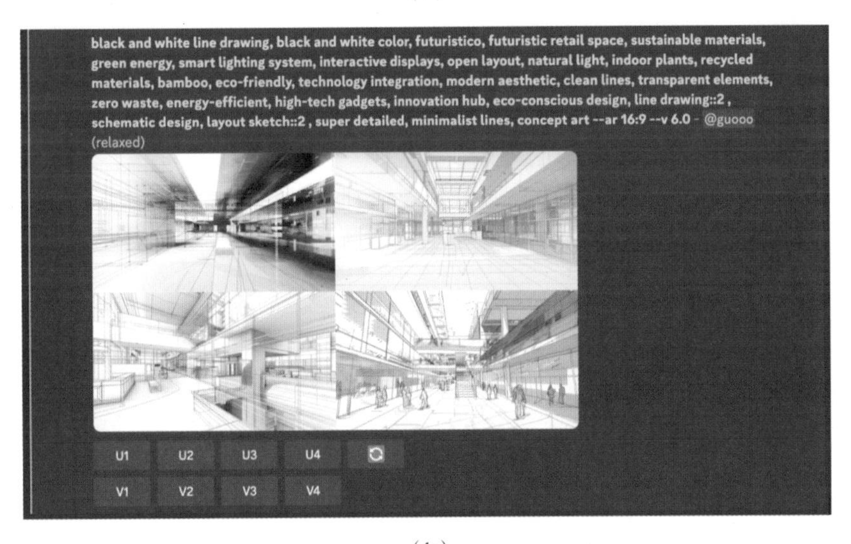

（b）

图 3-27　Mjidourney 生成的黑白线稿图

通过这一过程，AI不仅能够帮助人们迅速获得初步线稿图的空间设计概念，同时也能在保持设计与品牌形象一致性的前提下，促进设计的迭代和完善。但是，线稿图更适合设计师，对品牌经理和营销专家而言，3D渲染图更加常用，因此把本小节放在最后作为补充了解使用。

◎ AI设计灵感锦囊

想要生成店铺空间的AI线稿图，以及创建具有专业感的黑白线稿图，可以使用以下关键词，捕捉空间设计的精髓，同时保持视觉上的简洁和清晰。

店铺空间线稿图关键词

Architectural layout：建筑布局
Interior design sketch：室内设计草图
Clean lines：清晰的线条
Spatial arrangement：空间布局
Minimalist detailing：极简细节
Product display areas：产品展示区
Fitting room outlines：试衣间轮廓
Customer seating sketch：顾客休息区草图
Flow of movement：动线流程
Retail space planning：零售空间规划
Elevation views：立面图
Sectional drawings：剖面图
Lighting and fixtures outline：灯具和设施轮廓
Shelving and racks design：货架和展架设计
Entrance and exit points：入口和出口标示
Branding elements sketch：品牌元素草图
Eco-friendly features outline：环保特性轮廓

黑白线稿图常用关键词

Monochrome sketch：单色草图
Black and white line drawing：黑白线稿
Black and white illustration：黑白插图
Contrast detailing：对比细节
Shading techniques：阴影技巧
Line thickness variation：线条粗细变化
Texture representation：纹理表现
Depth and perspective：深度与透视
Silhouette outline：轮廓线
Geometric shapes：几何形状
Abstract line art：抽象线条艺术
Stylized elements：风格化元素
Visual clarity：视觉清晰度
Simplified forms：简化形态
Architectural features：建筑特征
Functional zones highlight：功能区高光
Scale and proportion：比例和比例尺
Negative space usage：负空间运用

3.8　常用空间设计指令与参数

本节整理了店铺空间设计常用的Midjourney指令、AI文生图关键词，如表3-1所示。这些资源旨在帮助读者更高效地利用AI工具，以实现精确且富有创意的空间设计方案。

表 3-1　店铺空间设计常用的 Midjourney 指令及 AI 文生图关键词

Midjourney 常用指令	--ar 16：9, --ar 1：1, --ar 3：4调整生成图片的宽高比
	::2, ::3（双冒号+数字）增加某个关键词的权重
	--no 生成图片中不包含指定元素
	Zoom out 2x, Zoom out 1.5x 调整图片视野，生成更广阔的视觉效果
细节	super detailed, decoration, intricate craftsmanship, close-up shots, detailed textures, precise lines, fine details, artisanal techniques, intricate workings, micro-textures, focused craftsmanship

续表

大场景	panoramic view, large-scale scene, expansive landscape, wide-angle perspective, grand scale, vast environment, sweeping vistas, panoramic shot, extensive scenery, spacious setting, immersive landscape
设计元素与风格关键词	Minimalist, modern, Industrial, exposed brick, concrete, Rustic, vintage, Luxury, elegant, Eco-friendly, sustainable, Tech-savvy, futuristic, Interactive, digital displays
空间布局与功能区域	Open layout, flexible space, Product display areas, custom shelving, Fitting rooms, private consultation areas, Lounge area, customer relaxation spaces, Cash wrap, checkout area, Activity zone, workshop space, Greenery, indoor plants
光源设计	LED Downlights, Track Lighting, Pendant Lights, Spotlights, Ambient Lighting, Natural Light, Smart Lighting Systems, Skylights
装饰材料	Natural Wood, Glass and Acrylics, Concrete, Stainless Steel, Recycled Materials, Stone, Textured Fabrics, Bamboo, Live Plants
可持续性设计理念	Eco-friendly Design, Sustainable Materials, Energy Efficiency, Green Building Certifications, Minimalist Design, Biophilic Design, Zero Waste Principles
可持续性材料与装饰	Recycled Wood, Natural Fibers, Non-toxic Paints, Sustainable Art, Green Walls, Upcycled Decor, Eco-friendly Lighting
可持续性相关店铺运营	Sustainable Packaging, Ethically Sourced Products, Carbon Footprint Reduction, Water Conservation, Community Engagement, Sustainable Brands Collaboration, Renewable Energy Sources
用户体验活动	Interactive workshops, Product customization, Live demonstrations, Hands-on crafting sessions, Customer engagement activities, In-store product trials, Personal shopping consultations, Fitness and wellness classes, Eco-friendly DIY projects, Brand storytelling sessions, Interactive digital experiences, Community meet-ups and events, Athlete and expert Q&A sessions, Sustainability education workshops, Virtual reality experiences
近景镜头	Close-up on hands and products, Detail shots of materials and textures, Intimate customer interactions, Focused expressions of concentration, Precision and craftsmanship, Detailed view of DIY process, Zoomed-in reactions and emotions, Intricate workings of tools and equipment, Micro-textures of sustainable materials, Personal touches and customizations, Artisanal techniques in action, One-on-one instructional moments, Engaging product demonstrations, Emotive customer feedback, Vivid colors and branding elements
店铺空间线稿图	Architectural layout, Interior design sketch, Clean lines, Spatial arrangement, Minimalist detailing, Product display areas, Fitting room outlines, Customer seating sketch, Flow of movement, Retail space planning, Elevation views, Sectional drawings, Lighting and fixtures outline, Shelving and racks design, Entrance and exit points, Branding elements sketch, Eco-friendly features outline
黑白线稿图	Monochrome sketch, Black and white line drawing, Black and white illustration, Contrast detailing, Shading techniques, Line thickness variation, Texture representation, Depth and perspective, Silhouette outline, Geometric shapes, Abstract line art, Stylized elements, Visual clarity, Simplified forms, Architectural features, Functional zones highlight, Scale and proportion, Negative space usage

本章小结

本章详细探讨了AI技术如何在品牌空间设计和店铺规划方面赋予品牌经理、营销人员、设计师及创业者全新的视角和工具。重点展示了如何借助AI工具和技术，将抽象的设计理念转化为具体的品牌空间方案，从而在市场竞争中获得优势。

在进行店铺空间设计时可参照以下4个流程。

（1）结合品牌定位明确设计需求：先通过AI分析工具（如ChatGPT、Kimi等）帮助用户明确品牌定位和线下店铺的空间设计需求。

（2）确定空间布局和功能区域：利用AI技术进行空间布局规划，确保设计方案既美观又实用。

（3）风格和元素的选择：结合AI提供的设计风格和元素建议，选定最符合品牌形象和目标市场的设计方案。

（4）细节调整和实现：利用AI工具进行设计细节的调整和优化，实现高效、精准的空间设计实施。

注意事项包括以下几项。

- 保持品牌一致性：确保空间设计方案与品牌核心价值和形象保持一致。
- 顾客体验为先：设计时应始终将顾客体验放在首位，通过AI技术提升顾客在店铺内的互动和体验。
- 持续迭代和优化：利用AI工具的迭代能力，根据反馈持续调整和优化设计方案。
- 可持续性考量：在设计中尝试融入可持续性元素，体现品牌对环境的责任感。

课后练习

AI辅助品牌空间设计项目

应用AI技术设计一个符合公司品牌理念且满足目标客户需求的零售空间。首先，确定并理解该品牌的核心价值和目标顾客群体。接下来运用AI分析工具如ChatGPT深入挖掘市场趋势和顾客偏好，基于这些信息，使用AI设计工具如Midjourney生成初步的空间线稿图。选择一个方案，进一步细化设计的布局、风格和材料选择。最后，将设计方案呈现给团队成员，根据反馈进行必要的调整。

第 4 章

创造快闪店互动体验空间

本章将深入探讨 AI 技术如何为品牌经理、营销专家提供新的视角和工具，以重新定义快闪店的设计与体验。快闪店不仅是展示和推广新产品的场所，更是品牌与消费者建立深度联系的重要平台。通过精心设计的互动体验，快闪店可以有效深化消费者的品牌忠诚度并强化品牌印象。

本章将展示如何在快闪店空间方案中应用 AI 技术。首先，本章分析快闪店在当前市场中的重要趋势，解释这些趋势对品牌策略的影响，并探讨如何将其融入快闪店的设计中。接着详细介绍如何利用 AI 技术优化店面布局和顾客流线，提升顾客购物体验并提高销售效率，还将探讨如何借助 AI 设计个性化的互动装置和体验空间，并展示 AI 在快闪店互动体验中的应用。通过对本章的学习，读者将深入理解如何将 AI 技术应用于快闪店的各个方面，从策略制定到空间布局，再到互动体验的实现，全方位提升品牌活动的吸引力和效果。

4.1　品牌快闪店营销趋势分析

在当代零售业中，快闪店已经超越了传统销售渠道的界限，成为一种全新的品牌营销和体验创造的载体。快闪店的成功在于其能够创造出一种独特的、难以复制的购物体验，这种体验能够满足消费者对个性化和体验性购物需求的增加，从而在品牌营销战略中占据不可或缺的地位。

4.1.1　互动体验与五感营销趋势

在当代零售环境中，快闪店互动体验正迅速成为提升消费者参与度和品牌记忆的有效手段。这种趋势的核心在于利用科技和创新设计元素，创造独特且沉浸式的购物环境，以吸引消费者并培养深层次的品牌忠诚度。快闪店通过结合前沿科技、创新设计元素及全方位的五感营销策略，创建了独特的沉浸式购物环境，不仅吸引了消费者的注意力，更促进了与品牌的深层次连接。

消费者对购物体验的期望正在发生变化，他们越来越倾向于寻求具有娱乐性、教育性和高度个性化的购物体验。快闪店利用互动元素和五感营销满足了这些需求，并在竞争激烈的市场中脱颖而出。五感营销通过视觉、听觉、嗅觉、触觉和味觉的全面刺激，为消费者创造了一个记忆深刻的品牌体验，这种策略已成为提高消费者参与度和建立情感联系的关键方式。

例如，耐克在上海TX淮海区开设的Nike Style零售概念店，即NIKE淮海潮流体验店，便是一个结合了互动体验和五感营销的快闪店范例。该店不仅通过微信小程序、SNKRS Hub和企业微信商店直播等数字工具，为消费者提供了一个无缝的购物和社交体验，而且店内的“拼配实验室”让顾客能够亲手定制产品，满足了触觉体验。店内的无性别购物体验和本土艺术家的参与，通过视觉和嗅觉元素展现了耐克对文化多样性的尊重，加深了消费者对品牌的文化共鸣。此外，店内的“闯作现场”和“独门鞋会”作为潮流爱好者的社交聚集地，利用听觉和社交互动，增强了消费者的归属感和品牌的情感连接。这些互动体验的融合，为消费者带来了个性化和社交化的购物体验，同时提升了耐克品牌的市场印象和消费者忠诚度，扩大了客户基础，并为品牌在竞争激烈的零售市场中创造了新的增长点。

4.1.2　科技与创新的融合

随着科技的快速进步，快闪店在提供沉浸式购物体验中越来越多地采用了如增强现实（AR）、虚拟现实（VR）、人工智能（AI）等先进技术。这种科技与创新的融合不仅吸引了技术爱好者，也极大地丰富了消费者的购物体验，提升了互动性和未来感。消费者对零售体验的期待也在不断升级。快闪店通过整合最新科技，如AR、VR和AI，可以创建独特的购物场景，提供个性化的服务，从而提高消费者的参与感和购物满意度。科技的融合旨在使快闪店的体验更加沉浸和互动，同时帮助品牌在竞争激烈的市场中脱颖而出。

例如，欧莱雅集团旗下的修丽可品牌在上海推出了中国首个裸眼3D VR超级实验室，利用无穿戴设备的全沉浸混合现实技术，为消费者提供了一个360° 的数字化体验空间，不仅增强了产品认知，还实现了线上线下购物的无缝连接。三星在上海的快闪店展示了Galaxy AI在沟通、生产力和影像等方面的应用，通过多个主题体验区，让消费者亲身体验AI技术如何融入日常生活，提升了手机的生产力和用户体验。此外，“又见VR”品牌在北京的快闪店提供了珠穆朗玛峰北坡的VR沉浸式体验，结合了高度逼真的场景还原和天气模拟，为用户带来了科普及娱乐双重价值的VR探索。这些案例均展示了快闪店如何利用科技与创新的融合，为消费者打造独特的沉浸式体验，同时为品牌创造了新的营销途径，增强了市场影响力。下面将详细展示如何利用AI技术生成快闪店空间视觉设计和互动图。

4.2　利用AI分析快闪店营销活动创意

品牌主：郭郭老师，我们是一个专注于设计和制造高品质的无线音频设备的品牌，为用户提供优质的音乐体验。我们品牌下个季度想要策划一个快闪店活动，应该如何结合AI帮助我们形成快闪店营销活动策略方案呢？

郭郭老师：首先介绍下品牌的基本信息，包括品牌名称、品牌定位、目标人群、快闪店营销活动目标，我们围绕这些信息让AI帮我们先提供快闪店活动方向建议。

品牌主：好的，我的品牌信息如下。

品牌名称：SoundSync（化名）

品牌定位：SoundSync定位为融合科技与音乐文化的高端音频产品品牌。品牌致力于设计和制造高品质的无线音频设备，旨在提供优质的音乐体验，让用户随时随地享受音乐。

目标人群：目标人群主要包括音乐爱好者、科技迷和追求时尚潮流的年轻人。他们热爱音乐，注重产品的品质和性能，同时对科技和创新有着浓厚的兴趣。他们追求个性化和时尚的生活方式，希望通过音乐产品来丰富自己的生活。

快闪店营销活动目标：

• 品牌曝光度与认知度提升：通过举办吸引人的快闪店活动吸引目标人群前

来体验，提高品牌的曝光度和知名度。

• 产品体验与销售增长：通过提供独特的音乐创作互动体验和声音体验空间，让消费者亲身感受SoundSync产品的优质音质和便捷性，提升产品销售和用户满意度。

• 品牌形象塑造与情感连接：通过与消费者互动、展示品牌理念和文化内涵，塑造SoundSync时尚、创新和艺术的形象，建立与消费者的情感连接和品牌忠诚度。

郭郭老师：好的，接下来我们可以通过向AI提问，让AI辅助我们生成几个不同的快闪店营销活动创意主题。我们可以使用Kimi等AI平台进行提问，如图4-1所示。

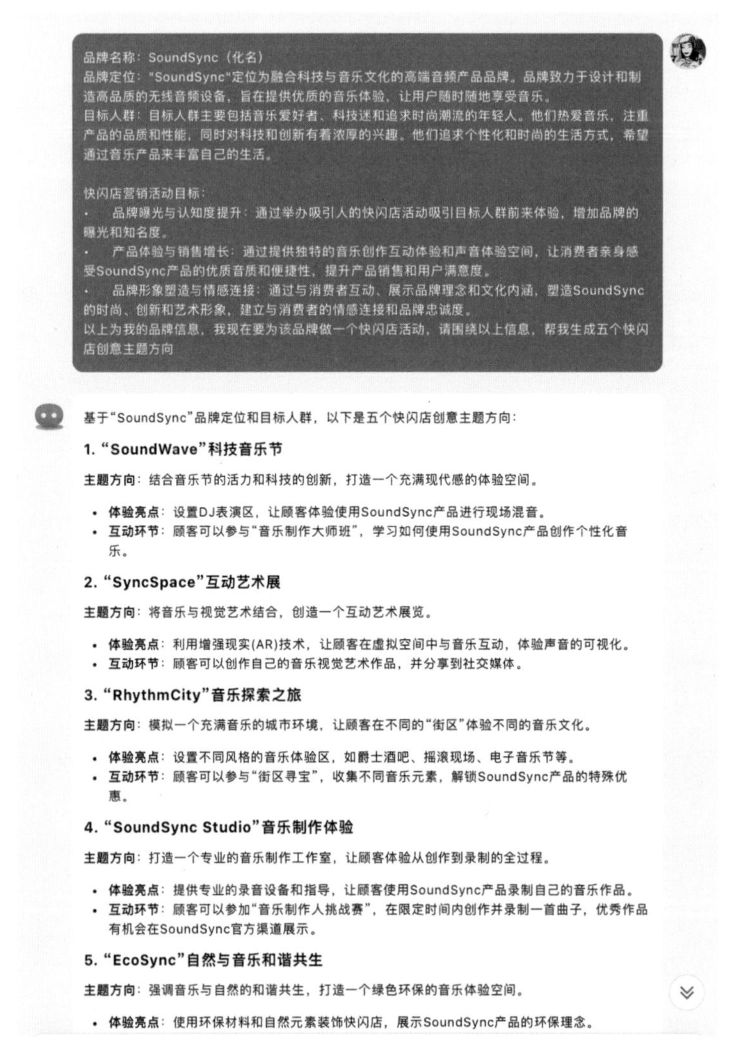

图 4-1　Kimi 给出的快闪店创意主题建议

接下来选择比较感兴趣的主题方向。

• 主题方向：RhythmCity音乐探索之旅。模拟一个充满音乐的城市环境，让顾客在不同的“街区”体验不同的音乐文化。

• 体验亮点：设置不同风格的音乐体验区，如爵士酒吧、摇滚现场、电子音乐节等。

• 互动环节：顾客可以参与“街区寻宝”，收集不同的音乐元素，解锁SoundSync产品的特殊优惠。

4.3　利用AI优化快闪店互动流线

确定快闪店主题之后，接下来让AI生成快闪店的空间规划设计方案，以及观众的互动流线，如图4-2所示。

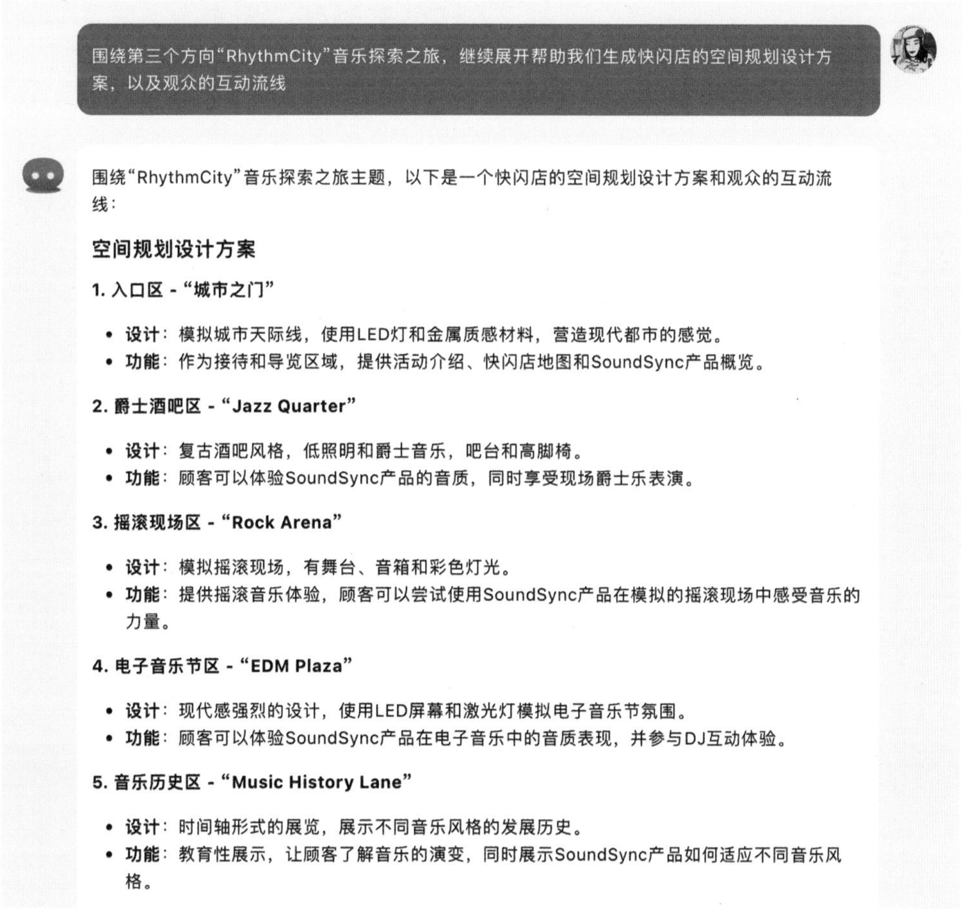

围绕第三个方向“RhythmCity”音乐探索之旅，继续展开帮助我们生成快闪店的空间规划设计方案，以及观众的互动流线

围绕“RhythmCity”音乐探索之旅主题，以下是一个快闪店的空间规划设计方案和观众的互动流线：

空间规划设计方案

1. 入口区 - “城市之门”

- **设计**：模拟城市天际线，使用LED灯和金属质感材料，营造现代都市的感觉。
- **功能**：作为接待和导览区域，提供活动介绍、快闪店地图和SoundSync产品概览。

2. 爵士酒吧区 - “Jazz Quarter”

- **设计**：复古酒吧风格，低照明和爵士音乐，吧台和高脚椅。
- **功能**：顾客可以体验SoundSync产品的音质，同时享受现场爵士乐表演。

3. 摇滚现场区 - “Rock Arena”

- **设计**：模拟摇滚现场，有舞台、音箱和彩色灯光。
- **功能**：提供摇滚音乐体验，顾客可以尝试使用SoundSync产品在模拟的摇滚现场中感受音乐的力量。

4. 电子音乐节区 - “EDM Plaza”

- **设计**：现代感强烈的设计，使用LED屏幕和激光灯模拟电子音乐节氛围。
- **功能**：顾客可以体验SoundSync产品在电子音乐中的音质表现，并参与DJ互动体验。

5. 音乐历史区 - “Music History Lane”

- **设计**：时间轴形式的展览，展示不同音乐风格的发展历史。
- **功能**：教育性展示，让顾客了解音乐的演变，同时展示SoundSync产品如何适应不同音乐风格。

图 4-2

6. 互动体验区 - "Interactive Zone"

- **设计**：多功能互动空间，配备触摸屏和感应设备。
- **功能**：顾客可以参与音乐创作、节奏游戏等互动体验，体验SoundSync产品的多功能性。

7. 产品展示区 - "SoundSync Showcase"

- **设计**：简洁现代的展台，突出产品展示。
- **功能**：展示SoundSync全系列产品，提供试用和购买机会。

8. 休息区 - "Chill Out Park"

- **设计**：模拟城市公园，有舒适的座椅和绿化装饰。
- **功能**：提供休息空间，顾客可以在这里放松并交流体验感受。

观众互动流线

1. **入口区** - 顾客首先到达"城市之门"，领取导览资料，了解活动信息。
2. **爵士酒吧区** - 顾客进入"Jazz Quarter"，体验SoundSync产品在爵士乐中的音质表现。
3. **摇滚现场区** - 顾客随后前往"Rock Arena"，感受摇滚音乐的震撼。
4. **电子音乐节区** - 顾客接着来到"EDM Plaza"，体验电子音乐和产品互动。
5. **音乐历史区** - 顾客通过"Music History Lane"了解音乐发展，增加品牌认同感。
6. **互动体验区** - 顾客在"Interactive Zone"参与互动游戏，深入体验产品功能。
7. **产品展示区** - 顾客前往"SoundSync Showcase"，了解产品详情并进行试用。
8. **休息区** - 最后，顾客可以在"Chill Out Park"休息，交流体验，或进行购买。

通过这样的空间规划和互动流线设计，快闪店不仅能够提供丰富的音乐体验，还能有效引导顾客了解和体验SoundSync产品，增强品牌印象，提升销售机会。

图 4-2　Kimi 提出的空间规划和互动流线建议

结合AI的建议对该品牌快闪店空间规划进行润色，并且结合当下的互动体验与五感营销趋势，以及AR、VR和AI等沉浸式体验，最后将快闪店空间规划调整为以下9个区域。

1. 入口区——"城市之门"（AR Check-in）

• AR体验：顾客通过手机AR应用扫描入口处的特定图案，激活虚拟"城市之门"，获得个性化的欢迎信息和快闪店地图。

• 五感营销：入口区播放轻柔的城市背景声音，散发淡雅的香味，营造温馨、舒适的氛围。

2. 爵士酒吧区——"Jazz Quarter"（AI Music Selection）

• AI体验：AI系统根据顾客的面部表情和身体语言推荐爵士音乐，提供个性化的音乐体验。

• 五感营销：模拟酒吧环境及鸡尾酒气味，增加视觉和嗅觉体验。

3. 摇滚现场区——"Rock Arena"（VR Live Concert）

• VR体验：顾客戴上VR头盔，体验仿佛置身于摇滚现场的沉浸式演唱会。

• 五感营销：通过震动地板和环绕立体声音响，增强触觉和听觉体验。

4. 电子音乐节区——"EDM Plaza"（Interactive DJ Booth）

• 互动体验：设置音乐能量自行车，顾客通过踩踏自行车产生能量，这些能量转化为音乐和灯光效果，增加参与感。

• 互动体验：创建一个声音迷宫，顾客需要通过发出特定的声音或节奏来解锁路径，引导他们走向出口。

5. 音乐历史区——“Music History Lane”（AR Timeline）

• AR体验：顾客通过AR应用观看音乐历史的互动时间线，了解不同音乐风格的演变。

• 五感营销：播放各个时期的经典音乐片段，让顾客在视觉和听觉上感受音乐的变迁。

6. 互动体验区——“Interactive Zone”（AI Music Creator）

• AI体验：AI音乐创作系统根据顾客的喜好生成个性化音乐，顾客可以使用SoundSync产品进行试听和编辑。

• 五感营销：设置触摸屏和感应器，让顾客通过触摸和动作与音乐互动。

7. 产品展示区——“SoundSync Showcase”（AI Product Guide）

• AI体验：AI导购系统根据顾客的兴趣推荐SoundSync产品，提供个性化的产品介绍和演示。

• 五感营销：展示区播放产品广告视频，展示产品特点和使用场景。

8. 休息区——“Chill Out Park”（AR Relaxation Space）

• AR体验：顾客通过AR应用在休息区体验虚拟自然景观，如瀑布、森林等，提供放松的视听享受。

• 五感营销：提供舒适的座椅和清新的空气，增强触觉和嗅觉体验。

9. 定制体验区——“Custom Experience”（VR Music Journey）

• VR体验：顾客可以选择不同的音乐旅程，如与偶像同台演出、探索音乐星球等，体验个性化的VR音乐之旅。

• 五感营销：通过VR头盔和耳机，提供全方位的沉浸式体验。

4.4　互动体验空间的视觉设计

下面用AI生成快闪店空间设计效果图。以第4个空间电子音乐节区为例，将互动体验：“设置音乐能量自行车，顾客通过踩踏自行车产生能量，这些能量转化为音乐和灯光效果，增加参与感”作为关键词，生成Midjourney效果图。运用AI生成这个空间的英文关键词，如“Interactive DJ Booth, Music Energy Bike, riding bikes, Participation, Energy Conversion, Music and Light Effects”。

在这个基础上，可以参考3.8中常用空间设计指令与参数。

- 添加设计元素与风格关键词“Tech-savvy, modern, Interactive”。
- 添加空间布局与功能区域关键词“Activity zone”。
- 添加真人关键词“Realistic People, Human Figures”。
- 添加细节关键词“super detailed, decoration”。
- 添加大场景关键词“panoramic view, large-scale scene”。
- 添加尺寸关键词“--ar 16：9”。

最后将关键词提供给Midjourney，生成的电子音乐区的空间效果图如图4-3所示。

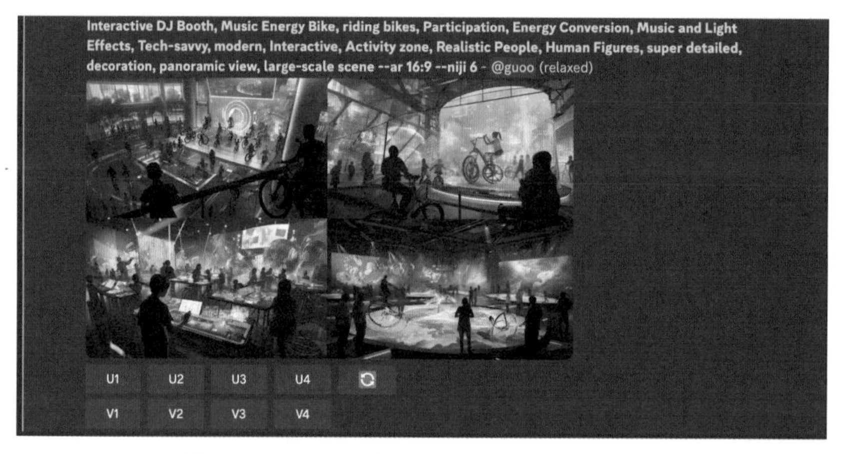

图 4-3　Midjourney 生成的电子音乐区的空间效果图

接下来可以在此基础上生成近景镜头，去掉“panoramic view, large-scale scene”全景关键词，添加“Focused expressions of concentration”等近景镜头关键词，并增加部分关键词的权重，最终生成的近景镜头图如图4-4所示。

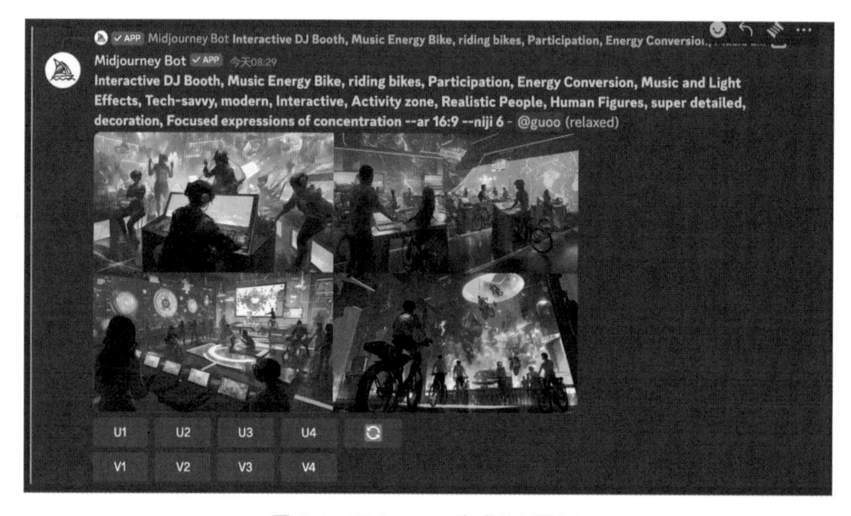

图 4-4　Midjourney 生成的近景图

不断调整和尝试，直到生成满意的图片，生成的其他效果图如图4-5所示，其中包含大场景和近景效果。从生成的图片中能够感受到音乐能量自行车的互动体验氛围，以及顾客通过踩踏自行车产生能量，并将这些能量转化为音乐和灯光效果的现场感。

图 4-5 Midjourney 生成的其他效果图

◎ AI设计灵感锦囊

下面介绍常见的不同风格的快闪店互动体验空间设计的文生图关键词，通过这些关键词，可以更准确地指导AI生成符合品牌形象和目标受众需求的快闪店设计效果图。

※ 科技感风格

Virtual Reality Experience：虚拟现实体验
Neon Lighting：霓虹灯光效果
Interactive Holograms：交互式全息投影
Interactive Touchscreens：交互式触摸屏
Futuristic Design Elements：未来感设计元素
AI-powered Experiences：人工智能驱动的体验
Digital Art Installations：数字艺术装置
Space-age Atmosphere：太空时代氛围
Cyberpunk Aesthetics：赛博朋克美学

※ 自然风格

Organic Materials：天然材料
Natural Light：自然光
Greenery and Plant Walls：绿色植物和植物墙
Eco-friendly Installations：环保装置

Wood Accents：木质装饰
Water Features：水景装置
Zen Garden：禅意花园
Earthy Tones：自然色调
Relaxing Soundscape：放松的声音环境

※ 艺术家风格

Creative Expression：创意表达
Abstract Art Installations：抽象艺术装置
Avant-garde Design Elements：先锋设计元素
Surrealistic Atmosphere：超现实氛围
Interactive Art Pieces：交互式艺术作品
Live Art Performances：现场艺术表演
Experimental Installations：实验性装置
Artistic Lighting Effects：艺术光效
Multimedia Exhibits：多媒体展品
Artisanal Craftsmanship：手工艺术制作

※ 复古风格

Vintage Decor：复古装饰
Retro Gaming Area：复古游戏区域
Nostalgic Atmosphere：怀旧氛围
Classic Arcade Machines：经典街机游戏机
Vinyl Record Displays：黑胶唱片展示
Antique Furniture：古董家具
Old-school Signage：复古标志牌
Vintage Photo Booth：复古照相亭
Classic Car Exhibition：经典汽车展览
Retro Fashion Corner：复古时尚角落

※ 现代设计风格

Sleek and Minimalist：简约时尚
Clean Lines：清晰线条
Contemporary Art Installations：当代艺术装置
High-tech Interactivity：高科技互动性
Geometric Patterns：几何图案
Industrial Chic Elements：工业风格元素
Smart Technology Integration：智能科技融合
Urban Aesthetics：城市美学
Neutral Color Palette：中性色调
Modular Furniture：模块化家具

4.5 科技融合快闪店的视觉规划

接下来继续用AI生成快闪店空间设计效果图。以摇滚现场区“VR体验：顾客戴上VR头盔，体验仿佛置身于摇滚现场的沉浸式演唱会”为例，生成Midjourney效果图。想要生成顾客戴上VR头盔的效果图，可以用3张图来展示。第一张图是快闪店里有一群顾客戴上VR头盔的场景，房间里是摇滚音乐的一些装饰。第二张图是摇滚现场演唱会的场景。第三张图是休息区顾客通过AR应用体验虚拟自然景观的场景。首先用AI生成这几个空间的关键词。

第一张图：VR头盔场景关键词+真人关键词+细节关键词+尺寸——VR Headset, Flash Store Interior, Audience in VR, VR Technology, Realistic People, Human Figures, super detailed --ar 16：9。生成的图片如图4-6所示。

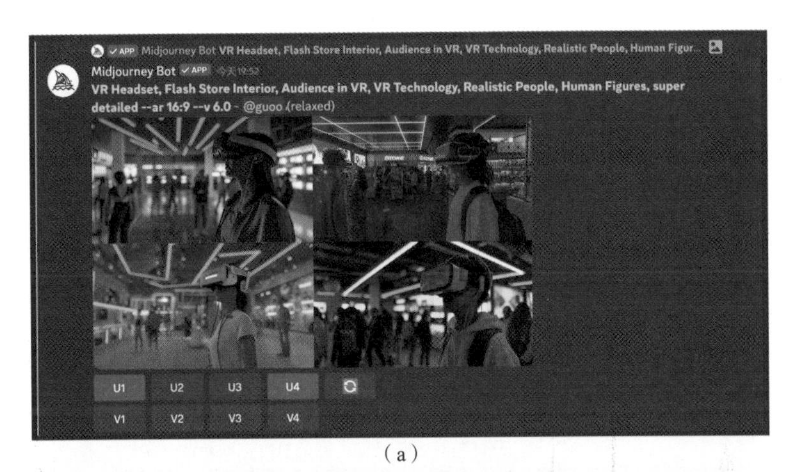

（a）

VR Headset, Flash Store Interior, Audience in VR, VR Technology, Realistic People, Human Figures, super detailed --ar 16:9 - @guoo (relaxed)

U1 U2 U3 U4

V1 V2 V3 V4

（b）

图 4-6　Midjourney 生成的用户 VR 体验效果图

利用AI经过多次调试后，生成的其他效果不错的图片如图4-7所示。

图 4-7　Midjourney 生成的其他效果图

第二张图：摇滚现场演唱会关键词+细节关键词+尺寸——Rock Concert, Live Performance, Crowd, Stage Lights, Musician, Rock Band, Audience, Concert Atmosphere, Immersive Experience, Energy, Excitement, super detailed, decoration --ar 16：9。生成的图片如图4-8所示。

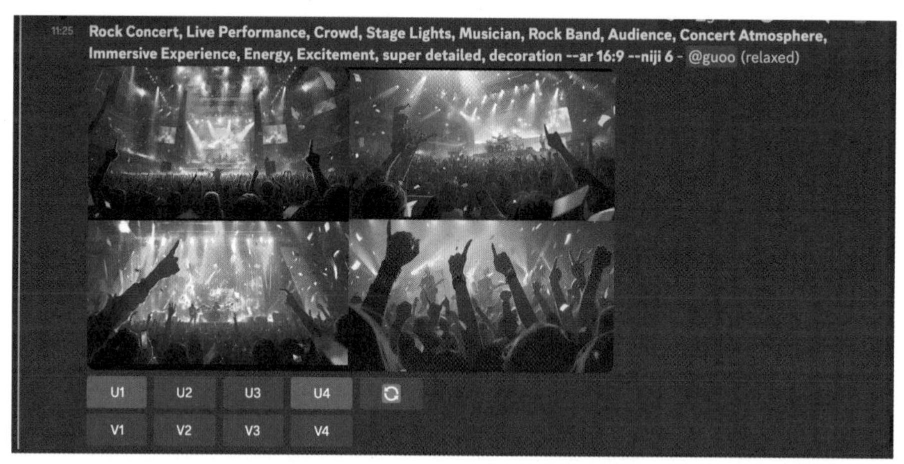

（a）

（b）

图 4-8　Midjourney 生成的摇滚现场演唱会效果图

在此基础之上，可以生成通过VR眼镜观众看到的摇滚现场演唱会的近景图片。这样的近景图片适合在社交媒体上宣传快闪店活动时使用，让用户在来之前就可以感受到现场的互动效果。在上述关键词的基础之上，添加近景镜头关键词“Zoomed-in reactions and emotions, Focused expressions of concentration::2”，生成的近景摇滚现场演唱会图片如图4-9所示。

利用AI经过多次调试后，生成的其他效果不错的图片如图4-10所示。

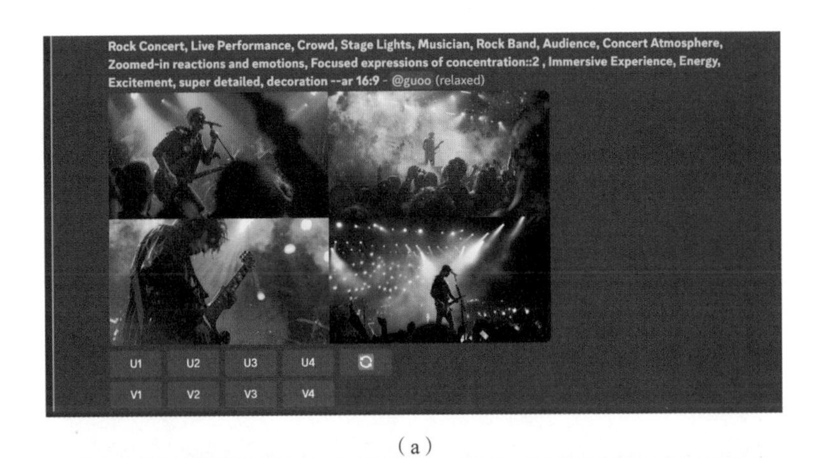

（a）

（b）

图 4-9　Midjourney 生成的摇滚现场演唱会近景效果图

图 4-10

图 4-10　Midjourney 生成的其他效果图

第三张图：顾客通过AR在休息区体验虚拟自然景观关键词+细节关键词+尺寸——AR Glasses, Customers, Relaxing Area, Sofa, Forest Design, Comfortable Space, Augmented Reality Experience, Relaxation, Comfort, Natural Elements, Relaxing Environment, AR Technology, super detailed, decoration --ar 16：9。生成的休息区AR体验图片如图4-11所示。

（a）

（b）

图 4-11　Midjourney 生成的休息区 AR 体验图片

利用AI经过多次调试，生成其他比较满意的图片，如图4-12所示。可以看出，AI生成的图片不仅细节丰富，而且非常契合品牌设计需求，展示了AI技术在实现创意构思方面的强大能力。

图 4-12　Midjourney 生成的其他效果图

◎ AI设计灵感锦囊

下面介绍一些常见的科技融合快闪店空间设计的文生图关键词。使用这些关键词，可以生成具有未来感和互动性的快闪店设计方案，提升顾客的沉浸式体验。

※ 交互体验

Interactive Displays：交互式展示

Touchscreen Kiosks：触摸屏信息亭

Gesture Recognition：手势识别

Voice Control：语音控制

Interactive Mirrors：交互式镜子

Interactive Floor Projection：交互式地面投影

※ 增强现实（AR）和虚拟现实（VR）

Augmented Reality Displays：增强现实显示

Virtual Reality Booths：虚拟现实展位

AR Product Try-On：增强现实试穿

VR Product Demonstrations：虚拟现实产品演示

Mixed Reality Experiences：混合现实体验

※ 智能设备和感应技术

Smart Shelves：智能货架

RFID Technology：射频识别技术

Beacon Technology：信标技术

Smart Cameras：智能摄像头

IoT Integration：物联网集成

※ 数字化和虚拟元素

Digital Signage：数字标牌

Projection Mapping：投影映射

Holographic Displays：全息显示

Digital Catalogs：数字目录

3D Visualizations：三维可视化

※ 智能化服务和支付

Mobile App Integration：移动应用集成

Contactless Payments：无接触支付

AI-Powered Customer Service：人工智能客户服务

Self-Checkout Kiosks：自助结账亭

Virtual Shopping Assistants：虚拟购物助手

※ 科技感设计元素

Futuristic Lighting：未来感照明

Modernist Architecture：现代主义建筑

High-Tech Materials：高科技材料

Sleek and Minimalist Furnishings：时尚简约家具

Tech-Inspired Decor：科技风格装饰

※ 个性化定制体验

Personalized Product Recommendations：个性化产品推荐

Customization Stations：定制服务站

Virtual Wardrobe：虚拟试衣间

AI-Powered Styling Advice：人工智能风格建议

4.6 常用快闪店互动体验空间指令与参数

本节整理了快闪店互动体验空间设计常用的Midjourney指令、AI文生图关键词，如表4-1所示，帮助读者更高效地利用AI工具，以实现精确且富有创意的快闪店空间设计方案。

表 4-1 快闪店互动体验空间设计常用的 Midjourney 指令和 AI 文生图关键词

Midjourney 常用指令	--ar 16：9, --ar 1：1, --ar 3：4调整生成图片的宽高比
	::2, ::3（双冒号+数字）增加某个关键词的权重
	Zoom out 2x, Zoom out 1.5x 调整图片视野，生成更广阔的视觉效果
细节	super detailed, decoration, intricate craftsmanship, close-up shots, detailed textures, precise lines, fine details, artisanal techniques, intricate workings, micro-textures, focused craftsmanship

续表

大场景	panoramic view, large-scale scene, expansive landscape, wide-angle perspective, grand scale, vast environment, sweeping vistas, panoramic shot, extensive scenery, spacious setting, immersive landscape
科技感风格	Virtual Reality Experience, Interactive Holograms, Futuristic Design Elements, Digital Art Installations, Cyberpunk Aesthetics, Neon Lighting, Interactive Touchscreens, AI-powered Experiences, Space-age Atmosphere
艺术家风格	Creative Expression, Abstract Art Installations, Avant-garde Design Elements, Surrealistic Atmosphere, Interactive Art Pieces, Live Art Performances, Experimental Installations, Artistic Lighting Effects, Multimedia Exhibits, Artisanal Craftsmanship
复古风格	Vintage Decor, Retro Gaming Area, Nostalgic Atmosphere, Classic Arcade Machines, Vinyl Record Displays, Antique Furniture, Old-school Signage, Vintage Photo Booth, Classic Car Exhibition, Retro Fashion Corner
现代设计风格	Sleek and Minimalist, Clean Lines, Contemporary Art Installations, High-tech Interactivity, Geometric Patterns, Industrial Chic Elements, Smart Technology Integration, Urban Aesthetics, Neutral Color Palette, Modular Furniture
交互体验	Interactive Displays, Touchscreen Kiosks, Gesture Recognition, Voice Control, Interactive Mirrors, Interactive Floor Projection
增强现实（AR）和虚拟现实（VR）	Augmented Reality Displays, Virtual Reality Booths, AR Product Try-On, VR Product Demonstrations, Mixed Reality Experiences
智能设备和感应技术	Smart Shelves, RFID Technology, Beacon Technology, Smart Cameras, IoT Integration
数字化和虚拟元素	Digital Signage, Projection Mapping, Holographic Displays, Digital Catalogs, 3D Visualizations
智能化服务和支付	Mobile App Integration, Contactless Payments, AI-Powered Customer Service, Self-Checkout Kiosks, Virtual Shopping Assistants
科技感设计元素	Futuristic Lighting, Modernist Architecture, High-Tech Materials, Sleek and Minimalist Furnishings, Tech-Inspired Décor
个性化定制体验	Personalized Product Recommendations, Customization Stations, Virtual Wardrobe, AI-Powered Styling Advice

本章小结

本章重点讲述了如何利用AI技术创造快闪店互动体验空间，以提升品牌与消费者的互动和体验。快闪店不仅是展示和推广产品的平台，更是建立品牌与消费者深度联系的机会。通过精心设计的互动体验，品牌可以有效提升消费者的忠诚度和品牌记忆度。

利用AI创造快闪店互动体验空间的思路如下。

- 分析市场趋势：理解当前快闪店在市场中的重要发展趋势，如互动体验、五感营销和科技融合。

• 结合品牌特点：根据品牌的定位和目标人群，制定与品牌形象契合的快闪店主题。

• 利用AI优化设计：运用AI技术优化快闪店的空间布局、顾客流线和互动体验。

• 整合多种技术：将AR、VR等先进技术与AI结合，创造沉浸式和个性化的体验空间。

利用AI创造快闪店互动体验空间的流程如下。

（1）主题设计与概念构建：结合品牌定位和目标人群，利用AI生成多个创意主题，并选择最佳方案。

（2）空间规划与流线设计：通过AI优化快闪店的空间布局和顾客流线，确保流畅和高效的互动体验。

（3）互动装置与体验设计：使用AI设计个性化的互动装置，如AR Check-in、VR演唱会等，增强消费者的参与感。

（4）效果图生成与调试：利用AI生成快闪店的效果图，反复调试直到满意，确保视觉和功能的完美结合。

课后练习

请基于本章内容，为自己的品牌设计一个快闪店互动体验空间。首先，结合品牌定位和目标人群，运用AI生成多个创意主题，并选择和优化出一个最佳方案。然后运用AI优化快闪店的空间布局和顾客流线，设计个性化的互动装置和体验，并生成效果图进行多次调试，确保视觉和功能的完美结合。在设计和实施过程中，请特别关注以下关键点。

• 确保互动装置和体验的风格统一，保持品牌的一致性。

• 详细、准确地描述每个关键词，以指导AI生成符合预期的设计效果。

• 对生成的图像进行后期调整，确保符合品牌的视觉标准。

• 结合最新的技术趋势，提升消费者的沉浸感和满意度。

第 3 部分

AI 时代的品牌叙述与视频创作

第 5 章

品牌故事创新：AI 驱动的品牌广告创作

本章将深入探讨 AI 如何革新广告创作流程，特别是在故事叙述和脚本编写方面。在广告创作中应用 AI 技术，极大地提升了人们的创作效率和广告内容质量，使广告制作更加高效和精确。对品牌经理和营销人员来说，掌握这些 AI 工具和方法能够快速生成吸引人的内容，精准定义广告目标与受众，优化广告语言和信息，从而提升广告活动的效果和影响力。

本章将探讨如何利用 AI 识别和定义广告目标与受众，确保广告内容能够有效地触及和影响目标群体，以及如何利用 AI 辅助故事叙述和脚本创作，使广告故事更加生动有趣，同时展示如何快速创建高质量的视觉素材，确保广告内容的创意性和视觉冲击力，并保持整体风格的一致性。通过对本章的学习，读者将掌握如何利用 AI 技术进行广告创作，提升品牌传播效果和市场竞争力。

5.1　AI在广告创作中的角色与潜力

AI技术正在逐渐革新广告创作流程，通过提升广告创作效率和降低广告创作成本，为品牌经理和营销人员提供了全新的创作方式和工具。

◎ **AI提升广告创作的工作效率**

首先，AI技术在广告创作中的应用极大地提升了工作效率。传统的分镜头脚本制作需要手动或用计算机绘制，每个细节都要经过反复推敲和修改，而AI可以在几分钟内生成多个版本的分镜头脚本。这不仅加快了创作速度，还允许创意团队在短时间内尝试不同的创意方向和视觉风格。通过自动化工具，创意人员可以迅速获得多个备选方案，做出更加明智的决策。

◎ **AI优化广告的创作流程**

AI不仅加速了脚本制作的过程，还优化了广告创作的整体流程。在没有AI技术的情况下，拍摄样片和确定前期风格需要摄影团队进行多次试验和调整，通常会耗费大量的时间和资源。而AI能够通过模拟和预测，直接生成高质量的样片和风格模板，使创意团队能够在初期阶段就明确广告的视觉效果和风格方向。这种优化大大减少了前期制作的复杂性和不确定性，提高了整个团队的协作效率。

◎ **AI实现广告创意的多样性**

AI技术另一个显著的优势是能够实现创意多样性和个性化定制。通过AI工具，创意人员可以快速生成不同风格的广告片，从视觉效果到叙事方式都可以根据需要进行调整。AI的强大计算能力和数据处理能力，能够根据目标受众的偏好和行为数据，生成高度个性化的广告内容。这样不仅提高了广告的相关性和吸引力，也增强了品牌与消费者之间的情感连接。

◎ **AI节约广告创作成本**

AI技术在广告创作中的应用也显著降低了前期的成本。传统广告创作需要投入大量的人力、物力和财力，而AI工具的自动化和高效性减少了对人力资源的依赖。创意人员可以将更多精力集中在创意和策略的制定上，而不是烦琐的制作过程。通过AI的辅助，品牌能够在预算内实现高质量的广告创作，提升整体的投资回报率。

接下来带领读者借助AI工具一步步完成广告创作的全新流程，提高创作效率。

5.2　使用AI定义广告目标与受众

品牌主：郭郭老师，我们公司是一个智能家居品牌，近期想要拍摄一个广告片，但是不知道哪种拍摄风格是适合我们的。我想先借助AI工具先生成不同风格的分镜头，一种动漫风格，一种真人拍摄风格，从而确定最后真正要做的广告片是什么风格的。您有什么好的制作方法吗?

郭郭老师：你真的是个非常聪明的老板！在正式拍摄广告之前，用AI生成不同风格的分镜头，可以大大提高广告拍摄和制作效率。首先，我带你梳理一下AI创作品牌广告故事和脚本的流程。

AI创作品牌广告故事和脚本的具体流程如下

流程一：定义广告目标与主题方向。

流程二：撰写广告故事和分镜头脚本。

流程三：用AI生成广告分镜头图片关键词。

流程四：确定广告风格与元素。

郭郭老师：首先我们开始流程一。先介绍你的品牌信息，包括品牌定位、目标人群，以及你想要通过广告达到的目标是什么。

品牌主：好的，那我先介绍下我的品牌信息。

品牌名称：HomeSmart（化名）

品牌定位：HomeSmart 是一家智能家居技术公司，致力于通过高科技的家庭自动化产品，提高家庭生活的舒适性、便利性和安全性。品牌提供从基本的智能灯泡、智能插座到高级的家庭安全系统和自动化家用设备等全方位解决方案，以科技创新推动家庭生活方式的转变。HomeSmart 的产品定位在于智能化和高效能，旨在为现代家庭提供简便、安全且环保的生活解决方案。

品牌目标人群如下。

- 家庭主妇：希望通过智能化产品简化家务管理，提高家庭生活质量。
- 技术爱好者：对最新智能家居技术充满兴趣，愿意投资实现家庭自动化。
- 新房主：寻求现代化、智能化的居住环境，注重生活质量和家居安全。

广告目标：以广告中可以看出我们的智能家居产品可以帮助用户简化日常任务、提升家庭生活的安全性，能够吸引消费者使用我们的智能家居技术。广告中需要直观地展示产品的好处和操作简便性。

郭郭老师：好的，接下来我们将你的品牌信息提供给AI，让AI帮我们细化广告目标与受众，并且生成不同广告的创意主题方向，如图5-1所示。

细化广告目标与受众

1. 广告目标

- **展示智能家居产品的便利性**：通过视觉和情感化的展示，突出智能家居产品如何简化家庭日常任务。
- **提升家庭安全意识**：强调智能家居产品如何提高家庭的安全性，提供用户安心的居住环境。
- **展示高效能与环保性**：说明智能家居产品如何在提高生活质量的同时，节省能源、保护环境。
- **吸引目标消费者**：通过情景化的广告，吸引不同受众群体（家庭主妇、技术爱好者、新房主）的兴趣。

2. 目标受众细分

- 家庭主妇
  - 关注点：家务管理的简化、提高家庭生活质量
  - 广告内容：展示智能家居产品如何帮助她们高效管理家务，减轻日常工作负担。
- 技术爱好者
  - 关注点：最新技术、产品功能的创新性
  - 广告内容：展示智能家居产品的高科技功能和最新技术，强调产品的创新性和独特性。
- 新房主
  - 关注点：智能化居住环境、安全性和生活质量
  - 广告内容：展示智能家居产品如何提升家居生活的现代化、智能化，提供安全、便捷的居住体验。

广告创意主题方向

1. 家庭主妇

广告创意主题："智能家居，轻松管理家庭"

- **情景设定**：一位家庭主妇忙碌地处理家务，她只需通过手机APP就能控制家里的智能灯泡、智能插座和智能家电，轻松完成日常家务。
- **产品展示**：展示智能灯泡自动调节光线、智能插座定时关闭电器、智能家电自动运行等功能。
- **情感共鸣**：展示家庭主妇在智能家居的帮助下，有更多时间陪伴家人，享受家庭生活的美好时光。

2. 技术爱好者

广告创意主题："科技引领未来家居"

- **情景设定**：一位技术爱好者正在探索最新的智能家居产品，他通过语音助手控制家里的设备，展示智能家居系统的高度集成与智能化。
- **产品展示**：展示智能家居产品的高科技功能，如语音控制、安全监控、自动化家电操作等。
- **科技氛围**：广告场景充满科技感，强调产品的创新性和技术领先地位。

3. 新房主

广告创意主题："智能家居，开启现代化生活"

- **情景设定**：一对新婚夫妇刚搬进新房，通过使用HomeSmart的智能家居产品，体验到现代化、智能化的居住环境。
- **产品展示**：展示智能门锁、智能监控、智能温控系统等提升家庭安全和舒适性的产品。
- **生活品质**：展示新房主在智能家居环境中的幸福生活，强调产品如何提升生活质量和居住安全。

图 5-1　ChatGPT 细化的广告受众和创意方向

接下来可以选择其中的两个创意方向，分别针对目标受众“家庭主妇”和“新房主” 这两个目标受众群体，让AI构思出更具创意的广告主题。如图5-2所示，更新后的广告创意主题方向比图5-1中的内容更具吸引力。然后在此基础上进行企业内部沟通，并进行进一步调整。

分别针对目标受众“家庭主妇”和“新房主”群体，想出更具创意的广告主题，以及用一段话来说明下这个主题要拍摄的内容

‹ 2/2 ›

家庭主妇广告创意主题

广告创意主题：“智能管家，帮您掌控每一天”

广告内容说明：

广告开始于一位家庭主妇忙碌的一天。早晨，她通过智能闹钟起床，打开窗帘和智能咖啡机为家人准备早餐。接着，她在厨房中通过语音助手启动烤箱和洗碗机，腾出时间陪孩子玩耍。下午，她用手机APP远程控制家里的温度和照明，迎接孩子放学回家。晚上，她通过智能门锁确认家门已安全关闭，通过智能监控查看孩子们的房间情况。广告结束于一家人围坐在客厅，享受智能家居带来的便利和温馨时光，家庭主妇微笑着说：“有了智能管家，我的每一天都变得如此轻松。”

新房主广告创意主题

广告创意主题：“开启智慧新生活”

广告内容说明：

广告开始于一对新婚夫妇搬进新家。他们兴奋地探索新家的每个角落，通过智能门锁轻松进入家门。进入客厅后，他们通过手机APP设置智能灯光，营造温馨的氛围。接着，他们使用智能温控系统调节室内温度，享受舒适的环境。夜晚来临，智能窗帘自动关闭，智能安全系统启动，确保家庭安全。夫妻俩在厨房中使用智能冰箱查看食材库存，准备晚餐。广告以夫妇二人在智能家居的温馨环境中享受晚餐和彼此的陪伴为结尾，妻子微笑着对丈夫说：“有了HomeSmart，生活变得更智慧、更美好。”

图 5-2　ChatGPT 更新后的广告创意方向

5.3　利用AI辅助故事叙述和脚本编写

根据以上两个广告创意主题和广告内容，让AI辅助我们写出详细的1分钟左右的广告故事和分镜头脚本，生成的内容如图5-3和图5-4所示。

家庭主妇广告创意主题

广告创意主题：“智能管家，帮您掌控每一天”

广告故事

一位家庭主妇开始了忙碌的一天，但她有一个秘密武器——HomeSmart智能家居系统。这个智能系统帮助她高效管理家务，让她有更多时间陪伴家人。广告展示了一天中不同时间段，智能家居产品如何为她提供便利。

分镜头脚本

画面一

- **时长**：5秒
- **场景**：早晨卧室
- **内容**：智能闹钟响起，窗帘自动打开，阳光洒进房间。
- **旁白**：智能闹钟叫醒新的一天。

画面二

- **时长**：10秒
- **场景**：厨房
- **内容**：家庭主妇通过语音助手启动咖啡机和烤箱，准备早餐。
- **旁白**：用语音助手，轻松启动家电。

画面三

- **时长**：8秒
- **场景**：客厅
- **内容**：家庭主妇陪孩子玩耍，智能洗碗机和洗衣机在后台工作。
- **旁白**：智能家电，让您有更多时间陪伴家人。

画面四

- **时长**：7秒
- **场景**：外出中
- **内容**：家庭主妇用手机APP远程控制家里的温度和照明。
- **旁白**：随时随地掌控家中一切。

画面五

- **时长**：10秒
- **场景**：傍晚家门口
- **内容**：孩子放学回家，家庭主妇用智能门锁确认家门已安全关闭。
- **旁白**：智能门锁，保障家庭安全。

图 5-3

画面六

- 时长：10秒
- 场景：晚上儿童房
- 内容：家庭主妇通过智能监控查看孩子房间，孩子们在安心睡觉。
- 旁白：智能监控，守护每一个夜晚。

画面七

- 时长：10秒
- 场景：客厅
- 内容：全家人在客厅享受家庭时光，智能灯光柔和，气氛温馨。
- 旁白：有了智能管家，我的每一天都变得如此轻松。

画面八

- 时长：10秒
- 场景：家庭主妇的微笑特写
- 内容：家庭主妇微笑着看向镜头。
- 旁白：HomeSmart，帮您掌控每一天。 ↓

图 5-3　ChatGPT 细化的“家庭主妇”广告分镜头脚本

新房主广告创意主题

广告创意主题：“开启智慧新生活”

广告故事

一对新婚夫妇搬进他们的新家，HomeSmart智能家居系统让他们的生活变得更加便捷和舒适。从进门、调节室温到确保家庭安全，智能家居系统无处不在，为他们的新生活增添了无穷乐趣和便利。

分镜头脚本

画面一

- 时长：5秒
- 场景：新家门口
- 内容：新婚夫妇微笑着走向新家，用智能门锁轻松进入家门。
- 旁白：开启智慧新生活，从第一步开始。

画面二

- 时长：10秒
- 场景：客厅
- 内容：他们用手机APP设置智能灯光，灯光自动调节营造温馨氛围。
- 旁白：智能灯光，随心调节每一刻。

画面三

- 时长：8秒
- 场景：客厅
- 内容：夫妇坐在沙发上，通过APP调节智能温控系统，享受舒适的室内温度。
- 旁白：智能温控，舒适随心。

画面四

- 时长：10秒
- 场景：卧室
- 内容：夜晚来临，智能窗帘自动关闭，智能安全系统启动。
- 旁白：智能安全系统，守护每一个夜晚。

画面五

- 时长：10秒
- 场景：厨房
- 内容：夫妇在智能冰箱前查看食材库存，准备晚餐。
- 旁白：智能冰箱，食材管家

画面六

- 时长：7秒
- 场景：餐厅
- 内容：夫妇在智能家居的温馨环境中享受晚餐。
- 旁白：智能家居，提升生活品质。

画面七

- 时长：10秒
- 场景：客厅
- 内容：夫妇在沙发上放松，享受彼此的陪伴。
- 旁白：有了HomeSmart，生活变得更智慧、更美好。

画面八

- 时长：10秒
- 场景：妻子的微笑特写
- 内容：妻子微笑着对丈夫说：“有了HomeSmart，生活变得更智慧、更美好。”
- 旁白：HomeSmart，开启智慧新生活。

图 5-4　ChatGPT 细化的“新房主”广告分镜头脚本

在此基础上，通过团队内部沟通，对广告分镜进行调整，并让AI将广告故事和分镜头脚本制作成一个表格，包括场景、时长、故事原文和镜头描述，这种格式更方便查看和使用。

◎ 家庭主妇广告创意主题

广告创意主题："智能管家，帮您掌控每一天"。

广告故事：一位家庭主妇开始了忙碌的一天，但她有一个秘密武器——HomeSmart智能家居系统。这个智能系统帮助她高效地管理家务，让她有更多的时间陪伴家人。广告展示了一天中不同时间段智能家居产品如何为她提供便利。

分镜头脚本（70秒）如表5-1所示。

表 5-1　家庭主妇广告创意主题分镜头脚本（70 秒）

场景	时长	故事原文	镜头描述
早晨卧室	5秒	智能闹钟响起，窗帘自动打开，阳光洒进房间	闹钟特写，窗帘自动拉开，阳光充满房间
厨房	10秒	家庭主妇通过语音助手启动咖啡机和烤箱，准备早餐	语音助手设备特写，咖啡机启动，烤箱预热，准备早餐的场景
客厅	8秒	家庭主妇陪孩子玩耍，智能洗碗机和洗衣机在后台工作	母子在地毯上玩耍，洗碗机和洗衣机运转特写
外出中	7秒	家庭主妇用手机App远程控制家里的温度和照明	手机App界面特写，温度和照明调节，家庭主妇微笑
傍晚家门口	10秒	孩子放学回家，家庭主妇用智能门锁确认家门已安全关闭	孩子进家门，智能门锁自动锁定，家庭主妇确认状态
晚上儿童房	10秒	家庭主妇通过智能监控查看孩子房间，孩子们在安心睡觉	智能监控画面特写，孩子们在床上睡觉，母亲微笑
客厅	10秒	全家人在客厅享受家庭时光，智能灯光柔和，气氛温馨	全家在沙发上，智能灯光柔和，氛围温馨
家庭主妇的微笑特写	10秒	家庭主妇微笑着看向镜头	家庭主妇特写，微笑，结束语："HomeSmart，帮您掌控每一天。"

◎ 新房主广告创意主题

广告创意主题："开启智慧新生活"。

广告故事：一对新婚夫妇搬进他们的新家，HomeSmart智能家居系统让他们的生活变得更加便捷和舒适。从进门、调节室温到确保家庭安全，智能家居系统无处不在，为他们的新生活增添了无穷乐趣和便利。

分镜头脚本（70秒）如表5-2所示。

表 5-2　新房主广告创意主题分镜头脚本（70 秒）

场景	时长	故事原文	镜头描述
新家门口	5秒	新婚夫妇微笑着走向新家，用智能门锁轻松进入家门	新婚夫妇走向家门，智能门锁解锁，欢笑进入
客厅	10秒	他们用手机App设置智能灯光，自动调节灯光，营造温馨氛围	手机App操作特写，灯光变换，客厅氛围温馨
客厅	8秒	新婚夫妇坐在沙发上，通过App调节智能温控系统，享受舒适的室内温度	沙发上的新婚夫妇，温控系统调节，氛围舒适
卧室	10秒	夜晚来临，智能窗帘自动关闭，智能安全系统启动	智能窗帘自动拉上，安全系统启动，夜景
厨房	10秒	新婚夫妇在智能冰箱前查看食材库存，准备晚餐	打开冰箱门，查看食材，准备晚餐
餐厅	7秒	新婚夫妇在智能家居的温馨环境中享受晚餐	晚餐桌，温馨氛围，新婚夫妇微笑交谈
客厅	10秒	新婚夫妇在沙发上放松，享受彼此的陪伴	沙发上放松的新婚夫妇，智能灯光柔和，场景温馨
妻子的微笑特写	10秒	妻子微笑着对丈夫说："有了HomeSmart，生活变得更智慧、更美好。"	妻子特写，微笑，结束语："HomeSmart，开启智慧新生活。"

5.4　AI在视觉广告创作中的具体应用

接下来制作广告分镜图片，并将其连贯起来形成一个完整的广告故事。在生成广告分镜图片时，可以为每个场景生成近景、中景、远景、特写等不同视角的效果，以增强分镜效果的完整性。这不仅能为营销团队在与广告拍摄团队沟通时提供更多参考素材，还能确保每个镜头都有相应的图片关键词提示。借助ChatGPT生成这些关键词，并以表格的形式输出，可以方便团队内部查看。

◎ **家庭主妇广告创意主题**

广告创意主题："智能管家，帮您掌控每一天"。

广告故事：一位家庭主妇开始了忙碌的一天，但她有一个秘密武器——HomeSmart智能家居系统。这个智能系统帮助她高效地管理家务，让她有更多的时间陪伴家人。广告展示了一天中不同时间段智能家居产品如何为她提供便利。

分镜头脚本（70秒）、景别效果及关键词（1）如表5-3所示。

表 5-3 分镜头脚本（70 秒）、景别效果及关键词（1）

场景	时长	故事原文	镜头描述	景别效果	关键词（prompt）
早晨卧室	5秒	智能闹钟响起，窗帘自动打开，阳光洒进房间	闹钟特写，窗帘自动拉开，阳光充满房间	近景：闹钟特写，阳光洒进房间	“close-up of a smart alarm clock on a bedside table, sunlight streaming through automatically opening curtains in a cozy bedroom”
				中景：窗帘自动拉开，阳光洒进房间	“mid-shot of a bedroom with automated curtains opening to let in sunlight, creating a bright and inviting atmosphere”
厨房	10秒	家庭主妇通过语音助手启动咖啡机和烤箱，准备早餐	语音助手设备特写，咖啡机启动，烤箱预热，准备早餐的场景	近景：语音助手设备特写	“close-up of a smart speaker on a kitchen counter, with a woman using it to start a coffee machine and oven”
				中景：家庭主妇准备早餐，咖啡机和烤箱在后台运行	“mid-shot of a woman in a modern kitchen preparing breakfast, with a coffee machine and oven operating in the background”
客厅	8秒	家庭主妇陪孩子玩耍，智能洗碗机和洗衣机在后台工作	母子在地毯上玩耍，洗碗机和洗衣机运转特写	远景：母子在地毯上玩耍，背景有运转中的洗碗机和洗衣机	“wide shot of a living room with a mother and child playing on the carpet, while a dishwasher and washing machine operate in the background”
				近景：智能洗碗机和洗衣机运转特写	“close-up of a smart dishwasher and washing machine operating efficiently in a modern home”
外出中	7秒	家庭主妇用手机App远程控制家里的温度和照明	手机App界面特写，温度和照明调节，家庭主妇微笑	近景：手机App界面特写	“close-up of a smartphone screen displaying a smart home app, controlling temperature and lighting”
				中景：家庭主妇使用手机控制家居设备	“mid-shot of a woman using her smartphone to control home devices while smiling, highlighting convenience”
傍晚家门口	10秒	孩子放学回家，家庭主妇用智能门锁确认家门已安全关闭	孩子进家门，智能门锁自动锁定，家庭主妇确认状态	远景：孩子放学回家，背景是家庭主妇使用智能门锁	“wide shot of a child entering home after school, while the mother uses a smart door lock in the background”
				近景：智能门锁自动锁定特写	“close-up of a smart door lock automatically securing the door”

续表

场景	时长	故事原文	镜头描述	景别效果	关键词（prompt）
晚上儿童房	10秒	家庭主妇通过智能监控查看孩子房间，孩子们在安心睡觉	智能监控画面特写，孩子们在床上睡觉，母亲微笑	近景：智能监控画面特写	“close-up of a smart home security monitor showing children sleeping peacefully in their beds”
				中景：家庭主妇微笑查看智能监控	“mid-shot of a mother smiling while checking a smart home security monitor”
客厅	10秒	全家人在客厅享受家庭时光，智能灯光柔和，气氛温馨	全家在沙发上，智能灯光柔和，氛围温馨	远景：全家在沙发上享受家庭时光	“wide shot of a family enjoying time together on a sofa in a living room with soft, smart lighting creating a cozy atmosphere”
				中景：智能灯光柔和，家庭氛围温馨	“mid-shot of a living room with soft, smart lighting, creating a warm and cozy family atmosphere”
家庭主妇的微笑特写	10秒	家庭主妇微笑着看向镜头。	家庭主妇特写，微笑，结束语：“HomeSmart，帮您掌控每一天。”	近景：家庭主妇的微笑特写	“close-up of a woman smiling warmly at the camera, conveying satisfaction and happiness”
				中景：家庭主妇在家中微笑	“mid-shot of a woman smiling in her home, looking content and happy”

◎ 新房主广告创意主题

广告创意主题：“开启智慧新生活”。

广告故事：一对新婚夫妇搬进他们的新家，HomeSmart智能家居系统让他们的生活变得更加便捷和舒适。从进门、调节室温到确保家庭安全，智能家居系统无处不在，为他们的新生活增添了无穷乐趣和便利。

分镜头脚本（70秒）、景别效果及关键词（2）如表5-4所示。

表 5-4　分镜头脚本（70 秒）、景别效果及关键词（2）

场景	时长	故事原文	镜头描述	景别效果	关键词（prompt）
新家门口	5秒	新婚夫妇微笑着走向新家，用智能门锁轻松进入家门	新婚夫妇走向家门，智能门锁解锁，欢笑进入	远景：新婚夫妇走向新家，使用智能门锁	“wide shot of a newlywed couple walking towards their new home, using a smart door lock to enter”
				近景：智能门锁解锁特写	“close-up of a smart door lock unlocking as a couple enters their new home”

续表

场景	时长	故事原文	镜头描述	景别效果	关键词（prompt）
客厅	10秒	他们用手机App设置智能灯光，自动调节灯光，营造温馨氛围	手机App操作特写，灯光变换，客厅氛围温馨	近景：手机App操作特写	"close-up of a smartphone screen with a smart home app, adjusting lighting settings"
				中景：灯光自动调节，客厅氛围温馨	"mid-shot of a living room with lighting automatically adjusting to create a warm, inviting atmosphere"
客厅	8秒	新婚夫妇坐在沙发上，通过App调节智能温控系统，享受舒适的室内温度	沙发上的新婚夫妇，温控系统调节，舒适氛围	中景：夫妇坐在沙发上调节温控系统	"mid-shot of a couple sitting on a sofa, using a smartphone to adjust the smart thermostat"
				近景：温控系统调节特写	"close-up of a smart thermostat being adjusted via smartphone"
卧室	10秒	夜晚来临，智能窗帘自动关闭，智能安全系统启动	智能窗帘自动拉上，安全系统启动，夜景	中景：智能窗帘自动关闭，夜晚的卧室	"mid-shot of a bedroom with smart curtains automatically closing at night"
				近景：安全系统启动特写	"close-up of a smart security system activating at night"
厨房	10秒	新婚夫妇在智能冰箱前查看食材库存，准备晚餐	冰箱门打开，查看食材，准备晚餐	中景：夫妇在智能冰箱前查看食材	"mid-shot of a couple looking at food inventory on a smart refrigerator screen"
				近景：智能冰箱屏幕特写	"close-up of a smart refrigerator screen displaying food inventory"
餐厅	7秒	新婚夫妇在智能家居的温馨环境中享受晚餐	晚餐桌，温馨氛围，新婚夫妇微笑交谈	远景：夫妇在餐桌上享受晚餐	"wide shot of a couple enjoying dinner at a dining table in a cozy, smart home environment"
				中景：夫妇微笑交谈，氛围温馨	"mid-shot of a couple smiling and talking during dinner in a warm, inviting dining room"
客厅	10秒	新婚夫妇在沙发上放松，享受彼此的陪伴	沙发上放松的夫妇，智能灯光柔和，场景温馨	远景：夫妇在沙发上放松，智能灯光柔和	"wide shot of a couple relaxing on a sofa with soft, smart lighting creating a cozy atmosphere"
				中景：夫妇享受温馨家庭时光	"mid-shot of a couple enjoying a relaxing time together on a sofa in a smart home"
妻子的微笑特写	10秒	妻子微笑着对丈夫说："有了HomeSmart，生活变得更智慧、更美好。"	妻子特写，微笑，结束语："HomeSmart，开启智慧新生活。"	近景：妻子的微笑特写	"close-up of a woman smiling warmly at her partner, conveying happiness and satisfaction"
				中景：妻子在家中微笑，氛围温馨	"mid-shot of a woman smiling in her home, looking content and happy"

5.5　确定广告风格与元素的AI应用

在编写分镜头脚本之后，即可开始用AI生成每个镜头，并形成一个连贯的广告故事。需要注意的是，在前期广告分镜头的制作中，除了确定广告情节，最重要的是保持风格的统一，否则分镜头看起来会显得零散。就像拍广告时要选择一个好的摄影师一样，摄影师的风格在很大程度上决定了广告带给观众的视觉感受和情绪氛围。

由于该品牌的负责人提到并不太确定该品牌广告的最佳风格，因此决定制作两种不同风格的分镜头进行对比。下面针对上述两个广告片，分别制作漫画风格和真人电影拍摄风格的分镜头脚本，以便找到最适合品牌的广告风格。

5.5.1　动漫风格的广告分镜头制作

首先制作“家庭主妇广告创意主题”的分镜头图片，并采用日漫风格。因此，在调整文生图关键词时，需要在上述表格中AI提供的基础关键词之上，添加以下关键词。

- 漫画关键词：Cartoon Illustration, Anime Influence。
- 日漫风格关键词：Manga Style。
- 细节关键词：super detailed, Intricate Details, Fine Lines。
- 尺寸关键词：--ar 16：9。

以第一个分镜头场景“早晨卧室”为例，景别效果为“近景：闹钟特写，阳光洒进房间”，Midjourney的关键词为“close-up of a smart alarm clock on a bedside table, sunlight streaming through automatically opening curtains in a cozy bedroom, Cartoon Illustration，Anime Influence, Manga Style, super detailed, Intricate Details, Fine Lines --ar 16：9”。

接下来需要用到Midjourney的新功能—— --sref（保持风格一致性）。

什么是风格一致性（--sref）？

它是Midjourney推出的风格提取功能，即--sref（style reference），本功能专门用于提取参考图的美学风格，并将其应用到新的图片中，很好地让不同的图片获得视觉上的统一。这个功能的优势在于，它只提取参考图的美学风格，而不会受到其他因素的影响，不会参考主体。

那么，如何使用--sref功能呢？

步骤1： **上传参考图片**

以第一个场景“早晨卧室”为例，可以先选择一个自己喜欢的图片风格，让Midjourney 参考该风格生成广告分镜头图片。首先，找到自己想要参考的风格，或者在Midjourney 中生成理想的参考图片。这里生成了一张理想的日漫风格图片，如图 5-5 所示。

在Midjourney的输入框中，点击左侧的加号按钮，选择“上传文件”选项，如图5-6所示，在弹出的对话框中选择参考图，并按Enter键发送。

图 5-5　AI 生成的参考图片

图 5-6　上传参考图片

步骤2： 复制参考图片链接

单击图片，单击鼠标右键，选择“复制图片地址”命令，如图5-7所示。将复制下来的地址保存备用，以便后续生成一系列风格相同的图像。

图 5-7　复制参考图片链接

步骤3： 写提示词

写提示词的公式：主体描述+风格描述+细节描述+“--sref 参考图链接”+图片尺寸

以第一个场景“早晨卧室”为例，最后输入到Midjourney中的关键词为“close-up of a smart alarm clock on a bedside table, sunlight streaming through automatically opening curtains in a cozy bedroom（主体描述）, Cartoon Illustration, Anime Influence, Manga Style（风格描述）, super detailed, Intricate Details, Fine Lines（细节描述） --sref https://s.mj.run/yaTQ-M_zEUk（指令和参考图链接） --ar 16：9（图片尺寸）”，生成的图片如图5-8所示。可以看出，虽然生成的图片和参考图片的主体不一样，但很好地参考了其风格。

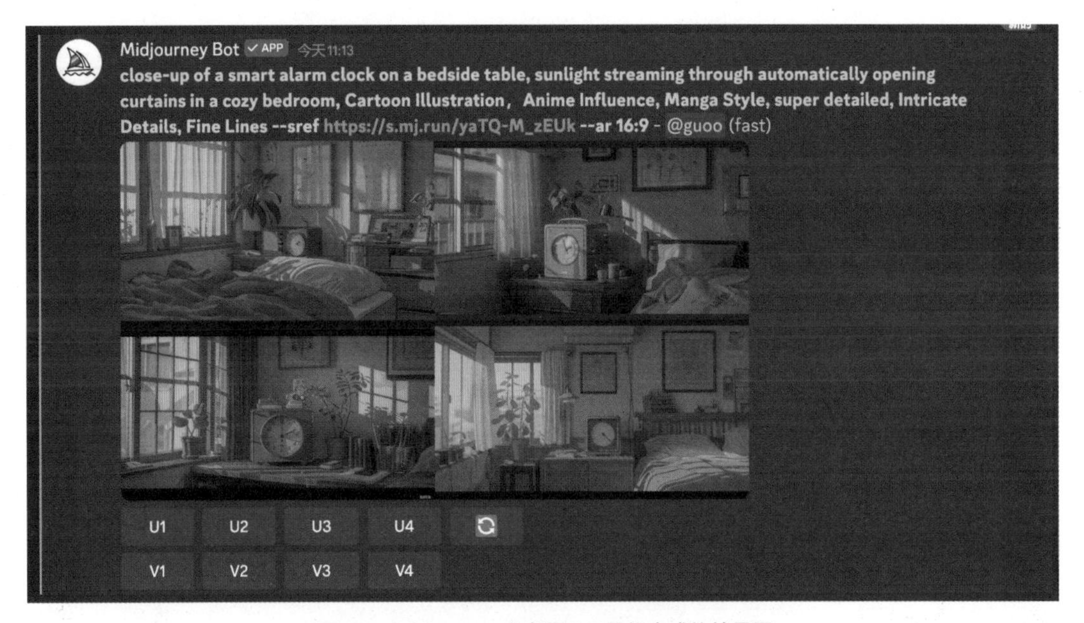

图 5-8　Midjourney 参考图 5-5 风格生成的效果图

关于“--sref”功能的使用需要注意：各个部分之间都需要用空格隔开，比如--sref和参考图链接之间要有空格，图片尺寸--ar 16：9之前也要有空格。

用同样的方法，继续使用“--sref”功能，生成“客厅场景”的图片，景别效果为“远景：母子在地毯上玩耍，背景有运转中的洗碗机和洗衣机”，用相同的提示词公式：主体描述+风格描述+细节描述+“--sref 参考图链接”+图片尺寸，最后提供给Midjourney的关键词为“wide shot of a living room with a mother and child playing on the carpet, while a dishwasher and washing machine operate in the background（主体描述）, Cartoon Illustration，Anime Influence, Manga Style（风格描述）, super detailed, Intricate Details, Fine Lines（细节描述） --sref https://s.mj.run/yaTQ-M_zEUk（指令和参考图链接） --ar 16：9（图片尺寸）”，AI生成的图片如图5-9所示。

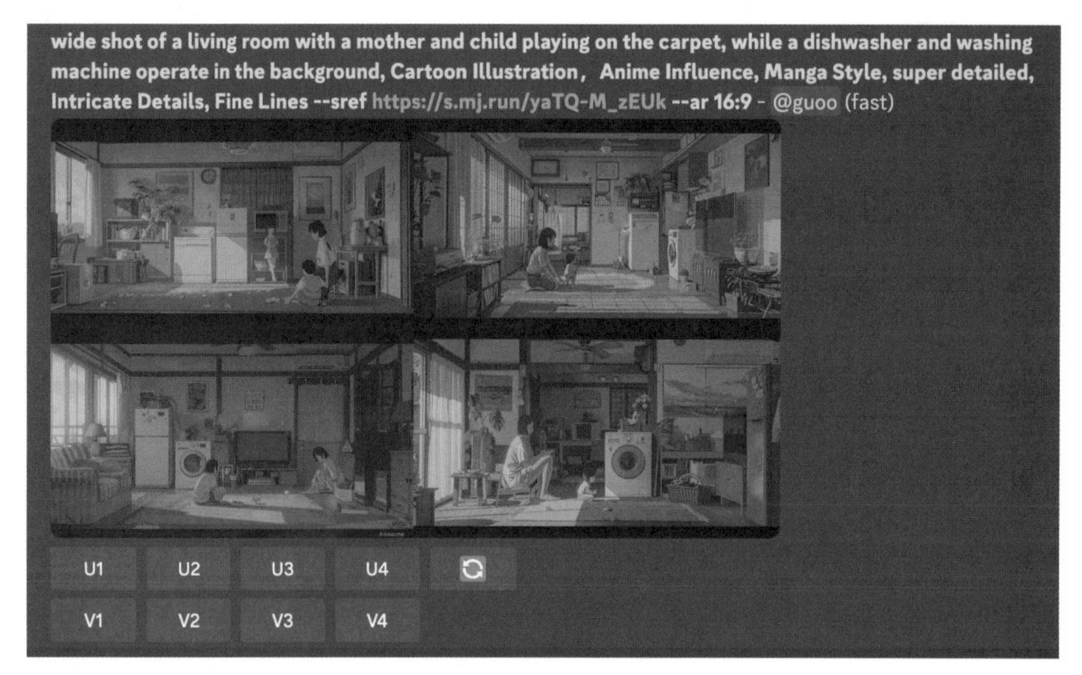

图 5-9　Midjourney 生成的效果图

接下来用相同的方法，参考图5-5生成广告创意主题“智能管家，帮您掌控每一天”的其他广告分镜头图片，汇总效果如图5-10所示。可以发现，所有分镜头的视觉风格非常统一，这为品牌营销人在拍摄广告之前提供了非常清晰的视觉参考。使用这种方法还可以生成不同动漫风格的广告分镜头图片。

（a）

（b）

图 5-10　广告创意主题“智能管家，帮您掌控每一天”的分镜头图片

◎ AI设计灵感锦囊

下面介绍一些常见动漫风格品牌广告的文生图关键词，用户可以根据不同品牌想要实现的广告风格方向对这些关键词进行调整，创造出不同视觉风格的广告分镜头图片。

※ 美式漫画风格（American Comic Style）：强调肌肉和动作感，常见于超级英雄漫画

Bold Lines：粗线条

Dynamic Poses：动态姿势

Superhero Aesthetics：超级英雄美学

Vibrant Colors：鲜艳的颜色

Heroic Stances：英雄姿态

Action-Packed Scenes：动作场景

Comic Panels：漫画面板

Speech Bubbles：对话气泡

※ 日式漫画风格（Manga Style）：具有独特的眼睛和表情设计，故事情节丰富

Exaggerated Expressions：夸张的表情

Monochrome with Screentones：单色调加网点

Chibi Style：萌系风格

Detailed Backgrounds：详细的背景

Big Eyes：大眼睛

Emotional Drama：情感戏剧

Panel Transitions：面板过渡

Shoujo Sparkles：少女漫画特有的闪光

※ 欧洲漫画风格（Franco-Belgian Style）：风格多样，故事情节复杂

Elegant Lines：优雅的线条

Rich Details：丰富的细节

Historical Settings：历史背景

Sophisticated Coloring：精致的上色

Realistic Proportions：真实的比例

Intricate Costumes：复杂的服装设计

Architectural Details：建筑细节

Layered Narratives：多层次叙事

※ 网络漫画风格（Webtoon Style）：适合手机和计算机屏幕浏览，通常是全彩的

Vertical Scrolling：垂直滚动
Digital Coloring：数字上色
Simplified Art：简化的艺术风格
Modern Themes：现代主题
Bright Palettes：明亮的色调
Character Focused：角色集中
Interactive Elements：互动元素
Contemporary Settings：当代背景

※ 幽默漫画风格（Humor Comic Style）：夸张和滑稽的画风，注重娱乐性

Cartoonish Characters：卡通化角色
Exaggerated Actions：夸张的动作
Bright Colors：明亮的颜色
Simple Lines：简单的线条
Slapstick Comedy：滑稽喜剧
Parody Elements：模仿元素
Lighthearted Tone：轻松的语调
Comedic Expressions：搞笑的表情

※ 黑白漫画风格（Black and White Comic Style）：以黑白对比为主，强调光影效果

High Contrast：高对比度
Sharp Shadows：锐利的阴影
Monochromatic Palette：单色调色板
Dramatic Lighting：戏剧性的光影
Noir Aesthetic：黑色美学
Textured Shading：纹理阴影
Detailed Line Work：详细线条
Atmospheric Mood：气氛感

※ 科幻漫画风格（Sci-Fi Comic Style）：未来感和科技元素突出，适合科幻题材

Futuristic Designs：未来设计
High-Tech Gadgets：高科技小工具
Space Scenes：太空场景
Metallic Colors：金属色调
Cyberpunk Elements：赛博朋克元素
Robotic Characters：机器人角色
Alien Landscapes：外星景观
Advanced Weaponry：高级武器

※ 奇幻漫画风格（Fantasy Comic Style）：魔法和奇幻元素丰富，适合奇幻故事

Mythical Creatures：神话生物
Enchanted Landscapes：魔法景观
Medieval Settings：中世纪背景
Magical Effects：魔法效果
Fantasy Armor：奇幻盔甲
Wizards and Sorcerers：巫师和术士
Mystical Runes：神秘符文
Fairytale Atmosphere：童话氛围

※ 恐怖漫画风格（Horror Comic Style）：强调恐怖和惊悚氛围，适合恐怖题材

Dark Tones：暗色调
Creepy Characters：恐怖角色
Eerie Atmosphere：诡异氛围
Gruesome Details：可怕的细节
Supernatural Elements：超自然元素
Psychological Horror：心理恐怖
Gothic Settings：哥特式背景
Nightmarish Imagery：噩梦般的图像

※ 动作漫画风格（Action Comic Style）：强调动作和战斗场景，适合动作题材

Dynamic Poses：动态姿势
High-Energy Scenes：高能场景
Speed Lines：速度线
Intense Expressions：紧张的表情
Explosive Effects：爆炸效果
Martial Arts Moves：武术动作
Chase Sequences：追逐场面
Heroic Deeds：英雄事迹

5.5.2　真实电影风格的广告分镜头制作

除了动漫风格，真实的电影风格也是最常用的广告风格之一。接下来制作“新房主广告创意主题”的分镜头图片，这次采用电影感的真人电影风格。因此，在调整文生图关键词时，需要在AI提供的关键词的基础上，添加以下关键词。

• 真人关键词：Photorealistic, Realistic Faces, True-to-Life。

• 电影风格关键词：Glamorous Costumes movie style, Retro Fashion, Vintage Hollywood, Technicolor Brilliance, Cinematic Quality, High Definition。

• 细节关键词：super detailed, Intricate Details。

• 尺寸关键词：--ar 16：9。

在此广告片中参考了电影《雨中曲》的风格，这是一部经典的好莱坞歌舞片，以其明亮的色彩、欢乐的音乐和充满活力的舞蹈场面著称。先用Midjourney生成这种电影风格的图像，关键词为“a woman a house, Glamorous Costumes movie style, Retro Fashion, Vintage Hollywood, Technicolor Brilliance, Cinematic Quality, High Definition”，生成的图片如图5-11所示。

图 5-11　Midjourney 生成的参考图

用同样的方法，继续使用“--sref”功能，生成“远景：夫妇走向新家，使用智能门锁”图片，用同样的提示词公式：主体描述+风格描述+细节描述+“--sref 参考图链接”+图片尺寸，最后提供给Midjourney的关键词为“wide shot of a newlywed couple walking towards their new home, using a smart door lock to enter（主体描述），Photorealistic, Realistic Faces, True-to-Life, Hollywood Glamour, Romantic Scenes, Retro Fashion, The Sound of Music movie style, Cinematic Quality, High Definition（风格描述），super detailed, Intricate Details（细节描述） --sref https://s.mj.run/veHV7ja60m4（参考图链接）--ar 16：9（图片尺寸）”，生成的图片如图5-12所示。可以看出，虽然生成的图片与参考图片的主体不一样，但很好地借鉴了其风格，同时人物的服装颜色也有所参考。如果想生成不同颜色的服装，可以通过添加与服装颜色相关的关键词来进行微调。

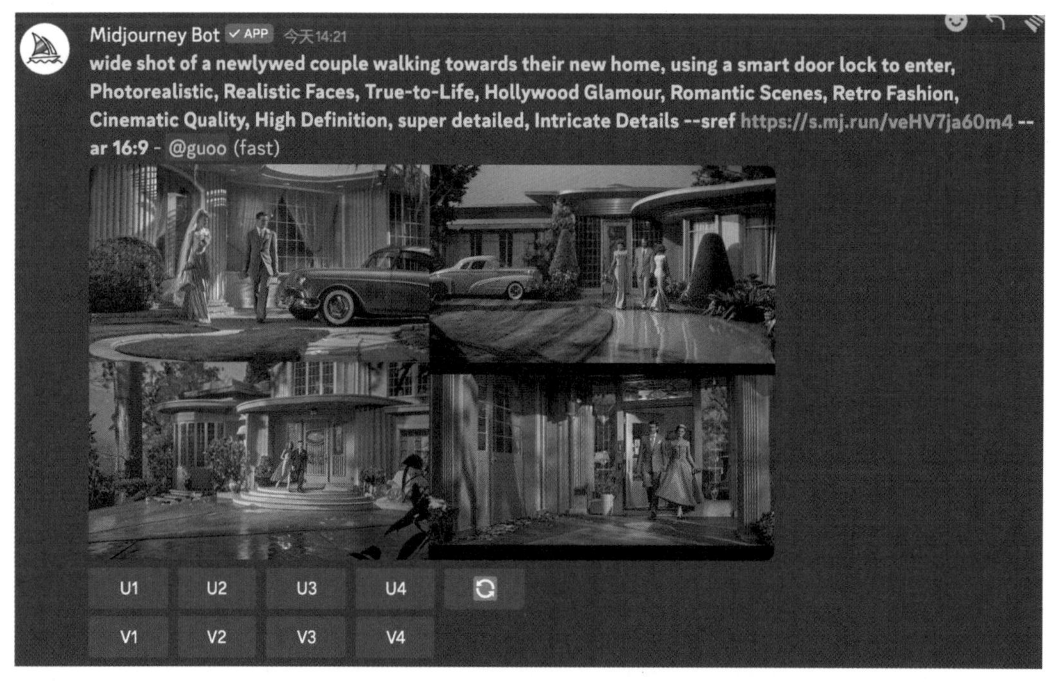

图 5-12 Midjourney 生成的“夫妇走向新家”图片

接下来用相同的方法，参考图5-11生成新房主广告创意主题“开启智慧新生活”的其他广告分镜头图片，汇总之后的效果如图5-13所示。可以发现，所有分镜头的视觉风格非常统一。使用这种方法还可以生成不同真人电影风格的广告分镜头图片。

（a）

（b）

图 5-13　广告创意主题“开启智慧新生活”的分镜头脚本图

其他广告分镜案例分享如下。

下面是为一个线上钢琴教学平台制作的两个广告短片的分镜头图片，分别采用了不同的插画风格，如图5-14所示。需要提醒的是，本章制作的广告分镜头图片更适合广告拍摄前期确定风格时使用。在实际拍摄时，涉及的产品可能需要根据实物进行拍摄。利用AI生成的广告脚本仅供参考，用于确定人物形象和视觉风格。不过，利用AI制作的广告脚本，可以大大提高品牌与广告拍摄团队的沟通效率，并降低前期拍摄样片的成本。

（a）

（b）

图 5-14　线上钢琴教学平台的广告分镜头图

◎ AI设计灵感锦囊

下面介绍一些常见的电影风格的品牌广告的文生图关键词，用户可以根据不同品牌想要实现的电影风格方向对这些关键词进行调整，创造出不同视觉风格的广告分镜头图片。

※ 黑色电影（Film Noir）

黑色电影风格以高对比度的照明、阴影中的人物和都市夜景为特点。常见的元素包括风衣、毡帽、香烟烟雾、百叶窗、蛇蝎美人和雨后的街道。代表电影：《马耳他之鹰》（*The Maltese Falcon*, 1941）、《第三人》（*The Third Man*, 1949）。

High Contrast Lighting：高对比度照明

Shadowy Figures：阴影中的人物

Urban Nightscapes：城市夜景

Trench Coats and Fedoras：风衣和毡帽

Cigarette Smoke：香烟烟雾

Venetian Blinds：百叶窗

Rain-soaked Streets：雨后的街道

※ 科幻电影（Science Fiction）

科幻电影以未来科技、太空探索和高级机器人为特点，常见元素包括外星景观、赛博增强、反乌托邦世界和全息显示。代表电影：《星球大战》（*Star Wars*, 1977）、《2001太空漫游》（*2001：A Space Odyssey*, 1968）。

Futuristic Technology：未来科技

Space Exploration：太空探索

Advanced Robotics：高级机器人

Alien Landscapes：外星景观

Cybernetic Enhancements：赛博增强

Dystopian Worlds：反乌托邦世界

Holographic Displays：全息显示

※ 超现实主义（Surrealism）

超现实主义电影以梦幻场景和抽象的图像为特点，常见元素包括奇异角色、不寻常的配色、隐喻主题、断裂的时间线和象征元素。代表电影：《一条安达鲁狗》（*Un Chien Andalou*, 1929）、《穆赫兰道》（*Mulholland Drive*, 2001）。

Dreamlike Scenarios：梦幻场景

Abstract Imagery：抽象的图像

Bizarre Characters：奇异角色

Unusual Color Schemes：不寻常的配色

Metaphorical Themes：隐喻主题

Symbolic Elements：象征元素

※ 新现实主义（Neorealism）

新现实主义电影以真实场景、非职业演员和社会问题为特点，常见元素包括自然光照、日常生活、简约制作和情感真实。代表电影：《罗马，不设防的城市》（*Rome, Open City*，1945）、《自行车盗贼》（*Bicycle Thieves*，1948）。

Realistic Settings：真实场景

Social Issues：社会问题

Natural Lighting：自然光照
Everyday Life：日常生活
Minimalistic Production：简约制作
Emotional Authenticity：情感真实
※ 浪漫主义（Romanticism）

浪漫主义电影以浪漫景观和热情的拥抱为特点，常见元素包括柔焦、烛光晚餐、花瓣、优雅的服装和情书。代表电影：《傲慢与偏见》（*Pride and Prejudice*，2005）、《泰坦尼克号》（*Titanic*，1997）、《罗马假日》（*Roman Holiday*，1953）。

Romantic Landscapes：浪漫景观
Soft Focus：柔焦
Candlelight Dinners：烛光晚餐
Flower Petals：花瓣
Elegant Costumes：优雅的服装
Love Letters：情书
※ 恐怖电影（Horror）

恐怖电影以黑暗氛围、恐怖角色和诡异光照为特点，常见元素包括突然惊吓和超自然元素等。代表电影：《闪灵》（*The Shining*，1980）、《驱魔人》（*The Exorcist*，1973）。

Dark Atmosphere：黑暗氛围
Creepy Characters：恐怖的角色
Eerie Lighting：诡异的光照
Supernatural Elements：超自然元素
※ 史诗电影（Epic）

史诗电影以宏伟景观、历史背景和大规模战斗为特点，常见元素包括英雄人物、精致的服装、壮观的建筑和壮丽的配乐。代表电影：《本 • 赫尔》（*Ben-Hur*，1959）、《指环王》（*The Lord of the Rings*，2001—2003）。

Grand Landscapes：宏伟的景观
Historical Settings：历史背景
Heroic Characters：英雄人物
Elaborate Costumes：精致的服装
Monumental Architecture：壮观的建筑
※ 喜剧电影（Comedy）

喜剧电影以幽默场景和机智对话为特点，常见元素包括滑稽喜剧、轻松愉快的语调、搞笑人物、情景喜剧和模仿元素。代表电影：《阿甘正传》（*Forrest Gump*，1994）、《白头神探》（*The Naked Gun*，1988）。

Humorous Situations：幽默场景
Slapstick Comedy：滑稽喜剧
Comedic Characters：搞笑人物
Situational Humor：情景喜剧
Parody Elements：模仿元素

※ 冒险电影（Adventure）

冒险电影以带有异国情调的地点和寻宝为特点，常见元素包括大胆的任务、勇敢的英雄、古代遗迹、神话生物和史诗般的旅程。代表电影：《夺宝奇兵》（*Indiana Jones*，1981）、《加勒比海盗》（*Pirates of the Caribbean*，2003）、《勇敢的心》（*Braveheart*，1995）。

Exotic Locations：带有异国情调的地点
Brave Heroes：勇敢的英雄
Ancient Ruins：古代遗迹
Mythical Creatures：神话生物
Epic Journeys：史诗般的旅程

※ 歌舞片（Musical）

歌舞片以精心编排的舞蹈和动听的歌曲为特点，常见元素包括色彩鲜艳的服装、戏剧表演、激励人心的主题、编排的舞蹈和壮观的布景。代表电影：《音乐之声》（*The Sound of Music*，1965）、《雨中曲》（*Singin' in the Rain*，1952）、《爱乐之城》（*La La Land*，2016）。

Elaborate Dance Numbers：精心编排的舞蹈
Colorful Costumes：色彩鲜艳的服装
Theatrical Performances：戏剧表演
Uplifting Themes：激励人心的主题
Choreographed Routines：编排的舞蹈
Spectacular Sets：壮观的布景

※ 纪录片（Documentary）

纪录片以真实的生活画面和信息丰富的旁白为特点，常见元素包括真实的采访、教育内容、社会评论、准确的历史和深刻的分析。代表电影：《不可能的事》（*An Inconvenient Truth*，2006）、《寻找小糖人》（*Searching for Sugar Man*，2012）。

Real-Life Footage：真实的生活画面
Educational Content：教育内容
Social Commentary：社会评论
Historical Accuracy：准确的历史
Insightful Analysis：深刻的分析

5.6 常用广告创作指令与参数

本节汇总了品牌广告分镜头创作中常用的Midjourney指令和AI文生图关键词，如表5-5所示。这些资源旨在帮助读者更高效地利用AI工具，打造出精确且富有创意的广告内容。

表 5-5 品牌广告分镜头创作中常用的 Midjourney 指令和 AI 文生图关键词

Midjourney 的常用指令	"--sref" 指的是风格一致性功能：专门用于提取参考图的美学风格，并将其应用到新的图片中，很好地让不同的图片获得视觉上的统一。这个功能的优势在于，它只提取参考图的美学风格，而不会受到其他因素的影响，不会参考主体
	"--ar" 表示设置尺寸：如 "--ar 16 : 9" "--ar 3 : 4"
	创作广告分镜头提示词公式：主体描述+风格描述+细节描述+ "--sref 参考图链接" +图片尺寸
漫画关键词	Cartoon Illustration, Anime Influence, Bold Lines, Dynamic Poses, Exaggerated Expressions, Speech Bubbles, Comic Panels, Vibrant Colors, Heroic Stances, Chibi Style, Monochrome with Screentones, Detailed Backgrounds, Big Eyes, Emotional Drama, Panel Transitions, Shoujo Sparkles
真人关键词	Photorealistic, Live Action, Cinematic Quality, High Definition, Realistic Lighting, Natural Textures, Human Expressions, Dynamic Poses, Film Grain, Authentic Costumes, Realistic Faces, Detailed Skin Texture, True-to-Life, Real-World Setting, Sharp Focus
细节关键词	super detailed, Intricate Details, Fine Lines, Delicate Patterns, Microtextures, High Resolution, Subtle Gradients, Precise Shading, Detailed Textures, Elaborate Design, Minute Elements, Detailed Illustration, Crisp Edges, Tiny Features, Nuanced Coloring, Sharp Focus, Small Scale, Complex Motifs, Detailed Rendering, Precision Art
美式漫画风格	American Comic Style, Bold Lines, Dynamic Poses, Superhero Aesthetics, Vibrant Colors, Heroic Stances, Action-Packed Scenes, Comic Panels, Speech Bubbles
日式漫画风格	Manga Style, Exaggerated Expressions, Monochrome with Screentones, Chibi Style, Detailed Backgrounds, Big Eyes, Emotional Drama, Panel Transitions, Shoujo Sparkles
欧洲漫画风格	Franco-Belgian Style, Elegant Lines, Rich Details, Historical Settings, Sophisticated Coloring, Realistic Proportions, Intricate Costumes, Architectural Details, Layered Narratives
网络漫画风格	Webtoon Style, Vertical Scrolling, Digital Coloring, Simplified Art, Modern Themes, Bright Palettes, Character Focused, Interactive Elements, Contemporary Settings
幽默漫画风格	Humor Comic Style, Cartoonish Characters, Exaggerated Actions, Bright Colors, Simple Lines, Slapstick Comedy, Parody Elements, Lighthearted Tone, Comedic Expressions
黑白漫画风格	Black and White Comic Style, High Contrast, Sharp Shadows, Monochromatic Palette, Dramatic Lighting, Noir Aesthetic, Textured Shading, Detailed Line Work, Atmospheric Mood
科幻漫画风格	Sci-Fi Comic Style, Futuristic Designs, High-Tech Gadgets, Space Scenes, Metallic Colors, Cyberpunk Elements, Robotic Characters, Alien Landscapes, Advanced Weaponry

续表

奇幻漫画风格	Fantasy Comic Style, Mythical Creatures, Enchanted Landscapes, Medieval Settings, Magical Effects, Fantasy Armor, Wizards and Sorcerers, Mystical Runes, Fairytale Atmosphere
恐怖漫画风格	Horror Comic Style, Dark Tones, Creepy Characters, Eerie Atmosphere, Gruesome Details, Supernatural Elements, Psychological Horror, Gothic Settings, Nightmarish Imagery
动作漫画风格	Action Comic Style, Dynamic Poses, High-Energy Scenes, Speed Lines, Intense Expressions, Explosive Effects, Martial Arts Moves, Chase Sequences, Heroic Deeds
黑色电影	Film Noir, High Contrast Lighting, Shadowy Figures, Urban Nightscapes, Trench Coats and Fedoras, Cigarette Smoke, Venetian Blinds, Rain-soaked Streets
科幻电影	Science Fiction, Futuristic Technology, Space Exploration, Advanced Robotics, Alien Landscapes, Cybernetic Enhancements, Dystopian Worlds, Holographic Displays
超现实主义电影	Surrealism, Dreamlike Scenarios, Abstract Imagery, Bizarre Characters, Unusual Color Schemes, Metaphorical Themes, Symbolic Elements
新现实主义电影	Neorealism, Realistic Settings, Social Issues, Natural Lighting, Everyday Life, Minimalistic Production, Emotional Authenticity
浪漫主义电影	Romanticism，Romantic Landscapes, Soft Focus, Candlelight Dinners, Flower Petals, Elegant Costumes, Love Letters
恐怖电影	Horror, Dark Atmosphere, Creepy Characters, Eerie Lighting, Supernatural Elements
史诗电影	Epic, Grand Landscapes, Historical Settings, Heroic Characters, Elaborate Costumes, Monumental Architecture
喜剧电影	Comedy, Humorous Situations, Slapstick Comedy, Comedic Characters, Situational Humor, Parody Elements
冒险电影	Adventure, Exotic Locations, Brave Heroes, Ancient Ruins, Mythical Creatures, Epic Journeys
歌舞片	Musical, Elaborate Dance Numbers, Colorful Costumes, Theatrical Performances, Uplifting Themes, Choreographed Routines, Spectacular Sets
纪录片	Documentary, Real-Life Footage, Educational Content, Social Commentary, Historical Accuracy, Insightful Analysis

本章小结

本章重点讲述了AI如何革新广告创作流程，通过提高广告创作效率和广告创作质量，使广告制作更加高效和精确。AI技术的应用使得传统广告创作中的烦琐步骤得以简化，大大缩短了从构思到成片的时间。通过系统地运用AI工具，广告创作变得更加灵活、动态且具备高度的个性化特征，使品牌在竞争激烈的市场中脱颖而出。

运用AI进行品牌广告创作的思路如下。

• 提升工作效率：利用AI技术能够快速生成多个版本的分镜头脚本和不同风格的

广告片，节省了大量时间。

• 优化创作流程：利用AI技术可以在广告创作初期阶段生成高质量的样片和风格模板，减少前期制作的复杂性和不确定性。

• 实现创意多样性：利用AI工具可以根据目标受众生成高度个性化的广告内容，提升广告的相关性和吸引力。

• 节约前期成本：AI技术的自动化和高效性减少了对人力资源的依赖，降低了广告制作的成本。

AI创作品牌广告故事和脚本的 4 个流程如下。

（1）定义广告目标与主题方向：明确广告的目标和主题，确保广告内容能够有效触及目标受众。

（2）撰写广告故事和分镜头脚本：利用AI工具创作详细的广告故事和分镜头脚本，提高创作速度和质量。

（3）利用AI生成广告分镜头图片关键词：根据脚本生成每个镜头的关键词，快速创建视觉素材。

（4）确定广告风格与元素：使用“--sref”（风格一致性功能）保持分镜头图片风格的一致性，确保整体广告的视觉效果统一。

课后练习

请基于本章内容为自己的品牌设计一个完整的广告创作项目。首先利用AI工具定义广告的目标和受众，并生成不同风格的分镜头脚本。然后撰写详细的广告故事和脚本，并通过AI生成分镜头图片。最后整合所有元素，确保广告风格一致，并制作出一个高质量的广告样片。在设计和实施过程中，请特别关注以下关键点。

• 风格一致性：确保所有场景的风格统一。

• 关键词的精确度：详细准确地描述每个场景。

• 后期处理：调整生成的图像以符合品牌的视觉标准。

第 6 章
AI 驱动的品牌视频创作

本章将深入探讨 AI 在视频制作中的应用，展示如何利用 AI 分析和生成吸引用户的视频。随着 AI 技术的不断进步，视频制作的流程得到了极大的优化和革新。对品牌经理和营销人员来说，AI 不仅能大幅提高视频制作的效率，减少反复拍摄的时间和经济成本，还能通过快速试错、不断调整，找到最合适的效果，最终提升品牌视频的质量和影响力。

本章向读者展示 AI 在制作品牌视频中的具体应用，详细介绍 AI 驱动的视频制作流程，包括品牌信息分析、确定视频主题和内容方向、生成视频脚本和提示词（Prompt）、利用 AI 视频制作软件创作视频，以及后期合成的每一步骤。此外，本章还深入探讨如何利用 AI 进行品牌视频脚本开发，展示使用 PixVerse、Runway 和 Pika 等平台进行视频创作的具体方法，帮助品牌经理和营销人员更高效地利用 AI 技术进行视频创作，推动品牌在市场中的创新和竞争力。

6.1　AI在视频内容创作中的作用

AI技术为品牌经理和营销人员提供了全新的工具和方法，极大地提升了视频制作效率和创意水平。传统的视频制作过程烦琐且耗时，从创意构思、脚本撰写、拍摄到后期制作，每一步都需要大量的人力和时间投入。AI技术的引入使这些环节得到了极大的简化和加速，通过使用AI工具，品牌经理和营销人员可以快速生成高质量的视频内容，包括品牌宣传片、产品广告、活动宣传视频、社交媒体短视频、动画视频和公益广告等，从而显著缩短制作时间。

视频制作通常需要多次拍摄和修改，尤其是在初期试验阶段，反复试错会导致成本的增加。AI技术可以通过模拟和生成视频内容，减少实际拍摄的次数和时间，大大降低了制作成本。品牌经理和营销人员可以在利用AI生成的初稿上进行快速调整，直到找到最合适的效果，再进行最终的拍摄和制作。这种方式不仅节省了时间，还减少了人力和物力的浪费。AI工具的另一个重要作用是快速试错和优化。通过AI工具，品牌可以快速生成多个版本的视频内容，进行不同创意方向的试验。这种高效的试错机制使品牌能够在短时间内探索多种可能性，找到最具吸引力和有效的方案。

AI技术还可以通过分析大量数据，了解目标受众的偏好和行为，从而生成个性化和定制化的视频内容。品牌经理和营销人员可以利用这些数据，创建更加精准和有针对性的视频，提升品牌的影响力和观众的参与度。此外，AI还能帮助品牌捕捉和分析最新的市场趋势和用户反馈，不断优化和创新视频内容，保持品牌的竞争力。接下来详细讲解AI驱动的视频制作流程，以及常用的AI视频制作平台，帮助品牌人能够在短时间内创作出想要的视频效果。

6.2　AI驱动的视频制作流程

品牌主：郭郭老师，我们在经营一个美妆品牌，想要拍摄一系列品牌宣传片，希望通过AI生成三个不同主题和风格的短视频，您有什么思路和方法吗？

郭郭老师：有的！利用AI技术生成不同主题和风格的品牌宣传片是一个高效且创意无限的办法。首先我先带你梳理一下AI视频创作的流程，主要分为4步。

AI视频创作的流程如下。

流程1：分析品牌信息并确定视频主题方向；

流程2：利用AI辅助视频脚本和提示词的写作；

流程3：利用AI视频制作软件进行内容创作；

流程4：利用视频制作软件完成后期处理。

流程1： 分析品牌信息并确定视频主题方向

这一步至关重要，因为它为视频创作奠定了基础。首先需要深入了解美妆品牌的定位和目标受众。通过分析品牌信息，明确每个视频的主题方向，如产品使用、品牌故事和用户体验分享。这确保了视频内容能够精准传达品牌信息，满足观众需求，增强品牌认同感。

流程2： 利用AI辅助视频脚本和提示词的写作

在确定视频主题后，利用AI工具生成视频脚本和提示词。利用AI可以快速生成多个版本的脚本内容，确保每个脚本都具有创意和吸引力。

流程3： 利用AI视频制作软件进行内容创作

有了详细的脚本和提示词，利用AI视频制作软件进行内容创作。使用这些工具可以自动生成高质量的视频片段，还可以添加特效、背景音乐和字幕。这一步可以显著提高视频的制作效率，减少了人工制作的烦琐步骤，在短时间内可以完成多个视频的初稿。

流程4： 利用视频制作软件完成后期处理

最后，使用视频制作软件对生成的视频片段进行编辑和优化。包括调整色彩、添加音效、剪辑片段和优化画质等操作。通过精细的后期处理，确保每个视频都符合品牌的视觉标准和质量要求，使最终成品更加专业和吸引人。

6.3　利用AI辅助品牌视频脚本开发

郭郭老师：下面我们围绕这4个流程，帮你生成品牌视频。你先介绍一下你的品牌，包括品牌定位、目标受众，我们来确定3个视频的主题方向。

品牌主：好的！我们是一个纯净彩妆品牌，品牌介绍如下。

> 品牌名称：PureBeauty（化名）
>
> 品牌定位：PureBeauty是一个高端纯净彩妆品牌，致力于提供由天然材料制成的高品质化妆品。我们强调纯净、环保和安全，所有产品均不含有害化学物质，并采用可持续的生产方式。我们的目标是为追求自然之美的消费者提供纯净、健康和环保的化妆选择。
>
> 目标人群：PureBeauty的主要目标人群是25~45岁的都市女性，她们关心自己的健康和环境保护，追求高品质的生活。她们注重产品成分，倾向于选择天然、有机和环保的美容产品。她们具有一定的消费能力，愿意为高品质和纯净的产品支付溢价。这些女性通常关注健康和环保话题，重视自我护理和自然美。

郭郭老师：好的，接下来可以说一下你本次制作的广告视频目标，我们借助AI生成3个广告视频的主题方向。

品牌主：我们想要为新款口红制作一系列广告片，每个视频的时长在20秒左右。主要目的是宣传PureBeauty的新款口红系列，通过展示产品的天然成分和纯净特质，吸引目标人群的关注和购买欲望。广告片需要传达口红系列的自然之美、健康安全和时尚魅力，增强品牌在目标市场中的认知度和美誉度。

郭郭老师：好的！品牌信息已就位，下面借助AI生成3个广告片的内容方向。这一步可以通过AI提问工具如ChatGPT来获得，生成的内容如图6-1所示。

广告片1：自然之美

主题方向：展示PureBeauty口红系列的天然成分和纯净之美。

内容：画面开头展示青翠的森林、盛开的花朵和清澈的溪流等自然美景，背景音乐轻柔舒缓，营造宁静和谐的氛围。接着，镜头切换到一支口红在花丛中显现，展示口红管的设计和颜色。画外音柔和地讲述："源于自然，纯净之美。"随后，镜头特写展示女性的嘴唇在轻轻涂抹口红，唇色自然动人。广告片以PureBeauty的品牌标志和口号"纯净之美，自然之选"结尾。

广告片2：健康之选

主题方向：强调PureBeauty口红的健康安全特性，展示产品带来的自信和美丽。

内容：画面开始于一个宁静的湖畔，清晨的阳光洒在水面上，营造出纯净和健康的氛围。接着，镜头切换到一位女性在湖边轻轻涂抹口红，她微笑着看向远方，展现自信与美丽。镜头捕捉自然光线下口红的色彩效果，旁白柔声说："纯净成分，自然健康。"最后，画面展示湖边的全景，女性站在湖边，自信微笑，背景出现PureBeauty的品牌标志和口号："健康美丽，自然选择"。

广告片3：时尚环保

主题方向：结合时尚和环保理念，展示PureBeauty的环保承诺。

内容：画面展示在海边的沙滩上，女性漫步在金色的沙滩上，手中拿着PureBeauty的口红。镜头捕捉她在海风中涂抹口红的瞬间，展示口红的自然色彩和质感。旁白讲述："时尚与环保，完美结合。"接着，镜头切换到女性在沙滩上留下的环保足迹，如拾起垃圾或使用可重复使用的水瓶。最后，镜头展示PureBeauty口红的环保包装和品牌标识，广告片以字幕"时尚之选，环保之道"结尾，显示PureBeauty的品牌标志和口红系列。

这三支20秒的广告片，通过简单的镜头语言和自然景观，展示了PureBeauty新款口红系列的产品特性和品牌价值。每支广告片都突出天然成分、健康安全和环保时尚，吸引目标人群的关注和购买欲望。

图 6-1　ChatGPT 提供的广告视频主题方向

接下来根据AI提供的广告视频方向进行调整，并让AI分别围绕这3个广告片的内容，生成20秒的分镜头脚本，并做成表格。生成的表格如表6-1至表6-3所示。

表 6-1　广告片 1：自然之美

镜头	时长	镜头描述
1	2秒	清晨的森林，阳光穿透树叶洒在地上，清新宁静
2	3秒	特写镜头展示盛开的花朵，微风拂动花瓣
3	3秒	清澈的溪流，水流缓缓，镜头跟随水流移动
4	3秒	花丛中显现一支PureBeauty口红，光线照射在口红上，展现其质感
5	2秒	近景镜头，女性手持口红轻轻旋转打开
6	3秒	特写镜头，女性轻轻涂抹口红，唇色自然动人
7	2秒	镜头拉远，女性微笑，自然背景中的全景
8	2秒	PureBeauty品牌标志和口号“纯净之美，自然之选”出现，画面渐隐

表 6-2　广告片 2：健康之选

镜头	时长	镜头描述
1	2秒	清晨的湖畔，阳光洒在平静的湖面上，空气清新
2	3秒	镜头切换到湖边，近景展示草地上的露珠和花朵
3	3秒	女性站在湖边，拿出PureBeauty口红，镜头特写口红管
4	2秒	女性轻轻涂抹口红，镜头特写展示口红的颜色和质感
5	3秒	女性对着湖水微笑，镜头捕捉她的自信与美丽
6	3秒	女性在湖边漫步，镜头展示自然光线下口红的色彩效果
7	2秒	镜头拉远，女性在湖边全景，背景中的湖水和森林
8	2秒	PureBeauty品牌标志和口号“健康美丽，自然选择”出现，画面渐隐

表 6-3　广告片 3：时尚环保

镜头	时长	镜头描述
1	2秒	海边沙滩，阳光照射在金色的沙滩上，海浪轻轻拍打海岸
2	3秒	镜头跟随女性的脚步，特写展示她在沙滩上行走的脚印
3	3秒	女性拿出PureBeauty口红，镜头特写展示口红的设计
4	2秒	女性在海风中轻轻涂抹口红，特写展示唇色
5	3秒	女性在沙滩上做环保行为，比如拾起垃圾，镜头展示她的环保足迹
6	3秒	镜头展示女性在海边的全景，她自信微笑，手持PureBeauty口红
7	2秒	PureBeauty口红的环保包装特写展示
8	2秒	PureBeauty品牌标志和口号“时尚之选，环保之道”出现，画面渐隐

6.4　利用AI生成文生视频提示词

写好分镜头脚本之后，下面要写出每个镜头的文生视频提示词。和文生图的思路一样，文生视频提示词也遵循一定的结构，通过这个结构，会让AI更容易理解用户想要生成的画面。

文生视频提示词=视频主体+行为描述+场景描述+镜头景别+视频风格

- 视频主体：视频中出现的主要人物/动物/植物/物品等。
- 行为描述：视频主体的动作/表情/手势/互动/日常活动等。
- 场景描述：室内/室外/特殊场景/时间/氛围等。
- 镜头景别：远景/近景/中景/全景/特写/俯视图/仰视图等。
- 视频风格：可以选择一个导演/摄影师/杂志/时尚风格等（比如在这个广告片中，可以选择著名英国时尚摄影师Miles Aldridge的拍摄风格作为视频的风格调性）。

同时需要注意的是，文生视频提示词包括正面提示词和负面提示词。

- 正面提示词：主要描述想要生成的画面。
- 负面提示词：主要描述不想要在视频中出现的元素，比如丑陋、变形、模糊等低质量内容。在使用文生视频平台时，添加负面提示词可以减少劣质画面的生成，并增加画面的细节和质量。

接下来让AI围绕上述文生视频提示词公式，根据 3 个广告片内容生成提示词表格，同时写出每个镜头的负面提示词。在这里推荐一个名为Pika Labs的GPT工具，它可以帮助人们创建视频，特别是在生成文生视频提示词方面相对专业一些。在ChatGPT中单击“Explore GPT”，搜索“Pika Labs”即可使用。接着在“Pika Labs”中输入广告信息，并让它生成 3 个广告片的正面提示词和负面提示词，如表6- 4 至表 6 - 6 所示。

表 6-4　广告片 1 的正面提示词和负面提示词

镜头	时长	镜头描述	正面提示词	负面提示词
1	2秒	清晨的森林，阳光穿透树叶洒在地上，清新宁静	Forest in the early morning, sunlight streaming through leaves, serene and fresh, wide shot, Miles Aldridge style	Exclude scenes with dark or gloomy forest, artificial lighting, or urban elements
2	3秒	特写镜头展示盛开的花朵，微风拂动花瓣	Close-up of blooming flowers, petals swaying in the breeze, close-up shot, Miles Aldridge style	Exclude wilted or artificial flowers, static petals, or any urban backdrop
3	3秒	清澈的溪流，水流缓缓，镜头跟随水流移动	Clear stream, water flowing gently, camera follows the stream, tracking shot, Miles Aldridge style	Exclude polluted or muddy water, stagnant water, and any man-made structures

续表

镜头	时长	镜头描述	正面提示词	负面提示词
4	3秒	花丛中显现一支PureBeauty口红，光线照射在口红上，展现其质感	PureBeauty lipstick appears among flowers, light highlighting its texture, close-up shot, Miles Aldridge style	Exclude other brands, unattractive lighting, or cluttered backgrounds
5	2秒	女性手持口红轻轻旋转打开	Woman's hand holding and gently twisting open the lipstick, close-up shot, Miles Aldridge style	Exclude poorly manicured hands, harsh lighting, and other objects in the frame
6	3秒	特写镜头，女性轻轻涂抹口红，唇色自然动人	Close-up of a woman gently applying lipstick, lips looking naturally beautiful, close-up shot, Miles Aldridge style	Exclude overly bright or unnatural lip colors, rough application, or any blemishes
7	2秒	镜头拉远，女性微笑，自然背景中的全景	Camera pulls back, woman smiling, wide shot in a natural setting, Miles Aldridge style	Exclude urban settings, artificial lighting, and any additional people in the background
8	2秒	PureBeauty品牌标志和口号“纯净之美，自然之选”出现，画面渐隐	PureBeauty logo and slogan “Pure Beauty, Natural Choice” appearing, fade out, Miles Aldridge style	Exclude cluttered backgrounds, other logos, and any distracting elements

表6-5 广告片2的正面提示词和负面提示词

镜头	时长	镜头描述	正面提示词	负面提示词
1	2秒	清晨的湖畔，阳光洒在平静的湖面上，空气清新	Lakeside in the early morning, sunlight on the calm water, fresh air, wide shot, Miles Aldridge style	Exclude scenes with dark or overcast skies, polluted water, and urban elements
2	3秒	镜头切换到湖边，近景展示草地上的露珠和花朵	Camera switches to lakeside, close-up of dewdrops and flowers on the grass, close-up shot, Miles Aldridge style	Exclude wilted flowers, dry grass, and any man-made objects
3	3秒	女性站在湖边，拿出PureBeauty口红，镜头特写口红管	Woman standing by the lake, taking out PureBeauty lipstick, close-up of the lipstick tube, close-up shot, Miles Aldridge style	Exclude other brands, unattractive lighting, and cluttered backgrounds
4	2秒	女性轻轻涂抹口红，镜头特写展示口红的颜色和质感	Woman gently applying lipstick, close-up showing the color and texture, close-up shot, Miles Aldridge style	Exclude overly bright or unnatural lip colors, rough application, or any blemishes
5	3秒	女性对着湖水微笑，镜头捕捉她的自信与美丽	Woman smiling at the lake, camera capturing her confidence and beauty, medium shot, Miles Aldridge style	Exclude harsh lighting, unfocused shots, and any distracting elements
6	3秒	女性在湖边漫步，镜头展示自然光线下口红的色彩效果	Woman walking by the lake, camera showing lipstick color effect in natural light, tracking shot, Miles Aldridge style	Exclude artificial lighting, crowded backgrounds, and other people
7	2秒	镜头拉远，女性在湖边全景，背景中的湖水和森林	Camera pulls back, woman in a lakeside wide shot, background of lake and forest, wide shot, Miles Aldridge style	Exclude urban settings, harsh lighting, and any additional people in the background
8	2秒	PureBeauty品牌标志和口号“健康美丽，自然选择”出现，画面渐隐	PureBeauty logo and slogan "Healthy Beauty, Natural Choice" appearing, fade out, Miles Aldridge style	Exclude cluttered backgrounds, other logos, and any distracting elements

表 6-6　广告片 3 的正面提示词和负面提示词

镜头	时长	镜头描述	正面提示词	负面提示词
1	2秒	海边沙滩，阳光照射在金色的沙滩上，海浪轻轻拍打海岸	Beach at the seaside, sunlight on the golden sand, waves gently lapping, wide shot, Miles Aldridge style	Exclude dark or stormy skies, polluted water, and urban elements
2	3秒	镜头跟随女性的脚步，特写展示她在沙滩上行走的脚印	Camera follows woman's footsteps, close-up of her footprints on the sand, tracking shot, Miles Aldridge style	Exclude cluttered sand, other people's footprints, and any trash
3	3秒	女性拿出PureBeauty口红，镜头特写展示口红的设计	Woman taking out PureBeauty lipstick, close-up of lipstick design, close-up shot, Miles Aldridge style	Exclude other brands, unattractive lighting, and cluttered backgrounds
4	2秒	女性在海风中轻轻涂抹口红，特写展示唇色	Woman gently applying lipstick in the sea breeze, close-up showing lip color, close-up shot, Miles Aldridge style	Exclude overly bright or unnatural lip colors, rough application, or any blemishes
5	3秒	女性在沙滩上做环保行为，比如拾起垃圾，镜头展示她的环保足迹	Woman performing eco-friendly actions on the beach, like picking up trash, camera showing her environmental footprint, medium shot, Miles Aldridge style	Exclude crowded backgrounds, harsh lighting, and any negative expressions
6	3秒	镜头展示女性在海边的全景，她自信微笑，手持PureBeauty口红	Camera showing woman in a wide shot at the seaside, her confident smile, holding PureBeauty lipstick, wide shot, Miles Aldridge style	Exclude urban settings, harsh lighting, and any additional people in the background
7	2秒	PureBeauty口红的环保包装特写展示	Close-up showing PureBeauty lipstick's eco-friendly packaging, close-up shot, Miles Aldridge style	Exclude other brands, unattractive lighting, and cluttered backgrounds
8	2秒	PureBeauty品牌标志和口号“时尚之选，环保之道”出现，画面渐隐	PureBeauty logo and slogan "Fashion Choice, Eco Path" appearing, fade out, Miles Aldridge style	Exclude cluttered backgrounds, other logos, and any distracting elements

6.5　使用PixVerse平台进行视频创作

下面围绕以上脚本和关键词，在PixVerse平台上进行AI视频创作。

PixVerse是一款高质量的AI视频生成工具，它允许用户通过简单的文字描述来快速创作出高清、逼真的视频内容。这个平台能够捕捉用户的创意构想，并将其转化为各种风格的视觉作品，无论是充满想象力的二次元动漫风格、细节丰富的现实主义风格，还是立体动感的3D效果，PixVerse都能实现。使用PixVerse，用户可以轻松地将文字描述转化为生动的视频作品，满足不同风格和需求的创作。

首先进入PixVerse平台（网址：https://app.pixverse.ai/creative/list）。进入平台后单击右上角的“Create”按钮，即可进入视频生成页面，如图6-2所示。

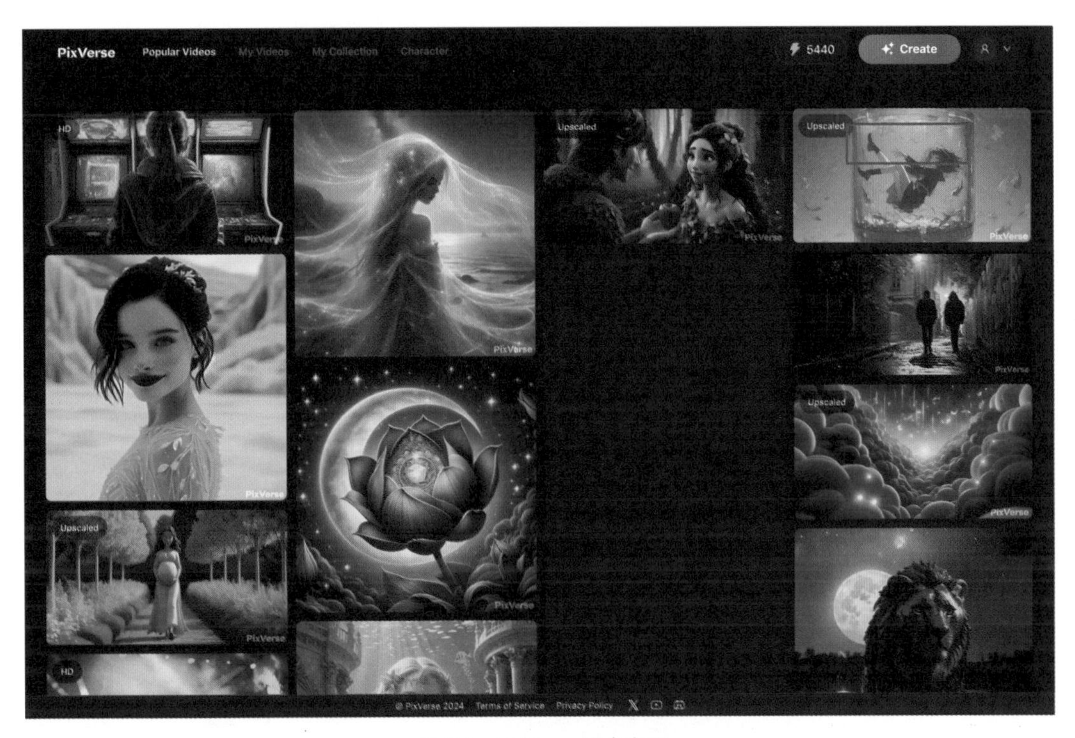

图 6-2　PixVerse 平台主页

接下来生成广告1中的第一个画面的镜头，描述和提示词如表6-7所示。

表 6-7　广告 1 中第一个画面的镜头描述和提示词

镜头	时长	镜头描述	正面提示词	负面提示词
1	2秒	清晨的森林，阳光穿透树叶洒在地上，清新宁静	Forest in the early morning, sunlight streaming through leaves, serene and fresh, wide shot, Miles Aldridge style	Exclude scenes with dark or gloomy forest, artificial lighting, or urban elements

进入视频生成页面后，在左侧边栏可以看到需要设置的文生视频参数。

• 在“Prompt”和“Negative Prompt”文本框中分别输入已经生成的正面提示词和负面提示词。

• 选择视频风格（Style）：因为这个广告视频是真人拍摄的，所以选择“Realistic”真实感视频风格。

• Aspect Ratio：选择想要的视频尺寸，这里选择16：9。

• Inspiring prompt to dual clips：开启此功能后，PixVerse将分析写入的提示词以找

到最相关和最合适的提示，并且AI会自动同时创建两个视频。这里选择开启此功能，以生成更丰富的镜头效果。

• 选择“Seed”选项：在生成式AI应用中，Seed是用于生成随机数的起始值，这些随机数会影响整个生成过程。使用相同的种子值可以确保生成内容的一致性。在PixVerse这个AI文字生成视频平台中，可以通过以下3种方式设置Seed值。

（1）拖动滑块设置一个值。

（2）输入想要设置的值。

（3）单击 □ 按钮随机选择一个值。

在这里，选择随机设置Seed，以查看AI生成的效果。

具体设置如图6-3所示。

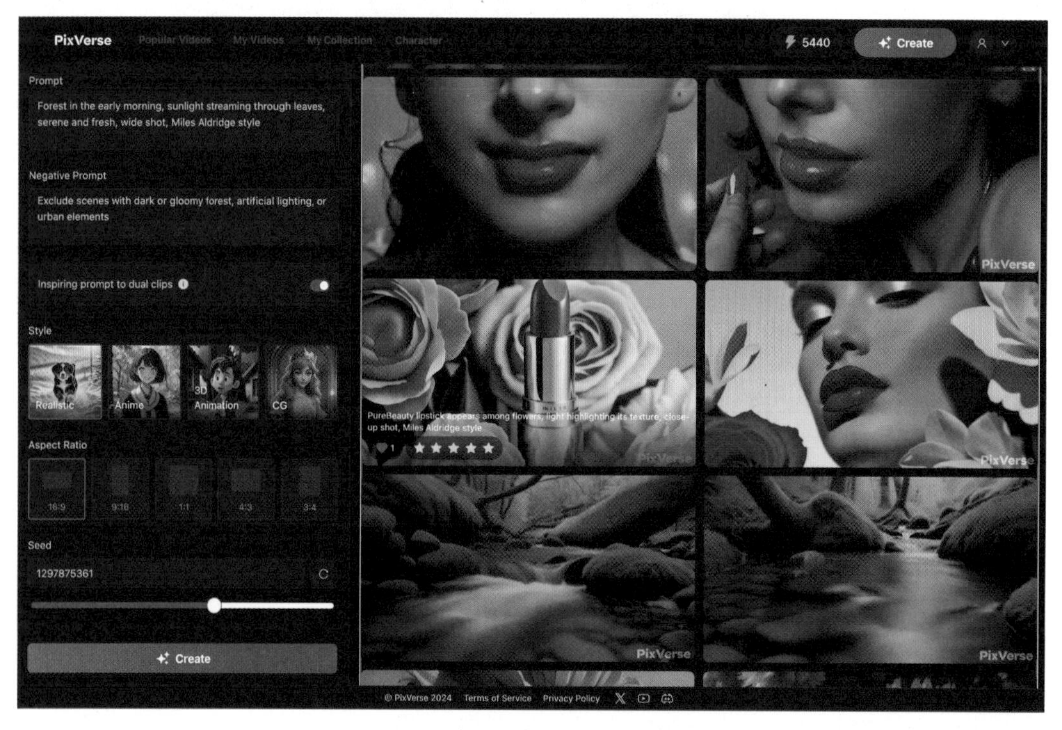

图 6-3　在左侧边栏设置相关参数

根据以上提示词和参数设置，生成的视频如图6-4所示。这里分别生成了两段4秒的视频，从整体来看，图6-4（a）所示的视频效果更好一些。单击“红心”和“评分”按钮进行标记，方便后续使用，如图6-5所示。

（a）

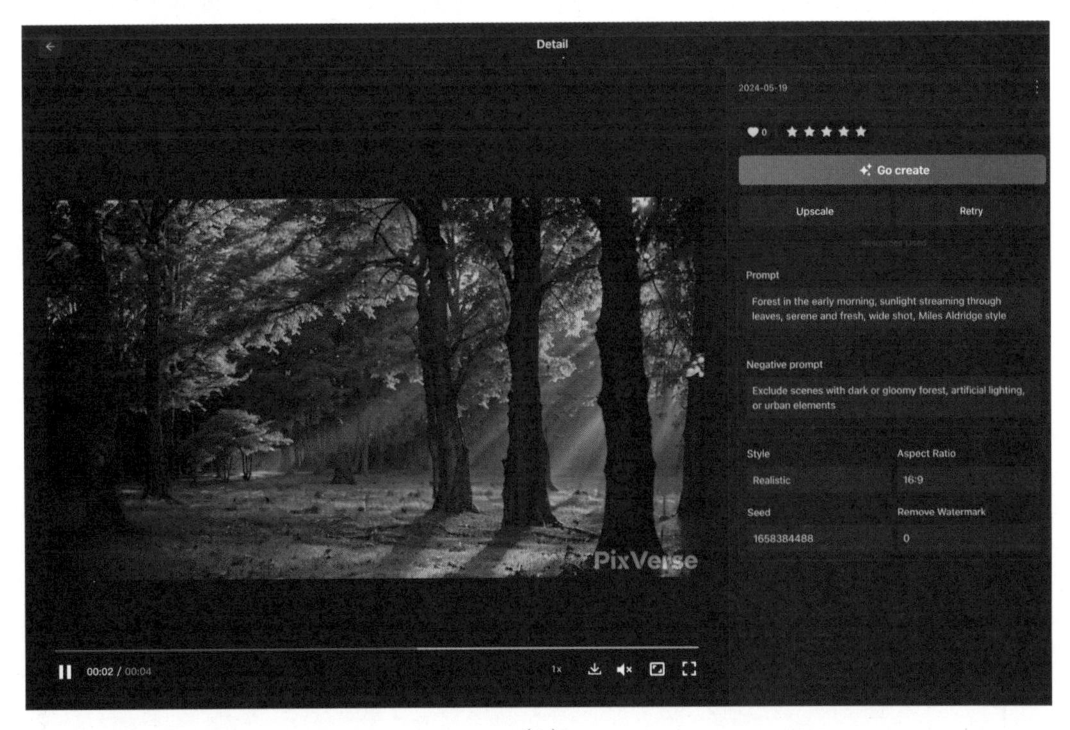

（b）

图 6-4　PixVerse 生成的广告 1 中的镜头 1 视频效果（视频效果请参见本书电子资源）

图 6-5　单击“红心”和“评分”，做好标记

单击视频右下角的“下载”按钮，即可下载比较高清的视频，用于后续视频剪辑，如图6-6所示。

图 6-6　下载高清视频

用同样的方法制作其他镜头的视频片段。比如制作广告1中镜头4的画面，如表6-8所示。

表 6-8　广告 1 中镜头 4 的镜头描述和提示词

镜头	时长	镜头描述	正面提示词	负面提示词
4	3秒	花丛中显现一支PureBeauty口红，光线照射在口红上，展现其质感	PureBeauty lipstick appears among flowers, light highlighting its texture, close-up shot, Miles Aldridge style	Exclude other brands, unattractive lighting, or cluttered backgrounds

同样的，在左侧边栏中输入提示词并进行参数设置，如图6-7所示。最终生成的两个视频如图6-8所示。从视频中可以看出，这两个视频效果都不错，因此可以将两个视频都下载下来用于后续制作。

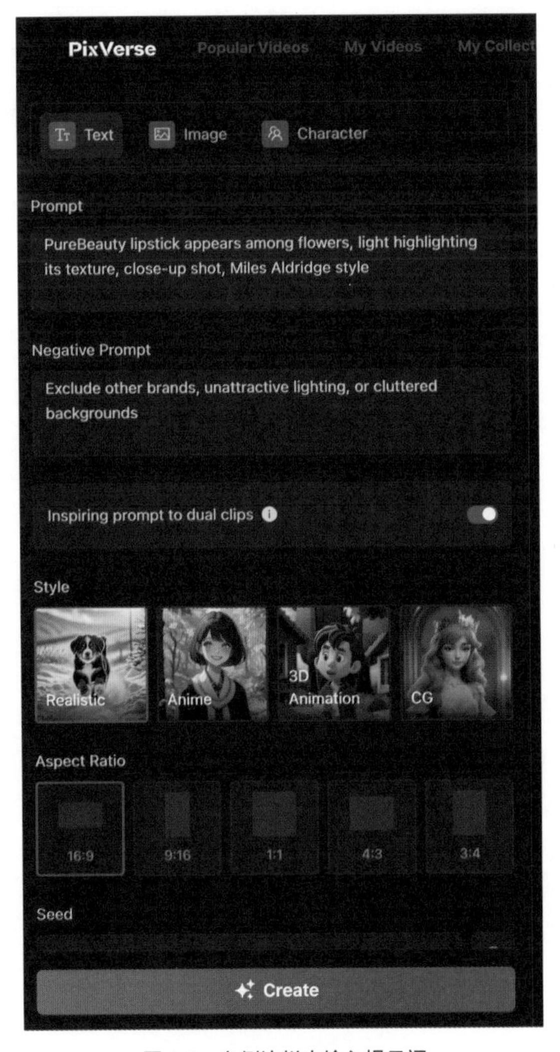

图 6-7　左侧边栏中输入提示词

（a）

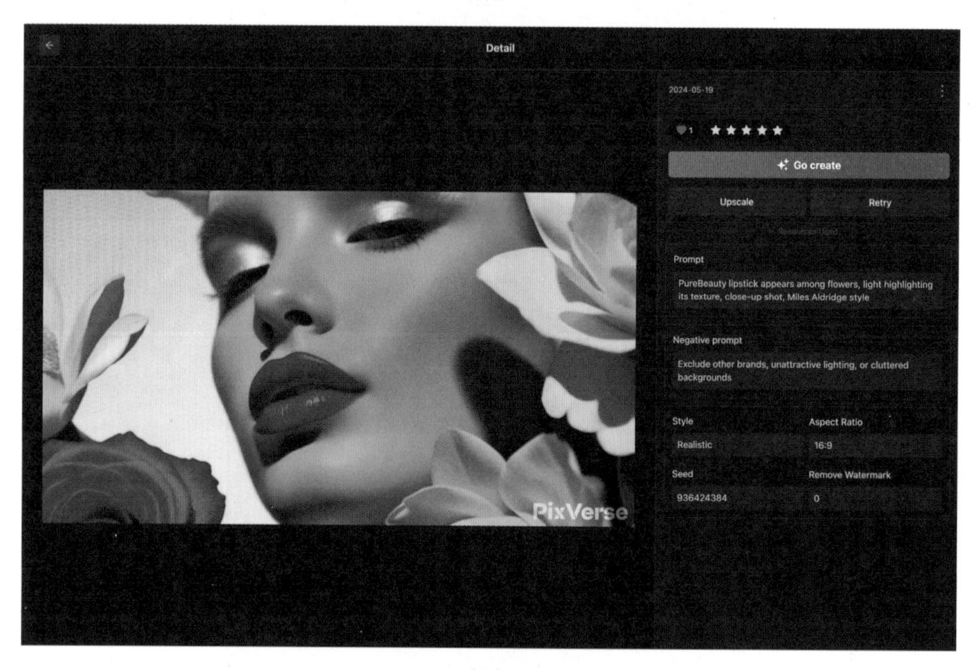

（b）

图 6-8　PixVerse 生成的广告 1 中镜头 4 的视频效果

同样的，继续生成广告1的其他分镜头视频，汇总效果如图6-9所示。可以看出，这些视频风格参考了时尚摄影师Miles Aldridge的拍摄风格，表明PixVerse的AI效果相当不错。在生成视频的过程中，很难一次性生成理想的视频效果，因此需要不断刷新、修改提示词，直到获得满意的效果。

图 6-9　PixVerse 生成的广告 1 的视频效果（可播放的视频请见电子资源）

最后，将上述生成的8个4秒视频导入视频剪辑软件进行后期处理。以剪映为例，将8段视频拖入剪映中，如图6-10所示。然后对视频进行排序，添加文字、滤镜、音乐等并进行调整，最终导出完整的广告视频。

图 6-10　在剪映中进行后期剪辑

综合来看，PixVerse在生成AI视频方面既有优势，又有劣势。

优势如下。

- 用户界面：提供网页版和Discord版两种使用方式，网页版交互友好。
- 功能多样：支持文生视频、图生视频及角色生成视频等功能。
- 生成效果：在风景类和人物类视频生成方面表现出色。

劣势如下。

- 画质问题：生成的视频画质略显模糊，可能需要后期处理。
- 动作连贯性：对于大幅度运动的画面，动作连贯性和一致性有待提升。

PixVerse在风景类和人物类视频生成方面的表现更加出色，适合需要快速生成高质量视觉内容的项目。然而，考虑到生成视频的画质可能略显模糊，以及在处理大幅度运动画面时动作连贯性有待提升，PixVerse更适合用于那些不需要极致高清画质和复杂动作场景的视频项目。例如，它可以用于生成静态或轻微动作的风景视频、简单的角色介绍视频，或者作为创意概念验证和初步草图的快速原型制作工具。对于需要进一步细化和后期处理的视频，PixVerse可以作为一个有效的起始点，帮助品牌和营销人员快速实现创意构思，并在此基础上进行优化和完善。

6.6　Runway平台在视频制作中的应用

除了PixVerse，Runway也是常用的AI视频制作平台。下面围绕广告2的脚本和关键词，在Runway平台上进行AI视频创作。

Runway是一家专注于AI技术的创意工具平台，它通过自动化视频编辑、图像处理、3D建模、音频创作等功能，帮助艺术家和设计师轻松实现视觉内容的创新和制作，同时提供API支持，让技术集成变得简单快捷。同时，该平台还提供了音频处理工具，如语音合成、音乐生成和音效设计等。

首先进入Runway主页（网址：https://runwayml.com/），单击中间的“Try Runway for Free”按钮，并找到“Runway's AI Tools”下面的“Text/Image to Video”选项并单击，即可进入文生视频/图生视频页面，如图6-11所示。

进入文生视频/图生视频页面后，可在左侧边栏填写需要的提示词、设置视频参数和上传图片。在这里先演示一下文生视频的AI功能。左侧边栏有8个功能按钮，这里会用到5个。

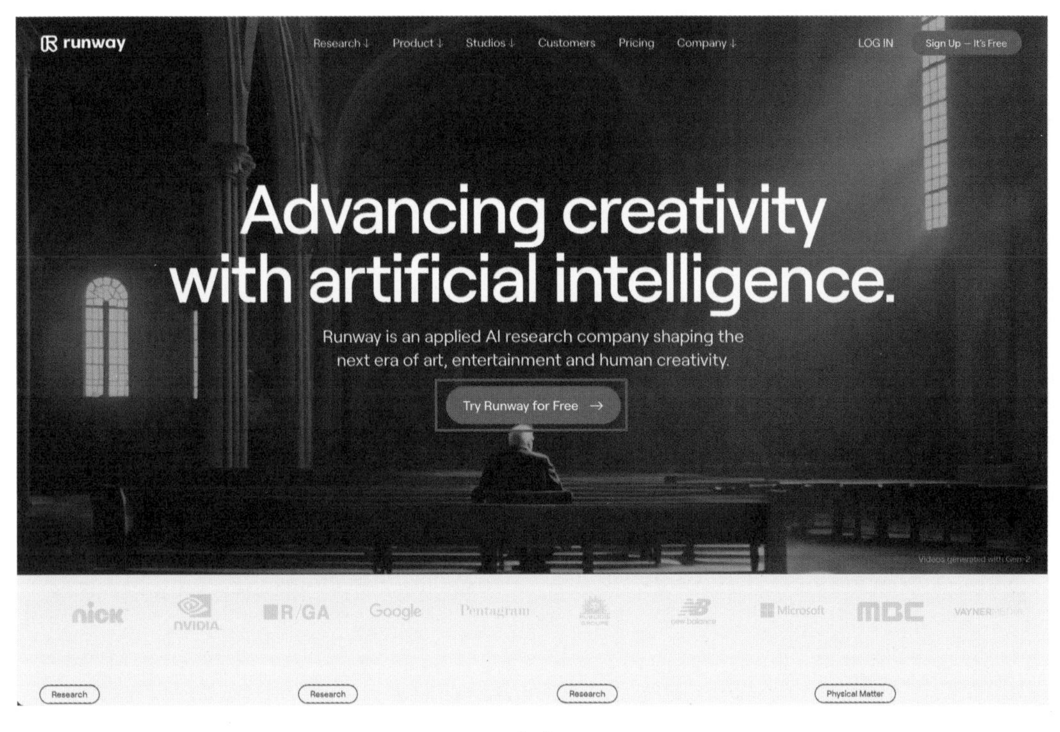

（a）

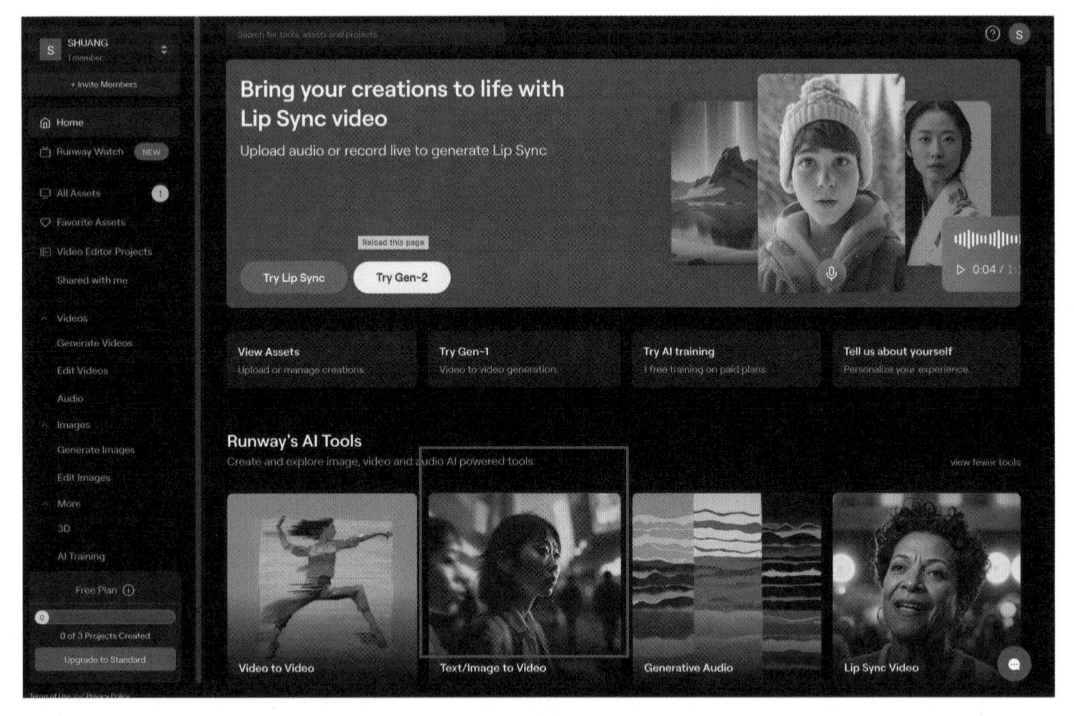

（b）

图 6-11　进入 Runway 并选择“Text/Image to Video”选项

首先是添加提示词功能。以“广告2中的镜头1”为例，如表6-9所示。在提示词文本框中输入之前利用AI生成的提示词“Lakeside in the early morning, sunlight on the calm water, fresh air, wide shot, Miles Aldridge style”。需要注意的是，Runway不需要输入负面提示词，所以这里只输入正面提示词即可。

表 6-9　广告 2 中镜头 1 的镜头描述与提示词

镜头	时长	镜头描述	正面提示词	负面提示词
1	3秒	清晨的湖畔，阳光洒在平静的湖面上，空气清新	Lakeside in the early morning, sunlight on the calm water, fresh air, wide shot, Miles Aldridge style	Exclude scenes with dark or overcast skies, polluted water, and urban elements

将提示词输入到文本框内之后，可以看到右下角有个灯泡形状的灵感按钮，单击该按钮，AI会对现有的提示词进行润色，从而生成更具细节感的视频效果，润色后的关键词为“Lakeside in the early morning, sunlight on the calm water, fresh air, wide shot. In Miles Aldridge style: vivid colors, dreamy atmosphere, reflections glistening like jewels, mist rising gently, lush greenery, a lone rowboat, serene and still, soft pastel sky, and a sense of quiet”，如图6-12所示。

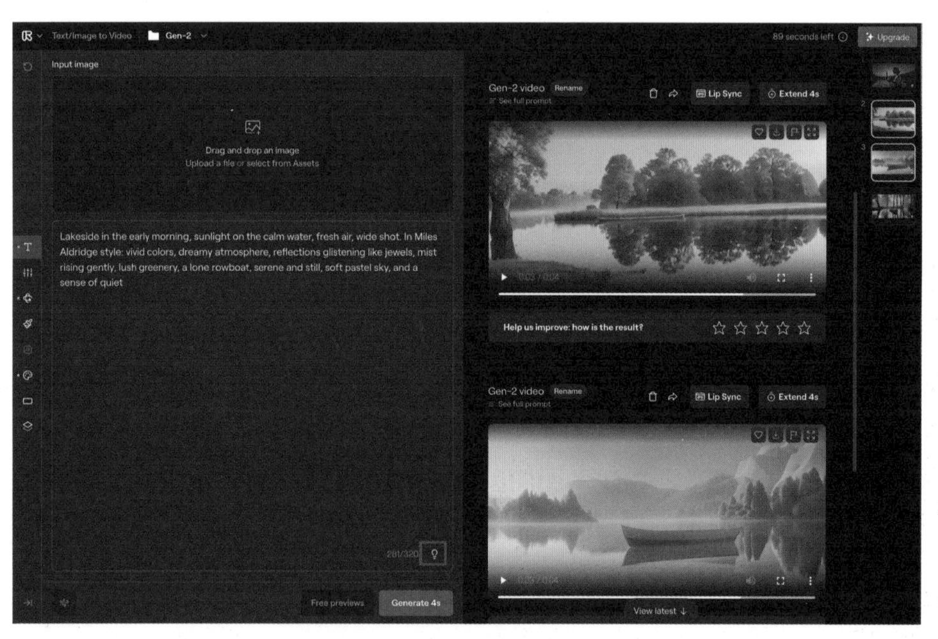

图 6-12　输入提示词并进行润色

接下来单击第二个功能按钮“General Settings”，设置视频清晰度和seed值，如图6-13所示。这里可以根据自己对视频像素的要求选择720p或2K，其中2K效果需要升级后才能使用。seed可以设置成默认值，后续还可以复制满意的视频seed，从而保持视频效果的一致性。

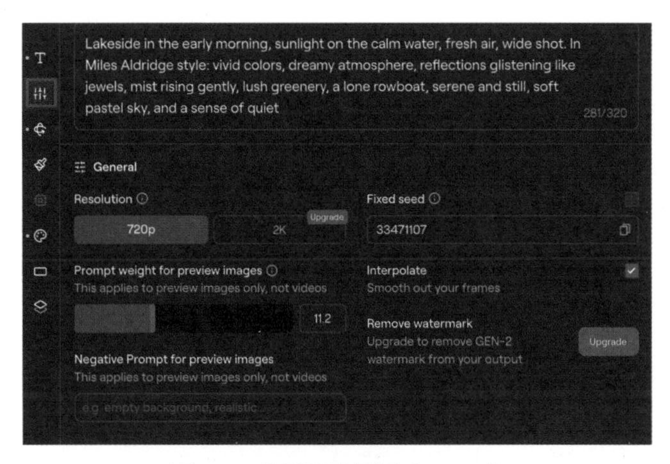

图 6-13　设置视频清晰度和 seed 值

下面单击第三个功能按钮“Camera Settings”，通过设置相关参数，可以定义摄像机的运动方式，如图6-14所示，每个参数的含义分别为。

• Horizontal（水平移动）：表示摄像机在水平方向上移动的距离或角度。

• Pan（旋转）：表示摄像机围绕垂直轴旋转，用来左右旋转摄像机。

• Roll（翻滚）：表示摄像机围绕拍摄主体的垂直轴进行旋转，产生一种倾斜的效果。

• Vertical（垂直移动）：表示摄像机在垂直方向上移动的距离或角度。

• Tilt（倾斜）：表示摄像机围绕水平轴旋转，用来上下倾斜摄像机。

• Zoom（缩放）：表示摄像机镜头的缩放级别，用于调整拍摄画面的远近。

为了生成广告2的画面，摄像机的运动方式设置如下：Vertical为0.2、Roll为0.6、Zoom为9.9、Pan为0.1、Tilt为1.2。

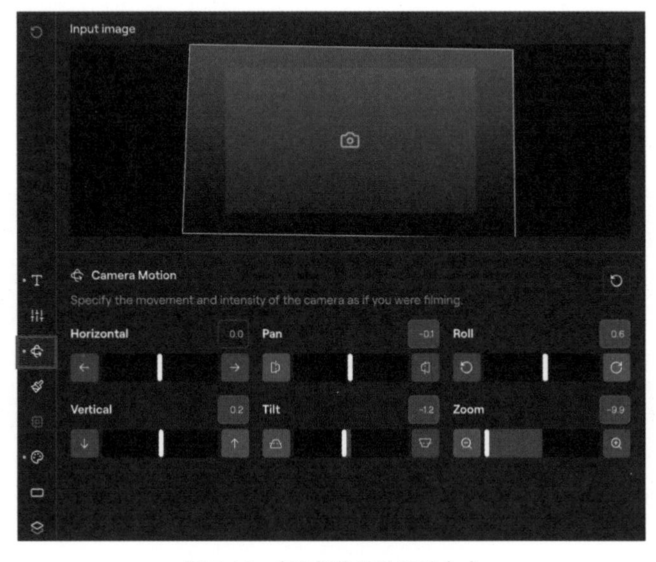

图 6-14　定义摄像机的运动方式

接下来单击“Style”按钮，选择想要生成的视频风格，其中包括Abstract Sculpture（抽象雕塑）、Advertising（广告）、Anime（动漫）、Architectural（建筑）、Cartoon（卡通）、Cine Lens（电影镜头）、Cinematic（电影般风格）、Claymation（粘土动画）、Concept Art（概念艺术）、Digital Art（数字艺术）、Duotone（双色调）、Forestpunk（森林朋克）等，如图6-15所示。选择适合自己品牌的视频风格，也可以使用相同的关键词生成不同的视频效果进行比对，直到达到理想的效果。为了生成广告2的画面，将视频风格设置为Cinematic（电影风格）。

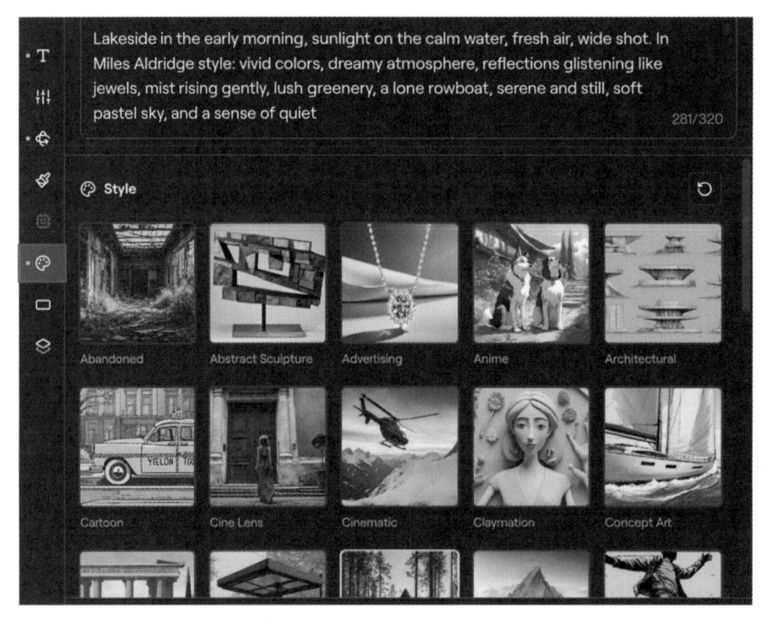

图 6-15　选择视频风格

下面在“Aspect Ratio”选项组中，选择视频尺寸比例。常用的广告视频比例如16：9、4：3、21：9等。如果是手机端内容的分发，常用9：16和3：4等比例，如图6-16所示。这里选择16：9，作为广告2的视频比例。

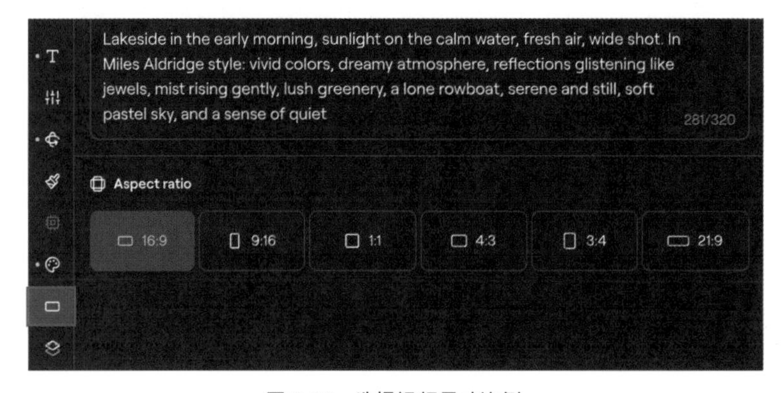

图 6-16　选择视频尺寸比例

设置好以上参数之后，生成的广告2镜头1的视频效果如图6-17所示。

图 6-17　广告 2 镜头 1 的生成效果

同样的，继续生成广告2的其他视频，汇总效果如图6-18所示。可以看出，使用Runway生成的视频效果电影感很强，而且视频里能够比较流畅地体现出画面流动的效果，视频清晰度也相对好一些。后续通过不断刷新、修改提示词，逐渐生成理想的视频内容即可。

图 6-18　广告 2 的视频效果（视频版请见本书电子资源）

最后，将生成的8个视频导入视频剪辑软件（如剪映），进行后期制作，并添加文字、滤镜、音乐等，最后导出完整的广告视频。

综合来看，Runway在生成AI视频方面既有优势，又有劣势。

优势如下。

- 功能丰富：Runway提供了多种视频编辑功能，如嘴型贴合、视频背景去除等。
- 真实程度：在生成真实程度方面表现惊艳，尤其适合风景类视频。
- 编辑工具：具有如Motion Brush等特色功能，支持精细化调整。
- 协作性：适用于需要多人协作的视频项目，如宣传片、广告片等。

劣势如下。

- 人物面部处理：人物面部处理效果不太理想。
- 视频长度限制：目前免费支持制作的视频长度有限（4秒）。

Runway的视频编辑功能特别适合制作那些需要高度真实感和精细调整的风景类视频，以及需要多人协作完成的宣传片和广告片。它的嘴型贴合和背景去除等特色功能，使其在处理特定类型的视频内容时表现出色。然而，对于人物面部处理和时长较长的视频项目，Runway可能不太理想，尤其是免费版本对视频长度有限制。因此，Runway更适合生成短小精悍、注重视觉效果和需要团队合作的视频作品。

6.7　Pika平台在视频制作中的应用

除了上述介绍的PixVerse和Runway，Pika也是现在非常流行的AI视频制作平台。下面围绕广告3的脚本和提示词，在Pika平台上进行AI视频创作。

Pika是一个多功能的AI视频制作平台，它能够根据文本描述自动生成视频内容，支持图像到视频的转换，提供了口型匹配功能，还能编辑3D动画和动漫视频等。用户可以利用Pika简洁的界面和强大的工具，轻松创作出个性化且高质量的视频作品，满足从个人娱乐到专业制作的各种需求。

首先进入Pika平台首页（网址：https://pika.art/），可以看到最下面有一个提示词文本框，在这里输入提示词即可生成视频，如图6-19所示。

图 6-19　Pika 平台首页

首先单击提示词文本框下面的“Style”按钮，选择视频风格。Pika可以生成人们常用的几种风格，包括Anime（动漫）、Moody（忧郁的）、3D（三维）、Watercolor（水彩）、Natural（自然的）、Claymation（黏土动画）、Black & white（黑白）。由于这里要生成真实世界效果的视频，所以可以选择“Natural”（自然风格）。选择完后，提示词文本框里就会自动出现对应的“Naturalistic film style, natural light, film grain”关键词，其在提示词的最前面，如图6-20所示。

图 6-20　选择“Style”视频风格

接下来输入之前已经写好的关键词。这里要提示一下，Runway更适合详细且复杂的提示词，而Pika更容易识别文字和语法简单的提示词。所以在利用AI生成的提示词的基础上，可以进行一定程度的精简。比如，生成广告3镜头3的视频，首先输入提示词“Woman taking out PureBeauty lipstick, close-up shot, Miles Aldridge style”。然后单击右下角的“Advanced Options”选项，调整视频参数，如图6-21所示。

“Camera control”（相机控制）选项区域包括以下参数。

• Pan（旋转）：表示摄像机围绕垂直轴旋转。

• Tilt（倾斜）：表示摄像机围绕水平轴旋转。

• Rotate（旋转）：围绕某个轴或多个轴调整摄像机的方向。

• Zoom（缩放）：表示摄像机镜头的缩放级别，用于调整拍摄画面的远近。

在Pika中也可以选择合适的视频画面比例，在“Aspect ratio”选项区域选择想要的比例尺寸。

同时，在右侧的“Negative prompt”（负面提示词）文本框中，可以看到AI已经自动生成了和画面相关的负面提示词，用户可以在此基础上，继续输入之前已经写好的负面提示词，使其更加完整。

除此之外，还可以调整其他参数。

• Seed（种子值）：这是一个随机数生成器的初始值，用于确保视频生成过程中的可重复性。如果对生成的视频满意，可以保存种子值，以便后续重新生成相同的视频或进行微小的调整。

• Frames per second：即每秒帧数（FPS）。这个参数决定了视频播放的平滑度，建议将数值调整为12~20。

• Strength of motion（运动强度）：这个参数可以用来控制视频中动作的强烈程度或速度，例如角色移动的速度或场景变换的快慢。

• Consistency with the text（与文本的一致性）：这个参数可以用来确保视频内容与提供的文本描述保持一致，帮助生成与文本相匹配的视频场景。

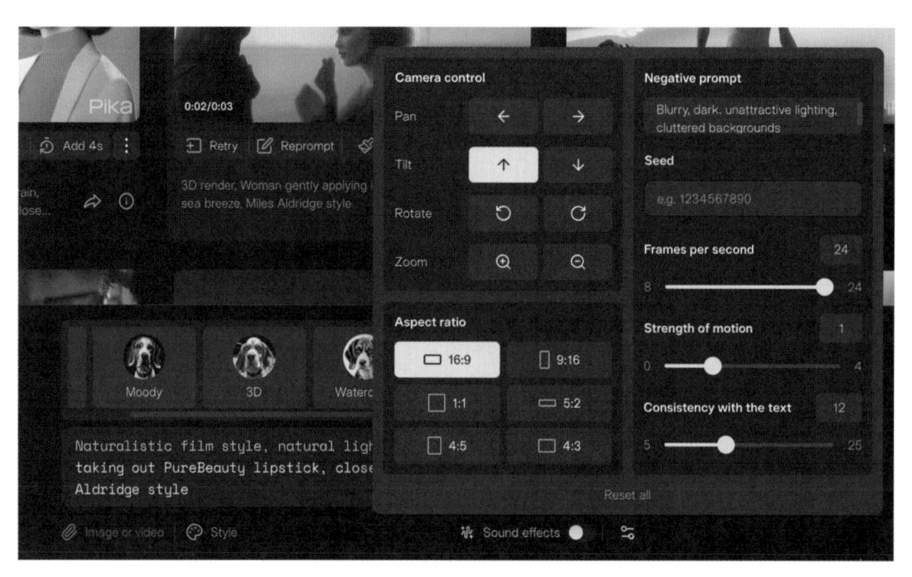

图 6-21　调整视频参数

设定好参数之后，Pika生成的广告3镜头3的画面如图6-22所示。

图 6-22　生成的广告 3 镜头 3 画面

如果对生成的视频不满意，还可以继续进行编辑。视频下方有5个按钮，分别如下。

• Retry：用同样的提示词重新生成一张新的视频。

• Reprompt：修改提示词，生成新的视频。

• Edit：编辑生成好的视频，包括Modify region（修改区域）、Sound effects（音效）、Expand canvas（扩展画布）、Lip sync（口型同步）。

• Add 4s：在此视频的基础之上增加4秒，可以无限增加。

• Upscale：在此视频的基础之上扩展视频（会员可用）。

下面具体介绍“Edit”（编辑）功能。

• Modify region（修改区域）：这个功能允许用户选择和修改视频的特定部分或区域，进行局部编辑。如图6-23所示。

• Sound effects（音效）：这个功能可以添加或调整视频中的音效，如背景音乐、环境声音或特殊效果声音，以增强视频的氛围和情感。如图6-24所示。

• Expand canvas（扩展画布）：这个功能允许用户增加视频画布的尺寸，改变视频的长宽比，而不改变原有内容。如图6-25所示为拓展画布前后的效果。

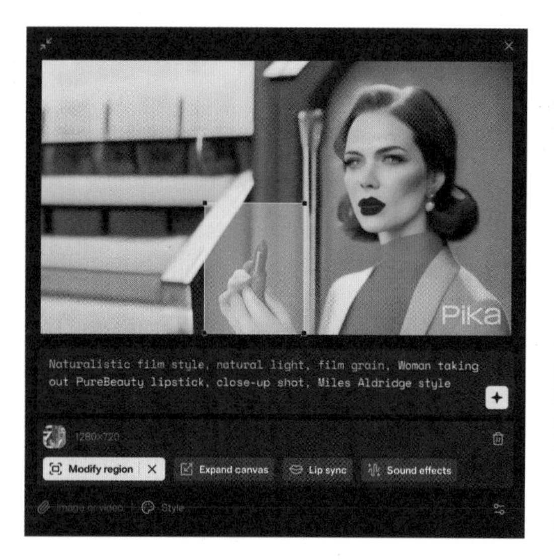

图 6-23　Modify region（修改区域）功能

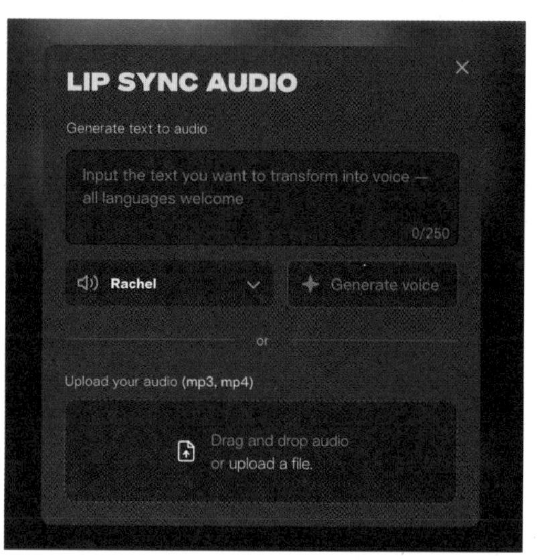

图 6-24　Sound effects（音效）功能

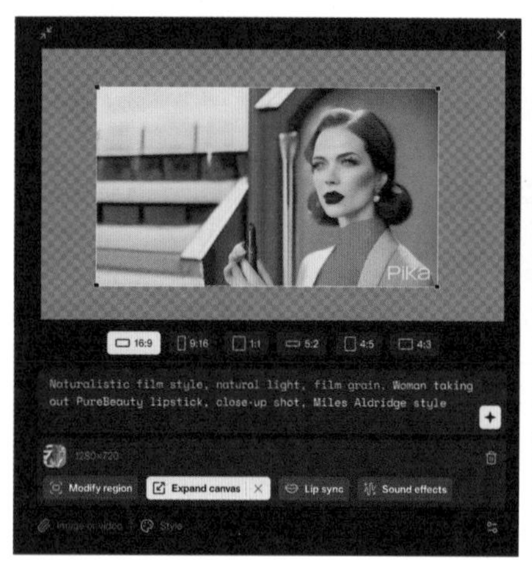

（a）

（b）

图 6-25　Expand canvas 扩展画布前后效果

• Lip sync（口型同步）：这个功能用于确保视频中角色的口型与配音或对话同步，使动画看起来更加自然和逼真。用户可在图6-26所示的对话框中添加文字，选择配音，生成相应的视频效果。

继续生成广告3的其他视频，汇总效果如图6-27所示。后续通过不断刷新、修改提示词，可以逐渐生成理想的视频内容。

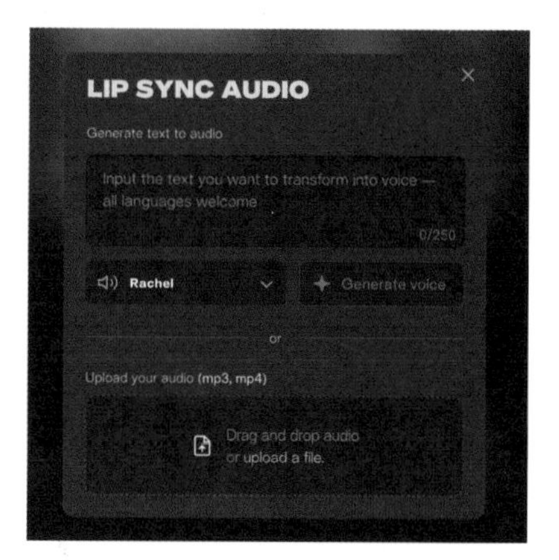

图 6-26　Lip sync（口型同步）功能

图 6-27　广告 3 的视频效果（视频版请见本书电子资源）

综合来看，Pika在生成AI视频方面既有优势，又有劣势。

优势如下 。

- 简洁易用：界面和功能简洁，支持文生视频和图生视频功能。
- 高质量视频：生成的风景类视频质量与Runway相当。
- 口型匹配：支持根据画面进行口型匹配，且对免费用户开放。
- 编辑功能：能够根据文字自动生成和编辑3D动画、动漫等。

劣势如下。

- 技术门槛：尽管界面简洁，但可能存在一定的技术门槛。
- 画面稳定性弱：画质和稳定性方面还有待提高，需要不断生成进行尝试。

除了文生视频，PixVerse、Runway和Pika都可以用图片生成视频。用户可以先通过Midjourney等文生图平台，生成一系列图片，再利用以上3个AI视频平台生成视频。

6.8 常用AI视频制作指令与参数

本节整理了AI视频创作常用的平台和提示词，如表6-10所示。这些资源旨在帮助读者更高效地利用AI工具，以实现精确且富有创意的品牌视频。

表 6-10　AI 视频创作常用的平台和提示词

AI文生视频提示词	GPT推荐：Pika Labs
	文生视频提示词结构：视频主体+行为描述+场景描述+镜头景别+视频风格
常用AI视频创作平台	PixVerse平台：网址https://app.PixVerse.ai/creative/list Runway平台：网址https://runwayml.com/ Pika平台：网址https://pika.art/
不同的视频主体常用的负面提示词	人物视频（Human Videos）：blurry, out of focus, low resolution, pixelated, grainy, incorrect proportions, exaggerated features, cartoonish, unrealistic, poorly lit, misaligned, incomplete, dull colors, distorted, cluttered background, artifacts, overexposed, underexposed, noisy, simplistic, broken limbs, missing fingers, unnatural poses, incorrect anatomy, disproportional body parts, floating objects, merged limbs, extra limbs, fused fingers, deformed faces, uneven eyes, distorted expressions, poorly rendered hands, incorrect shadows, missing teeth, incorrect eye color, asymmetrical features 动物视频（Animal Videos）：blurry, out of focus, low resolution, pixelated, grainy, incorrect anatomy, exaggerated features, cartoonish, unrealistic, poorly lit, cluttered background, noisy, artifacts, overexposed, underexposed, low detail, distorted, dull colors, unrealistic colors, missing limbs, unnatural behavior, disproportionate body parts, merged limbs, extra limbs, fused paws, deformed faces, uneven eyes, incorrect textures, unrealistic fur, incorrect shadows, floating objects, incomplete bodies 风景视频（Landscape Videos）：blurry, out of focus, low resolution, pixelated, grainy, unrealistic, poorly lit, cluttered background, noisy, artifacts, overexposed, underexposed, low detail, distorted, dull colors, unrealistic colors, monochrome, washed out, over-saturated, unnatural elements, incorrect lighting, missing elements, floating objects, incorrect shadows, repetitive patterns, unnatural symmetry, oversimplified terrain, unrealistic vegetation, inconsistent weather effects, artificial appearance 物品视频（Object Videos）：blurry, out of focus, low resolution, pixelated, grainy, unrealistic, poorly lit, cluttered background, noisy, artifacts, overexposed, underexposed, low detail, distorted, dull colors, unrealistic colors, incorrect proportions, incomplete, simplistic, cartoonish, floating objects, incorrect textures, missing parts, unnatural reflections, incorrect shadows, distorted shapes, disproportionate elements, artificial appearance, repetitive patterns, low-quality materials, unrealistic surface details 科幻/未来视频（Sci-Fi/Futuristic Videos）：blurry, out of focus, low resolution, pixelated, grainy, unrealistic, poorly lit, cluttered background, noisy, artifacts, overexposed, underexposed, low detail, distorted, dull colors, unrealistic colors, cartoonish, incorrect proportions, incomplete, simplistic, floating objects, incorrect shadows, unnatural lighting, exaggerated features, low-quality textures, artificial appearance, incorrect reflections, disproportionate elements, unrealistic materials, repetitive patterns, missing futuristic elements, unrealistic technology, poorly rendered details 食物视频（Food Videos）：blurry, out of focus, low resolution, pixelated, grainy, unrealistic textures, incorrect colors, over-saturated, dull colors, distorted, poorly lit, unappetizing appearance, incorrect proportions, incomplete, cartoonish, floating food items, unrealistic reflections, missing elements, repetitive patterns, artificial appearance, low detail, noisy, cluttered background, incorrect shadows, poorly rendered steam/smoke, unappetizing textures, distorted shapes, inconsistent lighting, unrealistic garnishes, unrealistic dripping or pouring, exaggerated features 交通工具视频（Vehicle Videos）：blurry, out of focus, low resolution, pixelated, grainy, unrealistic, distorted, poorly lit, cluttered background, noisy, artifacts, overexposed, underexposed, low detail, dull colors, unrealistic colors, incorrect proportions, incomplete, cartoonish, floating vehicles, unrealistic reflections, missing parts, distorted shapes, incorrect textures, disproportionate elements, artificial appearance, unrealistic movement, incorrect shadows, repetitive patterns, unrealistic lighting, poorly rendered details, exaggerated features

续表

不同的视频主体常用的负面提示词	室内场景视频（Interior Scene Videos）：blurry, out of focus, low resolution, pixelated, grainy, unrealistic, poorly lit, cluttered background, noisy, artifacts, overexposed, underexposed, low detail, distorted, dull colors, unrealistic colors, incorrect proportions, incomplete, cartoonish, floating objects, unrealistic reflections, missing elements, distorted shapes, incorrect textures, disproportionate elements, artificial appearance, repetitive patterns, incorrect lighting, unrealistic shadows, poorly rendered details, inconsistent decor, unnatural symmetry 建筑视频（Architecture Videos）：blurry, out of focus, low resolution, pixelated, grainy, unrealistic, poorly lit, cluttered background, noisy, artifacts, overexposed, underexposed, low detail, distorted, dull colors, unrealistic colors, incorrect proportions, incomplete, cartoonish, floating structures, unrealistic reflections, missing elements, distorted shapes, incorrect textures, disproportionate elements, artificial appearance, repetitive patterns, incorrect lighting, unrealistic shadows, poorly rendered details, inconsistent design, unnatural symmetry 自然景观视频（Natural Scenery Videos）：blurry, out of focus, low resolution, pixelated, grainy, unrealistic, poorly lit, cluttered background, noisy, artifacts, overexposed, underexposed, low detail, distorted, dull colors, unrealistic colors, monochrome, washed out, over-saturated, unnatural elements, incorrect lighting, missing elements, floating objects, incorrect shadows, repetitive patterns, unnatural symmetry, oversimplified terrain, unrealistic vegetation, inconsistent weather effects, artificial appearance

本章小结

本章深入探讨了AI在品牌视频制作中的应用，展示了如何利用AI技术高效地分析和生成吸引用户的视频，从而增加品牌与用户的在线互动，提升用户的参与度。对品牌经理和营销人员来说，掌握和应用这些AI工具不仅能显著提高视频制作效率，减少反复拍摄的时间和经济成本，还能通过快速试错和不断调整，找到最合适的效果，最终提升品牌视频的质量和影响力。

用AI进行品牌视频创作的思路如下。

• 明确目标：首先明确视频制作的目标，例如提升品牌知名度、展示产品特点或增加与观众的互动。确定目标有助于在后续的创作过程中保持方向一致。

• 利用AI进行创意生成：AI工具可以帮助品牌在创意阶段生成各种视频脚本和概念，提供多样化的创意选择，快速试验不同的创意方向，从而选择最适合品牌形象和目标受众的方案。

• 个性化和定制化内容：利用AI可以生成符合不同受众偏好的视频，提升视频的相关性和吸引力。

• 提高效率和降低成本：AI技术能够自动化许多视频制作过程，从创意生成到后期制作，大大提高了视频制作效率并降低了视频制作成本。

运用AI进行品牌视频创作的流程如下。

（1）分析品牌信息和确定主题：深入了解品牌的定位、目标受众和市场需求，确定每个视频的主题方向，如产品使用、品牌故事和用户体验分享。

（2）生成视频脚本和提示词：在确定视频主题后，利用AI工具生成详细的视频脚本和提示词，确保每个脚本都具有创意和吸引力。

（3）视频内容创作：有了详细的脚本和提示词，使用AI视频制作软件（如PixVerse、Runway和Pika）自动生成高质量的视频片段，并添加特效、背景音乐和字幕，从而大幅提高制作效率。

（4）后期制作和优化：通过视频后期制作软件（如剪映）对生成的视频片段进行编辑和优化，包括调整色彩、添加音效、剪辑片段和优化画质，确保每个视频都符合品牌的视觉标准和质量要求。

使用AI视频创作平台有以下注意事项。

• PixVerse平台的使用：PixVerse在风景类和人物类视频生成方面表现出色，但生成的视频画质略显模糊，在大幅度运动画面的动作连贯性和一致性方面有待提升。因此，在使用PixVerse时，建议后期对视频画质进行处理，并避免生成大幅度运动的画面。

• Runway平台的使用：Runway提供了丰富的视频编辑功能，生成的视频真实程度高，适合风景类视频和需要精细化调整的宣传片、广告片。然而，人物面部处理效果不理想，且免费版支持的视频长度有限。在使用Runway时，应注意这些限制，并在必要时进行额外的处理。

• Pika平台的使用：Pika界面简洁，生成的风景类视频质量高，并且提供口型匹配功能，适合3D动画、动漫和需要口型匹配的视频。然而，Pika在画质和稳定性方面有待提高，需要不断生成进行尝试。在使用Pika时，需要注意其技术门槛，并通过多次尝试以获得最佳效果。

课后练习

请结合本章所学内容，利用AI工具创建一个20秒的视频广告。首先，分析品牌信息并确定视频主题方向；其次，利用AI生成视频脚本和提示词，并选择适合的视频制作平台进行内容创作；最后，通过后期制作软件进行优化。完成后，请评估生成的视频效果，考虑如何进一步优化。需要关注的关键点包括以下几个。

• 确保品牌一致性：在整个视频创作过程中保持品牌的视觉和语音一致性。

• 利用不同AI视频平台的优势：尝试不同的平台，从而对比生成的视频效果。

• 结合人工创意：将AI生成的内容与人工创意相结合，提升视频的吸引力和效果。

第 4 部分

AI 在艺术创作中的应用

第 7 章
品牌艺术化创作的 AI 革新

本章将深入探讨如何利用 AI 技术艺术化地叙述品牌故事、理念和产品信息。在数字化快速发展的今天，运用 AI 进行内容创作已成为提高品牌与消费者互动质量、增强消费者对品牌故事和价值深度认同的有效途径。对品牌经理、营销专家和创业者而言，掌握这些 AI 技术能够显著提升品牌的视觉呈现，加深消费者对品牌价值的认知，并增强与消费者之间的情感联系。

本章将详细讨论从确定主题、编写叙事脚本、生成艺术化视觉内容到执行后期处理的全过程。逐步解析 AI 如何在视觉和叙事上进行创新，帮助品牌更有效地与目标受众沟通和互动。通过本章的指导，品牌和营销人员不仅可以深化在艺术化品牌叙事方面的技能，还能激发创新思维，探索在数字时代用全新且有效的方式讲述品牌故事的可能性。这种策略不仅能提升品牌形象，还能连接和影响现代消费者，帮助品牌在激烈的市场竞争中保持领先地位。

7.1　品牌故事与理念的艺术化呈现

在当前的品牌营销中，艺术化内容已成为连接消费者与品牌之间的重要桥梁。尤其是通过使用如Midjourney这样的AI驱动图像生成工具，品牌能够将其故事和理念转化为引人注目的视觉艺术作品，从而在竞争激烈的市场中突出其独特性。这种技术的应用不仅能够创造美观的图像，更重要的是它能够深刻地表达品牌的核心价值和情感，建立与消费者的情感连接。

利用AI进行艺术化品牌叙事具有以下优势。

1. 提升创意自由度和效率

AI工具（如Midjourney）允许品牌通过文生图软件直接将文本输入转换为复杂的图像。这些图像不仅可以捕捉品牌的视觉风格，还能表达深层的情感和故事。AI提供了极大的创意自由度，使品牌能够迅速迭代和实验各种视觉叙事，无须依赖传统设计资源。这在快节奏的营销活动中尤为重要，能够极大地缩短创作周期，提升效率。此外，即使没有专业设计背景的品牌营销人员也可以利用这些工具来创作高质量的视觉作品，降低了创作门槛。

2. 深刻表达品牌价值并实现个性化

通过AI生成的图像，品牌能够更深刻地传达其核心价值和理念。视觉艺术作品可以超越文字和传统广告的限制，更直观、更情感化地与消费者沟通。利用AI技术还可以根据不同的市场和受众，生成定制化的视觉内容。这种个性化的创作方式能够更好地满足不同受众的需求，增强品牌的市场竞争力。通过分析消费者的相关数据和行为，AI可以帮助品牌创作更加精准和有针对性的视觉内容，提升消费者的参与度和忠诚度。

3. 增强品牌形象和市场竞争力

AI工具为品牌提供了一个实验和创新的平台。品牌可以利用这些工具尝试不同的风格、色彩和构图，探索新的视觉表达方式。通过不断地实验和调整，品牌能够找到最能打动消费者的视觉叙事方式，提升品牌形象和市场表现。AI生成的视觉内容能够强化品牌故事的艺术化呈现，帮助品牌在激烈的市场竞争中脱颖而出，吸引更多的消费者。在数字化和视觉化日益重要的今天，掌握这些AI技术将为品牌带来巨大的战略优势。

7.2　AI工具在艺术化品牌叙事中的应用

品牌主：郭郭老师，我们的品牌是一个公益认证，助力企业进行公益认证，衡量企业在社会及环境影响力方面的表现。目前，我们已经帮助中国几十家公司获得认证。我们公司准备用AI制作一个艺术短片《可持续地球的一天》，画面中以孩子的视角体现可持续的一天可以怎样度过，以及不同品牌的可持续性产品。我可以怎样通过AI快速生成这个短片呢？

郭郭老师：这是个非常有创意的想法！在现代品牌营销策略中，将AI工具应用于艺术化品牌叙事不仅提高了创作效率，也为品牌故事增添了独特的视觉风格。首先我带你了解一下，如何利用AI进行艺术化品牌叙事的整个流程，主要有4个部分。

运用AI艺术化品牌叙事的流程如下。

流程一：构建艺术化品牌叙事主题。

流程二：品牌叙事脚本的艺术化创编。

流程三：利用AI创作品牌叙事图片。

流程四：叙事视频的后期制作。

（1）流程一：构建艺术化品牌叙事主题。

成功的艺术化品牌叙事始于对故事主题的明确界定。品牌需要确定希望传达的核心信息，如创始故事、品牌定位、产品特性或公司价值观等。此阶段的关键是精确描绘想要传达的情感和信息，确保后续的视觉内容能够准确反映这些主题。

（2）流程二：品牌叙事脚本的艺术化创编。

一旦确定了主题，接下来编写详细的脚本。这一步骤涉及将主题转化为具体的叙事，详述故事的每一个环节，包括场景设置、角色动作和对话。脚本应详细到足以指导视觉内容的创作，确保每一部分都能有效支持和强化主题。

（3）流程三：利用AI创作品牌叙事图片的。

在利用AI生成艺术作品前，需要生成精确的图片关键词（prompt）。这些关键词应详尽描述期望的图像内容，包括场景的风格、颜色调和、角色表情、动作等元素。将编写好的关键词输入AI工具中后，AI将根据这些描述自动生成图像。这里需要注意的是如何围绕叙事脚本进行一系列叙事图片的创作，并保持风格和角色一致性，是不断调试AI的重要步骤。

（4）流程四：品牌叙事内容的后期制作。

虽然AI工具在生成初步图像方面极为有效，但生成的图像可能需要进一步的后期处理才能完全符合品牌的视觉标准。后期处理包括调整色彩、对比度、明暗等，以及可能的重新构图，确保最终图像在视觉上是引人入胜的，并且与品牌的整体美学保持一致。品牌也可以将这一系列的叙事图片在社交媒体上进行传播，同时也可以通过剪映等后期视频制作软件，对叙事图片进行后期处理，使之形成一个完整的视频形式的叙事故事进行传播。

接下来通过举例详细介绍每个步骤的制作过程。

7.3　利用AI辅助构建艺术化品牌叙事主题

首先，我们以这家公益认证为例，做一个艺术短片《可持续地球的一天》，画面中需要体现可持续一天可以怎样度过，以及不同品牌的可持续性产品。以做一个两分钟的视频为例，首先需要确定视频的故事方向，可以让AI围绕主题想出不同的方向，以孩子的视角来看可持续的一天是怎样的，如图7-1所示。

我想要做一个2分钟的小视频，“可持续地球的一天”，做成动漫的效果，用孩子的视角来看可持续的一天是怎样的。我现在需要你帮我想一下视频内容方向，需要有创意，不要太日常的剧情，请帮我想一些合适的短视频主题方向

为了创作一个既有趣又富有教育意义的动漫短视频，我们可以从孩子的视角出发，通过以下几个主题方向来展现“可持续地球的一天”：

1. **时间旅行的环保小使者**：
   故事可以设定一个孩子意外获得了一件可以穿梭时间的环保装备。在视频的开头，孩子通过这件装备穿越到未来，看到了因为不可持续发展而遭受破坏的地球。孩子意识到问题的严重性，于是回到自己的时代，开始倡导和实践可持续的生活方式。这个主题可以通过孩子的行动和选择来展示可持续生活的重要性。
2. **神奇花园的守护者**：
   在这个主题中，孩子是一片神奇花园的守护者。这片花园拥有自我维持和净化的能力，但需要人类的爱护和保护。孩子通过与花园中的动植物交流，学习到如何保护环境，比如节约用水、减少塑料使用等。视频可以通过孩子的冒险和学习过程来传达可持续生活的理念。
3. **环保超级英雄**：
   孩子在梦中成为了一位环保超级英雄，拥有解决环境问题的特殊能力。在视频的每一部分，超级英雄都会遇到不同的环境挑战，比如减少碳排放、垃圾分类等，并用创意和勇气解决问题。这个主题可以通过超级英雄的冒险来教育孩子们如何采取行动保护地球。
4. **未来城市的一日游**：
   孩子被邀请参观一个未来城市，这个城市完全基于可持续发展的原则设计。孩子在这里体验了太阳能驱动的交通工具、雨水收集系统、社区菜园等。通过这次旅行，孩子了解到可持续技术如何改善我们的生活环境。这个主题可以通过展示未来城市的日常生活来启发孩子们对可持续科技的兴趣。
5. **动物朋友的求助信**：
   孩子收到了一封来自濒危动物的求助信，信中描述了因为人类活动导致的栖息地破坏。孩子决定行动起来，通过组织社区清洁活动、种植树木等方式来帮助这些动物。这个主题可以通过孩子与动物的友谊和互动来强调保护生物多样性的重要性。

通过这些主题方向，你的短视频不仅能够吸引孩子们的注意力，还能够有效地传达可持续生活的重要性，激发他们的环保意识。希望这些建议能够帮助你创作出一个既有创意又具有教育意义的动漫短视频。

图 7-1　Kimi 提供的视频方向

由图7-1可以看出Kimi提供的创意方向还是不错的，如果其中有比较感兴趣的主题方向，可以继续让AI具体展开其中一个或几个方向，如图7-2所示。

第一个和第五个方向很好，具体展开一下

当然，让我们更详细地探讨这两个主题方向：

1. 时间旅行的环保小使者

故事梗概：
主角是一个充满好奇心的孩子，偶然发现了一件祖传的神秘物品——一块能够穿越时间的怀表。在一次偶然的实验中，孩子意外地穿越到了一个环境恶劣的未来世界。在这里，孩子看到了因为人类的不合理行为导致的地球资源枯竭、空气污染和生态失衡。

情节发展：

- **未来世界**：孩子在未来世界中遇到了各种困难，如呼吸困难、食物短缺等，亲身体验了环境恶化的后果。
- **反思与觉醒**：孩子开始思考，是什么导致了这样的未来，并意识到每个人都有责任采取行动来改变这一趋势。
- **回到现实**：孩子通过怀表返回到自己的时代，决心成为一个环保小使者，开始在学校和社区推广环保理念。
- **行动与改变**：孩子发起了一系列环保活动，如垃圾分类、节能减排、植树造林等，逐渐影响了周围的人，一起为创造一个可持续的未来而努力。

结尾：
视频以孩子站在一片新植的树林前，向观众发出呼吁："让我们一起行动起来，为了我们共同的家园，为了一个更加绿色和可持续的未来。"

5. 动物朋友的求助信

故事梗概：
主角是一个善良而富有同情心的孩子，某天收到了一封来自濒危动物的求助信。信中描述了动物们因为栖息地被破坏、环境污染等问题而面临的困境。孩子决定采取行动，帮助这些动物朋友们。

情节发展：

- **求助信的到来**：孩子在惊讶和同情中阅读了信件，了解到动物们面临的具体问题。
- **制定计划**：孩子开始研究如何帮助这些动物，制定了一系列切实可行的计划，如清理河流、种植树木、宣传野生动物保护等。
- **动员社区**：孩子通过制作宣传海报、发起签名活动等方式，动员社区的人们一起参与到保护动物和环境的行动中来。
- **实际行动**：孩子和志愿者们一起清理环境、种植本地植物、建立小型野生动物保护区，为动物们提供了更好的生存环境。

结尾：
视频以孩子和动物们在恢复的自然环境中和谐共处的场景结束，孩子向观众发出呼吁："每一个小小的行动，都能为我们的地球带来巨大的变化。让我们携手保护我们的朋友，共同创造一个可持续发展的世界。"

图 7-2　Kimi 细化的视频方向

接下来选定第五个主题方向“动物朋友的求助信”，并且将故事的主角定为一个小女孩，名字叫想想，收到了一封来自未来世界大熊猫的求助信。根据这样的人物设定，以及故事主题方向，让AI继续生成剧情走向，如图7-3所示。

了解了，根据您的设定，我们可以这样改编剧情：

故事梗概

主角是一个充满爱心和好奇心的小女孩，名叫想想。她对自然界和动物充满热爱，并梦想着一个和谐的可持续地球。一天，想想收到了一封来自濒危动物大熊猫的求助信，信中描述了大熊猫因为栖息地破坏和环境问题所面临的困境。想想决定采取行动，帮助大熊猫和其他濒危动物，共同创造一个可持续的未来。

情节发展

- **求助信的到来**：想想在家中的邮箱中发现了这封不同寻常的信。信中，大熊猫以可爱的笔迹和图画，向她展示了它们所面临的环境挑战。
- **想想的计划**：想想深受触动，她开始研究如何帮助大熊猫，并制定了一个详尽的环保行动计划。
- **教育和宣传**：想想首先在学校和社区开展了一系列环保教育活动，提高大家对濒危动物和环境保护的意识。
- **实际行动**：想想发起了一场名为“绿色行动”的运动，鼓励人们减少塑料使用、垃圾分类、节能减排，并组织植树造林活动，恢复动物的自然栖息地。
- **社区的响应**：想想的行动激发了社区居民的参与热情，大家纷纷加入到环保行动中，共同为改善环境质量而努力。

结尾

视频以想想和她的家人、朋友们在一片繁茂的竹林中与大熊猫和其他动物们一起玩耍的场景结束。想想站在镜头前，向观众发出呼吁：“每个人的小小行动，都能为我们的地球带来巨大的变化。让我们从今天做起，为了我们和动物朋友们共同的家园，为了一个更加绿色和可持续的未来，一起行动起来吧！”

通过这个故事，我们不仅能够向观众传达环保的重要性，还能够激发他们的同情心和责任感，鼓励他们从日常生活中的小事做起，共同为实现可持续发展的目标而努力。这个故事紧扣“可持续地球的一天”的主题，通过小女孩想想的视角，展示了一个人与自然和谐共处的美好愿景。

复制 再试一次 分享

图 7-3 Kimi 生成的视频剧情

7.4 利用AI辅助品牌叙事脚本的艺术化创编

一旦确定了主题方向，接下来即可编写详细的叙事脚本。先对图7-3中提供的视频剧情进行微调，并且将可持续品牌的产品融入其中，调整后的内容如下。

故事梗概：

主角是一个充满爱心和好奇心的小女孩，名叫想想。她非常喜欢自然界和小动物，并梦想着一个和谐的可持续地球。一天，想想收到了一封来自濒危物种大熊猫的求助信，信中描述了大熊猫因为栖息地被破坏和环境问题所面临的困境。想想决定采取行动，帮助大熊猫和其他濒危动物，共同创造一个可持续的未来。

情节发展如下。

• 求助信的到来：想想在家中的花园中发现了这封来自未来的信，向她展示了未来世界大熊猫所面临的环境挑战。

• 穿越到未来世界：想想突然被信中一股神秘的力量带到了未来世界并且看到了大熊猫，大熊猫告诉她未来世界由于人类对环境的破坏导致生态失衡等现象。

• 想想的计划：想想深受触动，她回到现实世界后开始和朋友一起研究如何改变未来世界，并制订了计划，拍摄《可持续地球的一天》，来向大众传达可持续的一天怎么过才能有效减少碳排放。好朋友主动要求做想想的摄影师，来跟拍想想的可持续的一天。在短片中提到有代表性的可持续品牌的产品，提高大众的关注度。

• 视频短片拍摄：想想拍摄的短片既要传递可持续的一天，又要体现不同可持续品牌的产品，因此可以先对品牌的产品进行梳理，并且结合品牌产品的背景信息，把这段内容写出来。

叮铃铃…闹钟响了，现在是早上7点钟。

每天早上妈妈做早餐时都会煮茶，这个茶的茶包是可降解的，不含塑料哦，喝起来既环保又放心，开启元气满满的一天！

今天是周日，约了好朋友出去玩，打开衣柜，我选择了我最爱的T恤，它的原材料都是非常环保的哦。出门必备包包我选择的是这个很轻的、用回收的塑料瓶制成的包包，再带上这个用废弃渔网制成的双面渔夫帽，非常适合遮挡今天的阳光！鞋子我选择的是我们全家都在穿的植物基鞋子。你知道吗？穿上这个鞋子可以使平均碳足迹减少12%呢！真是好穿又环保，每走一步路都感觉自己为地球做出了一点小贡献！哦对了，包里还要带上我的咖啡随行杯，这样就可以免去使用一次性咖啡杯的浪费啦！最后，再带上这个用可持续材料制成的飞盘，等下和朋友们一起在公园玩。OK，准备出门啦！

到公园啦！先和朋友玩一会飞盘。天哪，今天怎么这么晒啊！还好妈妈提醒我带了防晒霜，否则很容易被阳光灼伤！这个防晒霜是妈妈精挑细选的，它可是通过认证的健康危害性极低的一款纯物理防晒，并且还是对海洋珊瑚礁友好的哦，涂上之后就可以放心继续玩啦！

和朋友玩累了，我们去了一家获得公益企业认证的咖啡馆，我最喜欢来这里了，因为这家咖啡厅的员工真的是超有爱的一群人！这里有很多哥哥姐姐是很有耐心的聋哑人，这里不仅能喝咖啡，还能看演出、参加活动，这里有很多动人的故事和温暖的灵魂。好喜欢这种被爱包围的感觉啊。

活动结束后回到家，先去洗个澡。沐浴露可以使用这种自然成分的哦，无动物实验零残忍，是可以放心使用的有机护肤产品。洗完澡后点上一根蜡烛，蜡烛萃取了天然的色彩和香气，伴着这种北欧风的纯净气息入眠，可以很好地缓解一天的疲惫。当然，最爱的还有这个抱枕，它使用的是天然材质，并且来自于“织彩虹民族”独龙族妇女的原始工艺，带着这份对自然的敬畏与生活的品质感，美美地入睡啦！这就是我的可持续地球的一天，你的一天是怎样的呢？

• 可持续呼吁：想想在短片最后向观众发出呼吁：“可持续是一种集体的力量，地球的未来需要我们每个人付出一份小努力。一起加油吧！”

根据以上故事情节发展，让AI写出完整的分镜头脚本，包括故事原文、每个镜头对应的描述、每张图片的文生图关键词（这里更推荐使用ChatGPT生成的文生图关键词，效果相对更好一些），随后让AI以表格的形式输出，这样会更方便查看使用，生成的表格如表7-1所示。

表 7-1　分镜头脚本

场景	故事原文	镜头描述	文生图关键词（prompt）
求助信的到来	在一个阳光明媚的早晨，想想在家中的花园里发现了一封奇特的信。信封上写着“未来世界的求助信”。她打开信，看到大熊猫因为栖息地被破坏和环境问题而面临的困境	花园全景，阳光洒在鲜花和绿草上，一个小女孩在花园中嬉戏	“A sunny garden with blooming flowers and lush green grass, a playful little girl with a curious expression, discovering a mysterious letter on the ground.”
		特写镜头，想想捡起信封，上面写着“未来世界的求助信”	“A close-up of a young girl's hands picking up a letter with 'Help from the Future World' written on it, her curious eyes peeking over.”
		想想打开信，看到大熊猫的照片和文字描述	“A young girl opening a letter, revealing photos of red pandas and text describing their environmental struggles.”
穿越到未来世界	突然，信中释放出一道神秘的光芒，把想想带到了未来的世界。她看到未来世界的大熊猫，并了解了由于人类对环境的破坏所导致的生态失衡现象	神秘光芒包围着想想，她开始穿越时空	“A magical beam of light surrounding a young girl, as she begins to travel through time, a look of amazement on her face.”
		未来世界的全景，破败的城市，枯萎的树木，大熊猫在一旁悲伤地看着	“A dystopian future world with a ruined city, withered trees, and a sad red panda standing beside, observing the destruction.”
		想想和大熊猫面对面，大熊猫向她讲述未来世界的困境	“A young girl facing a red panda, as the red panda communicates the environmental struggles of the future world.”
想想的计划	想想深受触动，她回到现实世界后开始和朋友一起研究如何改变未来世界，并制订了计划，拍摄《可持续地球的一天》，来向大众传达可持续的一天怎么过能有效减少碳排放。好朋友主动要求做想想的摄影师，来跟拍想想的可持续地球的一天	想想和朋友们围坐在桌前，讨论如何改变未来	“A group of children sitting around a table, passionately discussing plans to change the future, with a young girl leading the conversation.”
		朋友举起相机，微笑着表示愿意成为想想的摄影师	“A young boy holding up a camera, smiling and volunteering to be the photographer for his friend's sustainable day project.”
		想想拿着一张计划表，上面写着《可持续地球的一天》拍摄计划	“A young girl holding a plan sheet titled 'A Day of Sustainability,' with detailed notes and illustrations, ready for action.”
视频短片拍摄：早晨7点，闹钟响起	叮铃铃！闹钟响了，现在是早上7点钟	闹钟特写，时间显示7:00，闹钟铃声响起	“A close-up of an alarm clock showing 7:00 AM, with the alarm ringing.”

续表

场景	故事原文	镜头描述	文生图关键词（prompt）
视频短片拍摄：早餐场景	早餐每天早上妈妈都会煮茶，这个茶的茶包是可降解的，不含塑料哦，喝起来既环保又放心，开启元气满满的一天~	妈妈在厨房煮茶，茶包特写，显示可降解标签	“A mother in the kitchen brewing tea, with a close-up of a biodegradable tea bag label.”
视频短片拍摄：准备出门	今天是周日，约了好朋友出去玩，打开衣柜，我选择了我最爱的这件T恤，它的原材料都是非常环保的哦。出门必备包包我选择的是这个很轻的、用回收的塑料瓶制成的包包，再带上这个用废弃渔网制成的双面渔夫帽，非常适合遮挡今天的大太阳！鞋子我选择的是我们全家都在穿的植物基鞋子。你知道吗，穿上这个鞋子可以使平均碳足迹减少12%呢！真是好穿又环保，每走一步路都感觉自己在为地球做出了一点小贡献！哦对了，包里还要带上我的咖啡随行杯，这样就可以免去使用一次性咖啡杯的浪费啦！最后，再带上这个用可持续材料制成的飞盘，等下和朋友一起在公园玩~ OK，准备出门啦！	想想打开衣柜，挑选环保T恤	“A young girl opening her wardrobe, selecting an environmentally-friendly T-shirt.”
		想想拿起用回收塑料瓶制成的包包和废弃渔网制成的渔夫帽	“A young girl picking up a bag made from recycled plastic bottles and a reversible hat made from discarded fishing nets.”
		想想穿上植物基鞋子，展示鞋子环保的特点	“A young girl putting on plant-based shoes, highlighting their environmental benefits.”
		想想拿起咖啡随行杯和使用可持续材料制成的飞盘	“A young girl packing a reusable coffee cup and a frisbee made from sustainable materials into her bag.”
视频短片拍摄：公园场景	到公园啦！先和朋友玩一会飞盘~ 天哪，今天怎么这么晒啊！还好妈妈提醒我带了防晒霜，否则很容易被太阳灼伤的！这个防晒霜是妈妈精挑细选的，它可是通过认证的健康危害性极低的一款纯物理防晒，并且还是对海洋珊瑚礁友好的哦，涂上之后就可以放心继续玩啦！	想想和朋友在公园里玩飞盘	“A group of children playing frisbee in a sunny park, with vibrant green trees in the background.”
		想想涂上环保防晒霜，展示产品的特点	"A young girl applying eco-friendly sunscreen, with a focus on the product's coral reef-safe label.”
视频短片拍摄：咖啡馆	和朋友玩累了，我们去了一家获得共益企业认证的咖啡馆，我最喜欢来这里了，因为这家咖啡厅真的是超有爱的一群人！这里有很多哥哥姐姐是很有耐心的聋人，这里不仅能喝咖啡，还能看演出、参加活动，这里有很多动人的故事，和温暖的灵魂。好喜欢这样被爱包围的感觉啊。	想想和朋友们在公益企业认证的咖啡馆lilitime中交流	“A group of children sitting in a B-Corp certified café, engaging in a lively conversation, with a warm and inviting atmosphere.”
视频短片拍摄：回家	活动结束后回到家，先去洗个澡。沐浴露可以用这样自然成分的哦，无动物实验零残忍，可以放心使用的有机护肤产品。洗完澡后点上一根蜡烛，这个蜡烛是萃取天然的色彩和香气，伴着这样北欧风的纯净气息入眠，可以很好地缓解一天的疲惫。当然，最爱的还有这个抱枕啦，它是用天然材质，并且是来自于“织彩虹的民族”独龙族妇女的原始工艺哦，带着这份对自然的敬畏与生活的品质感，美美地入睡啦！这就是我可持续地球的一天，你的一天是怎样的呐？	想想在浴室里使用有机护肤产品	“A young girl in the bathroom using organic skincare products, with a focus on the cruelty-free label.”
		想想点上天然蜡烛，准备入睡	“A young girl lighting a natural candle, preparing for a peaceful sleep, with a cozy and calming ambiance.”
		想想抱着独龙族妇女手工制作的抱枕入睡	“A young girl hugging a handwoven pillow made by the Derung women, falling asleep with a sense of comfort and connection to nature.”
可持续呼吁	想想在短片最后向观众发出呼吁：“可持续是一种集体的力量，地球的未来需要我们每个人付出一份小努力。一起加油吧！”	想想面对镜头，微笑着发出呼吁	“A young girl smiling and looking directly at the camera, making a heartfelt appeal for sustainability and collective action.”

7.5　个性化品牌叙事图片的AI创作

将分镜头脚本写好之后，开始用AI生成每个镜头的图片，并形成一个连贯的故事。其中最重要的是保持角色风格和形象的一致性。以这个故事为例，故事里的主角是小女孩想想，先用Midjourney生成一个小女孩的图片。先借助AI生成关键词，如“cute little girl, beautiful, 3-year-old girl, beautiful, black hair, smile, three-dimensional, 3D effect, 3D animation style, super detailed::2 --ar 16：9”，经过多次调试，最终确认比较满意的小女孩形象如图7-4所示。

图 7-4　Midjourney 生成的故事主角形象

接下来将这张图上传至Midjourney，单击图片，单击鼠标右键并选择“复制图片链接”命令，将复制的图片链接保存下来备用，后续生成同一个人物角色的不同场景的图片都需要使用这个图片链接。

如何保持角色一致性？角色一致性功能“--cref”的使用方法如下。

在提示词后输入“--cref”并输入参考图像的 URL网址，再使用--cw来修改参考强度。默认强度为 100（--cw 100），参考脸部、头发和衣服。当强度为 0（--cw 0）时，只会参考脸部（适合更换服装/头发等）。

接下来举几个分镜头的例子，生成同一个人物角色在不同场景的图片。比如第一个场景“求助信的到来”中“特写镜头，想想捡起信封，上面写着‘未来世界的求助信’”。当用文生图软件如Midjourney生成图片时，需要对上述表格里的关键词进行微调。调整之后输入关键词“little girl, grass field, glowing small box, discovery, magical find, shimmering light, hidden treasure, enchanted moment, child's wonder, nature's sparkle, mystical wood box::2 , curious exploration, gleaming container, secret in the grass, illuminated chest, fantastical artifact, gleaming trinket, young explorer, enchanted grassland, sparkle in the greenery, magical encounter, hidden gem, child's delight, glowing mystery, grassy meadow, unearthed magic, tiny radiant box, wonder-filled moment, three-dimensional, 3D effect, 3D animation style, super detailed::2 --ar 16：9”，在关键词后面加上“--cref+人物角色图片链接 --cw 90”，生成的该场景图片如图7-5所示。可以看出，我们的人物角色是短发，虽然用了人物一致性指令，但还是会出现不同头发长度的情况。所以需要通过不断调试，直到生成比较满意的图片为止。

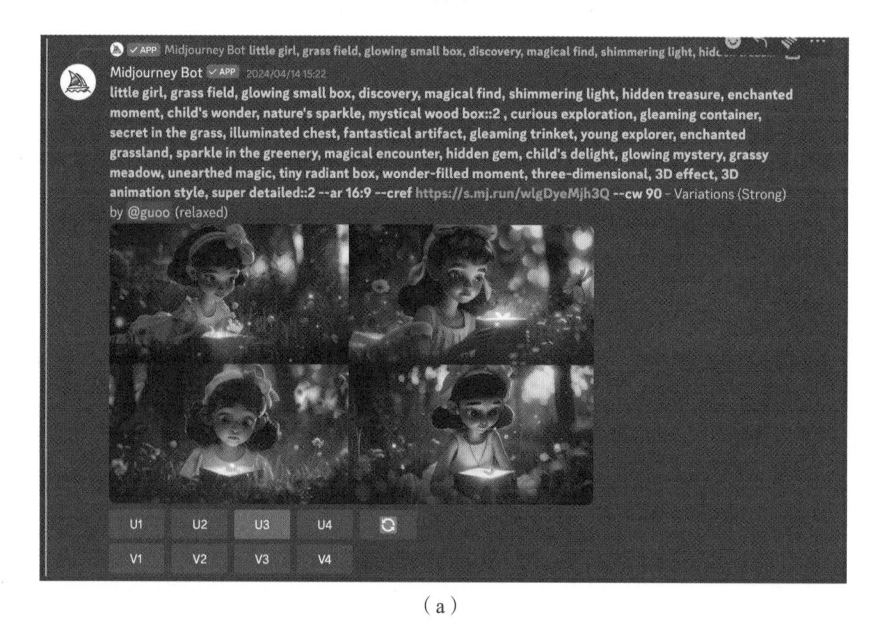

（a）

（b）

图 7-5　Midjourney 生成的图片

接下来生成画面中有两个角色同时出现的图片。在“穿越到未来世界中”场景中，“想想和大熊猫面对面，大熊猫向她讲述未来世界的困境”这一画面中出现了两个角色。同样使用角色一致性指令“--cref ”生成图片。输入关键词“deep grey air, chatting red panda, little girl, excited expression, animated conversation, vibrant against gloom, lively interaction, cheerful demeanor, animated exchange, 3D animation, detailed facial expressions, emotional engagement, dynamic scene, lively body language, cheerful atmosphere, red panda's enthusiasm, child's delight, engaging dialogue, animated storytelling, 3D character interaction, three-dimensional, 3D effect, 3D animation style, super detailed::2 --ar 16：9”，在关键词后面加上“--cref+人物角色图片链接 --cw 90”，生成的该场景的图片如图7-6所示。

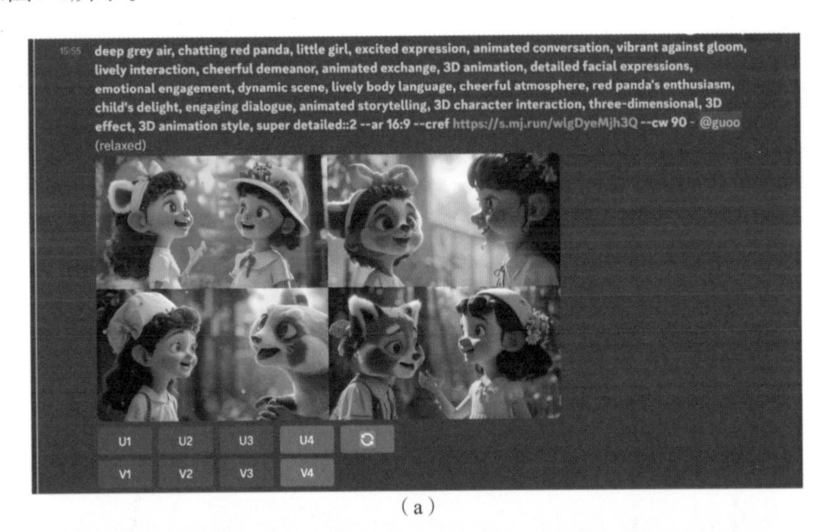

（a）

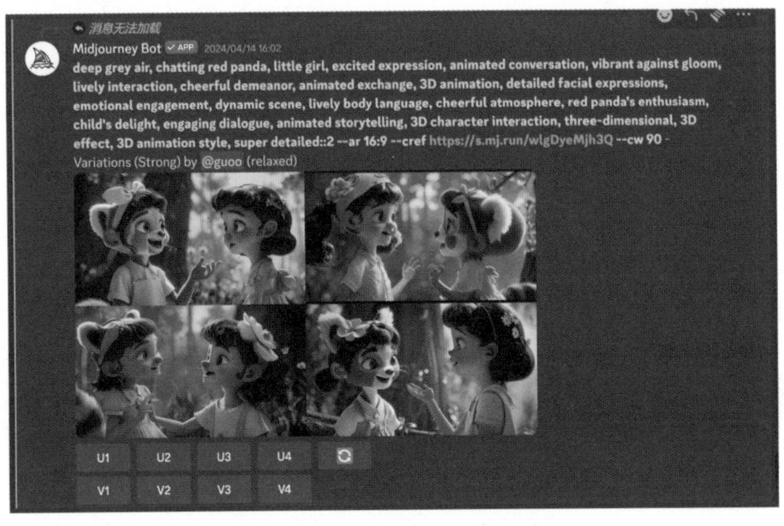

（b）

图 7-6　Midjourney 生成的双角色图片

可以看出，AI在生成包含多个人物的图片时还不够稳定。因此，需要找到效果较好的图片，并在此基础上继续刷新和调整关键词，以生成更符合主题的图片。相比之下，图7-7更符合故事要求，同时对大熊猫进行拟人化的展示也显得更为贴切。

图 7-7 Midjourney 生成的“想想和大熊猫”的画面

接下来生成“视频短片拍摄：准备出门”场景中“想想拿起用回收塑料瓶制成的包包和废弃渔网制成的渔夫帽”图片。输入关键词“cute little girl, beautiful, 3-year-old girl, black hair, smile, happy, little girl, in room, wearing a pink hat::2, confident, standing, relaxed, half-body, three-dimensional, 3D effect, 3D animation style, super detailed::2 --ar 16∶9”，并在关键词后面加上“--cref+人物角色图片链接 --cw 90”，最终生成的图片如图7-8所示。

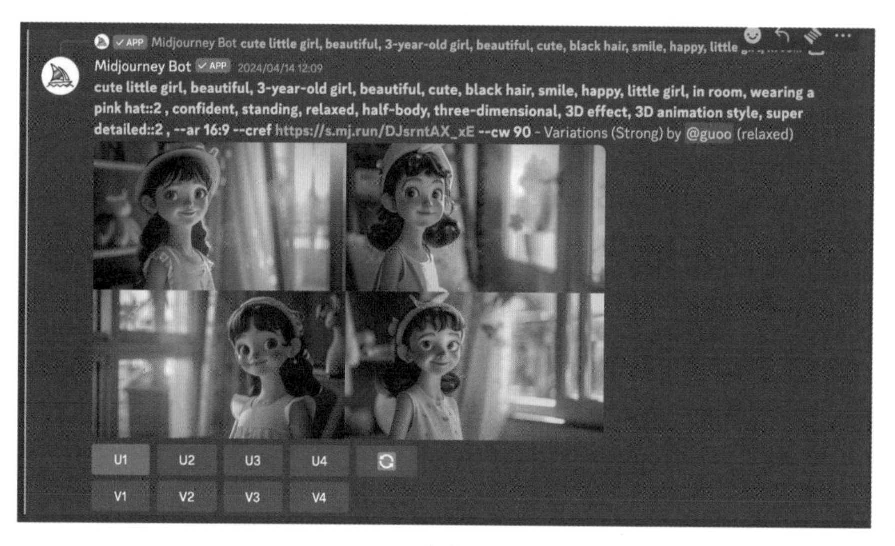

（a）

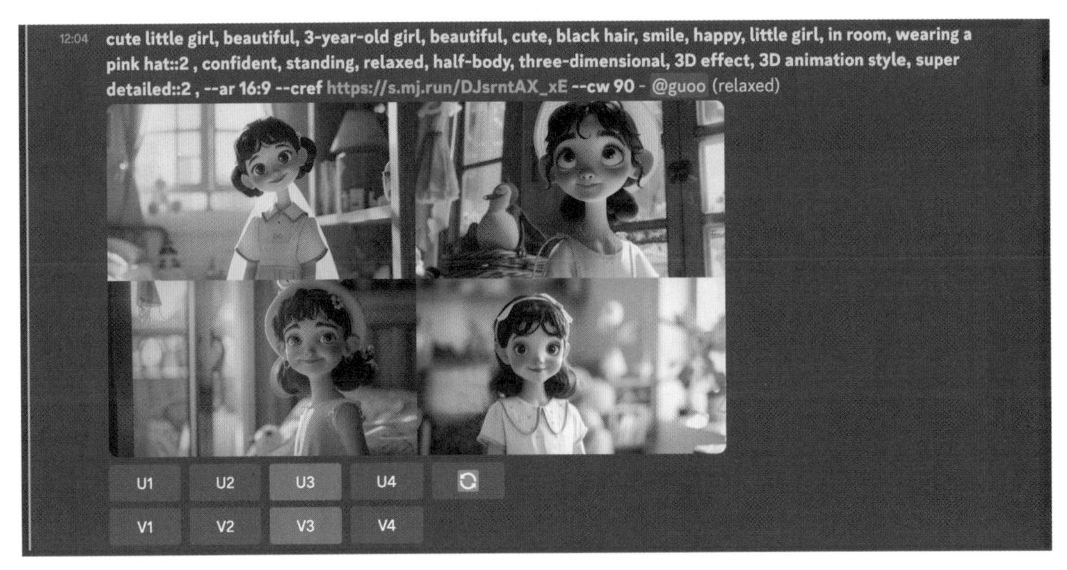

（b）

图 7-8　Midjourney 生成的小女孩戴渔夫帽的图片

最后，根据故事脚本生成所有的叙事图片，如图7-9所示。可以看出，尽管AI可以通过“--cref”指令进行角色一致性的调试，但仍无法确保每张图片中的角色完全一致。这也是目前AI的局限性。在AI图片的制作过程中，用户可以通过不断地调试、刷新和调整关键词，来尽可能保证人物的一致性。随着AI技术的不断进步，未来这一问题有望得到进一步改善。

图 7-9

图 7-9　Midjourney 生成的叙事图片

◎ AI设计灵感锦囊

以下是生成艺术化叙事图片的常用文生图关键词，适合不同的艺术风格和图片效果。通过这些关键词，用户可以更精准地指导AI生成符合品牌故事和视觉要求的图像。

3D动漫风格文生图关键词

three-dimensional：三维的
3D effect：3D效果
3D animation style：3D动画风格
Cartoon Character Modeling：卡通角色建模
Expressive Facial Animation：表情丰富的面部动画
Dynamic Poses：动态姿势
Vibrant Colors：生动鲜艳的颜色
Whimsical Environments：奇幻环境
Playful Props：趣味道具
Comic Book Style：漫画风格
Cel Shading：卡通渲染
Lively Motion：活泼的动作
Interactive Storytelling：互动叙事
Stylized Textures：风格化纹理
Surreal Settings：超现实场景
Whimsical Characters：可爱怪异的角色
Dynamic Lighting：动态光影
Adventurous Themes：冒险主题
Magical Effects：魔法效果
Epic Battles：史诗般的战斗
Sci-Fi Elements：科幻元素
Dreamy Atmosphere：梦幻氛围

不同的艺术风格关键词

※ 油画风格

Painterly：似画作般的效果
Brush Strokes：笔触
Textured Layers：纹理层次
Impressionistic：印象派风格
Color Harmony：色彩和谐
Dramatic Lighting：戏剧性光影

※ 水彩风格

Soft Washes：柔和的涂抹
Transparent Layers：透明的层次
Blended Colors：融合的色彩
Ethereal Atmosphere：空灵的氛围
Delicate Details：精致的细节
Dreamy Effects：梦幻效果

※ 素描风格

Sketchy Lines：素描线条
Cross-Hatching：交叉线描绘
Monochrome Palette：单色调色板
Graphic Contrast：图形对比
Expressive Marks：富有表现力的标记
Dramatic Shadows：戏剧性阴影

※ 摄影艺术

Cinematic Composition：电影感构图
Depth of Field：景深
Moody Atmosphere：忧郁氛围
Surreal Effects：超现实效果
Vintage Aesthetic：复古美学
Abstract Perspectives：抽象视角

※ 拼贴艺术

Collage Elements：拼贴元素
Mixed Media：混合媒介
Layered Textures：分层纹理
Eclectic Style：折中风格

Playful Arrangement：趣味排列

Narrative Montage：叙事拼贴

※ 立体艺术

Sculptural Forms：雕塑形式

Dimensional Depth：立体深度

Kinetic Movement：动态运动

Interactive Installations：互动装置

Spatial Awareness：空间感知

Immersive Experiences：沉浸式体验

※ 数字艺术

Pixelated Patterns：像素化图案

Digital Manipulation：数字处理

Glitch Effects：故障效果

Cybernetic Elements：赛博元素

Futuristic Aesthetics：未来美学

Virtual Realities：虚拟现实

7.6 后期制作软件在品牌艺术创作中的应用

当故事的所有图片生成完毕后，可以将这些叙事图片在社交媒体上传播，同时也可以通过Premiere或剪映等后期视频制作软件，对叙事图片进行后期处理，形成一个完整的叙事故事视频进行传播。

以剪映为例，可以将用AI生成的图片按照故事线顺序全部导入剪映，添加文字、滤镜、特效等，使视频画面更加连贯，完整地讲述一个故事，如图7-10所示。最后，可以通过真人配音或AI配音等方式，为视频添加背景声音，引导故事走向。完整版视频可以通过扫描图7-11中的二维码观看。

图 7-10 用剪映进行后期制作

图 7-11　扫码可观看完整视频

7.7　常用AI艺术化创作指令与参数

本节整理了艺术化品牌叙事常用的Midjourney指令和AI文生图关键词，如表7-2所示。这些资源旨在帮助读者更高效地利用AI工具，创作出更具创意和吸引力的品牌叙事内容。

表 7-2　艺术化品牌叙事常用的 Midjourney 指令和 AI 文生图关键词

Midjourney 常用指令	“--cref”：角色一致性指令 “--cw”：参考强度，默认强度为100（--cw 100），参考脸部、头发和衣服，当强度为 0（--cw 0）时，只会参考脸部（适合更换服装/头发等）
	“--ar”：尺寸指令，如“--ar 16：9”“--ar 3：4”
细节关键词	super detailed, close-up shots, detailed textures, fine details, intricate patterns, precise lines, elaborate design, minute elements, high resolution, microtextures, subtle gradients, detailed illustration, crisp edges, tiny features, nuanced coloring, meticulous craftsmanship, sharp focus, complex motifs, refined features, precision art
3D动漫风格	three-dimensional, 3D effect, 3D animation style, Cartoon Character Modeling, Expressive Facial Animation, Dynamic Poses, Vibrant Colors, Whimsical Environments, Playful Props, Comic Book Style, Cel Shading, Lively Motion, Interactive Storytelling, Stylized Textures, Surreal Settings, Whimsical Characters, Dynamic Lighting, Adventurous Themes, Magical Effects, Epic Battles, Sci-Fi Elements, Dreamy Atmosphere

续表

油画风格	Painterly, Brush Strokes, Textured Layers, Impressionistic, Color Harmony, Dramatic Lighting
水彩风格	Soft Washes, Transparent Layers, Blended Colors, Ethereal Atmosphere, Delicate Details, Dreamy Effects
素描风格	Sketchy Lines, Cross-Hatching, Monochrome Palette, Graphic Contrast, Expressive Marks, Dramatic Shadows
摄影艺术	Cinematic Composition, Depth of Field, Moody Atmosphere, Surreal Effects, Vintage Aesthetic, Abstract Perspectives
拼贴艺术	Collage Elements, Mixed Media, Layered Textures, Eclectic Style, Playful Arrangement, Narrative Montage
立体艺术	Sculptural Forms, Dimensional Depth, Kinetic Movement, Interactive Installations, Spatial Awareness, Immersive Experiences
数字艺术	Pixelated Patterns, Digital Manipulation, Glitch Effects, Cybernetic Elements, Futuristic Aesthetics, Virtual Realities

本章小结

本章重点讲述了如何利用AI技术进行艺术化品牌叙事，以增强品牌与消费者的互动和情感连接。在当今数字化快速发展的时代，AI技术的应用不仅提高了品牌视觉呈现的质量，还加深了消费者对品牌价值的认知，成为品牌营销不可或缺的一部分。

运用AI进行艺术化品牌叙事的流程如下。

1. 构建艺术化品牌叙事主题

• 确定核心信息和情感表达：成功的艺术化品牌叙事始于对故事主题的明确界定。品牌需要确定希望传达的核心信息，如创始故事、品牌定位、产品特性或公司价值观等，确保这些信息能够深刻地描绘品牌希望传达的情感和理念。

• 创意发散：利用AI工具，帮助品牌围绕核心信息进行创意发散，生成多个主题方向，选择最适合的进行详细展开。

2. 品牌叙事脚本的艺术化创编

• 详细脚本编写：一旦确定主题，接下来就可以编写详细的脚本了。这一步骤涉及将主题转化为具体的叙事，详述故事的每一个环节，包括场景设置、角色动作和对话。脚本应详细到足以指导视觉内容的创作，确保每个部分都能有效地支持和强化主题。

• 场景和角色设计：在编写脚本的过程中，详细设计每个场景和角色，包括他们的外貌、动作和表情等，确保故事的每个细节都能打动观众。

3. 利用AI创作品牌叙事图片

• 生成精确的关键词：利用AI生成艺术作品前，需要生成精确的图片关键词。这些关键词应详尽地描述期望的图像中包含的内容，包括场景的风格、颜色调和、角色表情、动作等元素。

• 图像生成与调试：将编写好的关键词输入AI工具，生成图像。如故事中涉及的主角，可使用角色一致性功能，对生成的图片不断进行调试和优化，确保每张图像都能准确一致地展现叙事脚本的角色、内容和情感。

4. 叙事视频的后期制作

• 图像后期处理：虽然AI工具在生成初步图像方面极为有效，但这些生成的图像可能需要进一步处理才能完全符合品牌的视觉标准。后期处理包括调整色彩、对比度、明暗等，以及可能的重新构图，确保最终图像在视觉上是引人入胜的，并且与品牌的整体美学保持一致。

• 视频整合与制作：将生成的图像和视频片段进行整合，添加背景音乐、文字说明和特效，制作出完整的品牌叙事视频。通过剪映等后期视频制作软件，对叙事图片进行后期处理，使之形成一个完整的视频形式的叙事故事进行传播。

课后练习

请基于本章内容，设计一个完整的品牌叙事项目，选择一个品牌的核心故事或价值观，利用AI工具（如Midjourney）创作一系列艺术化的视觉内容，并将这些内容整合成一个视频短片。在项目制作过程中，请详细记录每个步骤的思路和操作，包括如何确定主题、编写叙事脚本、生成图片关键词和后期处理。最后，将完成的短片发布在品牌的社交媒体平台上，并观察和记录受众的反应和反馈。在完成这个练习时，请特别关注以下几个关键点。

• 角色一致性：确保在不同场景中角色的形象和特征保持一致。

• 关键词的精确度：使用详细且准确关键词以生成符合预期的图像。

• 视觉效果的后期处理：对图像进行必要的调整以符合品牌的视觉标准。

• 品牌风格的统一性：确保所有视觉内容在风格和设计上保持一致。

第 8 章
品牌音乐创作中的 AI 应用

本章将深入探讨 AI 在音乐创作中的应用，展示其如何生成一个完整的音乐作品。随着 AI 技术的不断进步，音乐创作领域迎来了前所未有的创新机会。对品牌经理和营销人员来说，掌握这些 AI 工具不仅能够显著提高音乐创作效率、降低经济成本，还可以在短时间内生成多样化的音乐风格和语言，以满足品牌的不同需求。

本章将展示 AI 在品牌音乐创作中的潜力，介绍如何利用 AI 工具如 Suno 进行音乐创作，以及 AI 音乐创作的具体流程，包括生成音乐提示词、通过 Suno 创作音乐、运用 AI 制作图片素材和视频，以及后期剪辑合成完整的音乐视频。通过对本章的学习，读者将掌握如何利用 AI 技术进行高效、创新的音乐创作，从而推动品牌在音乐营销中的创新和发展。

8.1　AI在品牌音乐创作中的应用和潜力

AI在品牌音乐创作中的应用具有巨大的潜力，为品牌经理和营销人员提供了全新的工具和方法，极大地提升了音乐创作的效率和质量。传统的音乐创作通常需要专业的作曲家、制作人，以及大量的时间和资源，而AI技术可以在几分钟内生成高质量的音乐作品，显著缩短了创作周期。通过AI，品牌经理和营销人员可以快速生成符合品牌风格和目标受众喜好的音乐，提升品牌的吸引力和影响力。

8.1.1　多样化和国际化的音乐创作

AI技术不仅能快速生成音乐，还能够实现多种风格和语言的转换。对于国际化品牌这一点尤为重要，可以为不同市场的受众提供个性化的音乐内容。AI可以根据品牌的需求，生成不同风格（如流行、电子、古典等）和不同语言的音乐，从而帮助品牌更好地传播其全球化形象，满足不同文化背景下消费者的需求。这种多样性不仅丰富了品牌的音乐库，还增强了品牌在全球市场中的竞争力。

8.1.2　提高创作效率与降低成本

利用AI技术，品牌可以大幅提高创作效率。AI工具能够自动化处理许多烦琐的创作任务，如编曲、配器和混音，品牌经理和营销人员可以通过AI工具快速生成初稿，并在此基础上进行调整和优化。这种高效的工作流程使品牌能够在短时间内试验多种创意方向，不断优化音乐内容，找到最合适的方案。这种快速试错和优化机制不仅加快了创作进程，还确保了最终音乐作品的质量和吸引力。

经济成本的降低是AI技术在音乐创作中的另一大优势。音乐创作往往需要高昂的制作成本，包括录音室费用、音乐制作人的薪酬，以及各种设备和技术的投入。AI技术的应用显著减少了这些成本，通过AI生成的音乐作品，品牌可以减少对昂贵制作资源的依赖，同时保持高质量的创作输出。这种成本效益使得品牌能够在预算范围内实现更多的创意项目，提高整体投资回报率。

8.1.3　增强创新能力与市场相关性

AI在音乐创作中的应用增强了品牌的创新能力。通过AI工具，品牌可以探索和尝试新的音乐风格和创作手法，突破传统音乐创作的限制。例如，AI可以生成融合多种音乐元素的创新作品，帮助品牌根据市场趋势和用户反馈，不断调整和优化音乐内容，保持品牌的创新活力和市场相关性。通过AI驱动的音乐创作，品牌可以更好地满足消费者的需求，打造更加丰富和多样的品牌体验，最终在竞争激烈的市场中保持领先地位。

8.2　介绍AI音乐平台：Suno

Suno是一个先进的AI音乐平台，能够帮助品牌经理和营销人员高效地创作出符合品牌需求的音乐作品。Suno利用深度学习算法和大量音乐数据，能够自动生成多样化的音乐内容，满足不同风格和场景的需求。

Suno平台有以下优势。

• 高效创作：Suno可以显著提高音乐创作的效率，用户只需输入简单的提示词或描述，即可在短时间内生成高质量的音乐作品，这对需要频繁更新内容的品牌来说尤为重要。

• 多样性和灵活性：Suno能够生成多样化的音乐风格，满足品牌在不同场景下的需求。无论是广告片、社交媒体视频还是产品发布会，Suno都能提供合适的音乐。

• 个性化和品牌化：结合具体的品牌需求，Suno生成的音乐作品可以高度符合品牌个性和定位，增强品牌识别度和影响力。

如何运用Suno实现高效品牌音乐创作？

（1）确定音乐需求：首先，品牌经理和营销人员需要明确音乐的用途和风格。例如，为广告片选择流行音乐风格、为品牌发布会选择古典音乐风格等。

（2）输入提示词和描述：在Suno的界面中，输入关于音乐的具体描述和要求，如节奏、情感、乐器和时长等。详细的提示词可以帮助Suno生成更符合需求的音乐作品。

（3）生成和选择音乐：Suno会根据输入的提示词生成多个音乐片段。用户可以通过预览这些片段，选择最符合品牌需求的音乐，并进一步进行调整和优化。

（4）应用于品牌内容：将生成和优化后的音乐应用到品牌的视频广告、社交媒体内容、产品发布会等各种场景中，提升品牌内容的整体质感和吸引力。

下面重点介绍如何利用Suno、Midjourney、PixVerse、剪映等AI工具制作完整的品牌音乐的详细步骤和方法。

8.3　AI驱动的音乐视频创作流程

品牌主：郭郭老师，我们经营的是一个汽车品牌，想要给品牌在新车发布会上发布一首品牌音乐视频，作为发布会开场前播放的素材，应该怎么用AI创作呢？

郭郭老师：很棒的想法！利用AI技术来生成品牌音乐视频是一个高效且有创意的办法。首先，我先带你梳理一下AI音乐视频创作的流程，主要分为4步。

AI音乐创作的流程如下。

流程1：生成音乐提示词。

流程2：使用Suno根据提示词创作音乐。

流程3：利用AI生成制作音乐视频的图片和视频素材。

流程4：利用后期剪辑工具合成完整的音乐视频。

流程1： 生成音乐提示词

生成音乐提示词是AI音乐视频创作的第一步，也是至关重要的一步，因为它决定了音乐作品的风格、情感和结构。对品牌人和营销人来说，明确品牌的定位和目标受众至关重要。音乐提示词应详细描述所需音乐的风格、情感、节奏和主要乐器等。此外，品牌还可以参考类似风格的现有音乐，进一步明确AI生成的音乐方向。清晰而详细的提示词是确保生成高质量品牌音乐的关键。

流程2： 使用Suno根据提示词创作音乐

在生成了详细的音乐提示词之后，接下来就可以使用Suno进行音乐创作了。只需将提示词输入Suno，系统会快速分析提示词，并生成多个音乐片段供选择。通过预览这些音乐片段，选择最符合品牌需求的版本，并对其进行进一步调整和优化。这种自动化的创作过程不仅节省了时间和成本，还确保了音乐的创意和多样性，满足品牌的不同需求。

流程3： 利用AI生成制作音乐视频的图片和视频素材

音乐创作完成后，下一步是制作与之匹配的视频素材。使用Midjourney和PixVerse等AI工具可以生成高质量的图片和视频素材，将生成的素材与音乐结合，可以增强品牌视频的视觉效果。AI生成的素材不仅能够保证风格的一致性，还能快速响应品牌的创意需求。通过不断调整和优化，品牌需要确保生成的图片和视频素材完美匹配音乐的节奏和情感，从而提升整体品牌视频的质量。

流程4： 利用后期剪辑工具合成完整的音乐视频

最后一步是利用后期剪辑工具将音乐和视频素材合成为一个完整的品牌音乐视频。使用如剪映等后期制作软件，对生成的音乐和视频素材进行剪辑和优化。后期剪辑包括调整画面色彩、添加过渡效果、同步音乐和视频的节奏等，以确保最终成品的专业质量。

8.4　生成多样化的音乐提示词

郭郭老师：首先你可以具体介绍一下该汽车品牌哦，包括品牌定位和目标受众，我先带你分析一下并确定AI音乐提示词。

品牌主：好的，我先详细介绍一下我的品牌信息。

品牌名称：EcoDrive（化名）

品牌定位：EcoDrive是一个高端新能源汽车品牌，致力于提供环保、时尚和智能的驾驶体验。我们的汽车不仅采用最先进的电动技术、减少碳排放，同时还融入了智能科技和现代设计，以满足年轻消费者对创新和可持续发展的追求。

目标受众：EcoDrive的主要目标受众是20~35岁的都市年轻人，他们具有强烈的环保意识和科技兴趣，追求高品质生活和个性化体验。他们注重产品的环保性能和智能功能，愿意为绿色出行和先进科技买单。这些年轻消费者通常关注环境保护、科技发展和生活品质，重视品牌的社会责任和创新能力。

郭郭老师：接下来我们将结合AI技术确定适合在新车发布会上播放的AI音乐视频的不同主题方向，包括音乐视频的故事内容、音乐风格和乐器选择，生成的结果如图8-1所示。

新车发布会AI音乐视频的三个主题方向

主题方向一：绿色未来

音乐视频的故事内容：

一位年轻人在城市生活中找到自然与自我的平衡，通过EcoDrive引领的绿色出行，重获内心的宁静与环保意识。

音乐风格：电子流行（Electronic Pop）

乐器：合成器、电子鼓、贝斯、键盘

主题方向二：智能出行

音乐视频的故事内容：

一位年轻女性通过使用EcoDrive的智能科技，提升了生活质量和自信心，实现了职场和生活的完美平衡。

音乐风格：未来派电子音乐（Futuristic Electronic）

乐器：合成器、电子鼓、数字音效

主题方向三：时尚环保

音乐视频的故事内容：

一位时尚年轻人通过EcoDrive将环保理念融入潮流生活，成为环保与时尚的先锋。

音乐风格：现代流行（Contemporary Pop）

乐器：吉他、电子鼓、键盘、贝斯

图 8-1　ChatGPT 生成的不同音乐视频主题方向

接下来选择感兴趣的音乐视频方向，比如围绕主题方向一制作一个完整的音乐视频。首先，需要确定音乐提示词。与Midjourney等文生图工具不同，在Suno中输入的提示词非常简单，只需用一句话说明音乐灵感来源、乐器和音乐风格即可。例如，围绕“主题方向一：绿色未来”的故事内容，提供给Suno的提示词为：“一位年轻人在城市生活中找到自然与自我的平衡，通过EcoDrive引领的绿色出行，重获内心的宁静与环保意识”，之后可以通过参数设置选择音乐风格和乐器。

8.5　利用Suno进行音乐创作

确定音乐方向和提示词之后，接下来进入Suno平台，开始创作音乐。访问官网https://suno.com/ 后，打开Suno首页，其中展示了其他用户生成的热门音乐。大家可以单击播放按钮收听这些音乐，也可以复制喜欢的歌曲提示词（prompt）或延长歌曲，如图8-2和图8-3所示。

图 8-2　Suno 首页

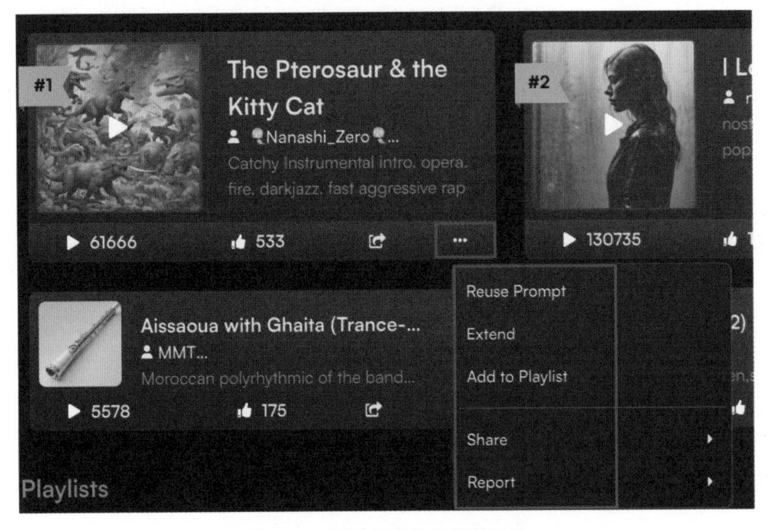

图 8-3　社区内歌曲的操作信息

单击左侧边栏中的“Create”按钮，进入音乐创作页面。创作分为两个模式：默认模式和自定义模式，首先来看默认模式的使用方法。

8.5.1　Suno音乐创作的默认模式

默认模式下的操作非常简单，只需输入Song Description（歌曲描述）提示词即可，如图8-4所示。

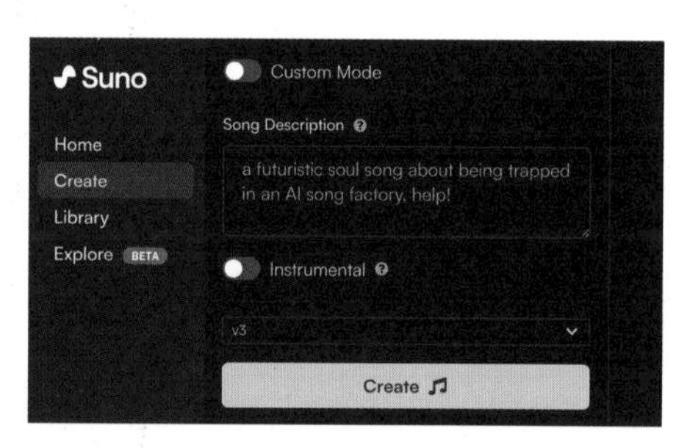

图 8-4　Suno 音乐创作的默认模式

将刚才AI生成的音乐提示词“一位年轻人在城市生活中找到自然与自我的平衡，通过EcoDrive引领的绿色出行，重获内心的宁静与环保意识”输入到文本框内。这里需要注意的是，Suno支持50多种语言，输入什么语言的关键词，生成的歌词就是什么语言。在默认模式下，无须输入音乐风格等提示词。如果想要生成不带歌词的纯音乐，可以启用下面的“Instrumental”功能。最后生成的效果如图8-5所示。

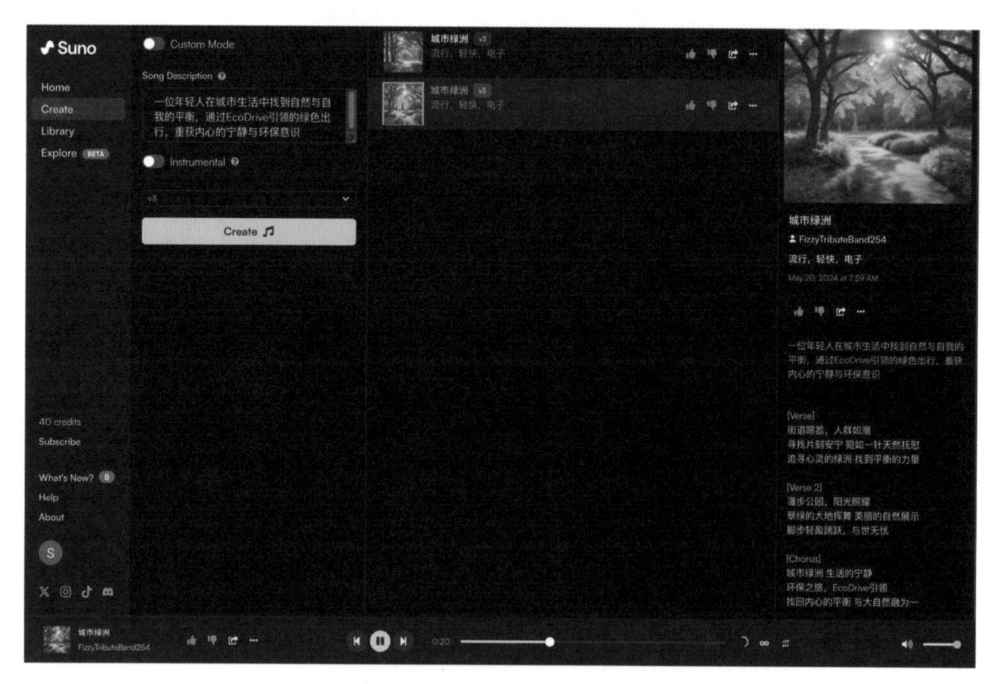

图 8-5　Suno 默认模式下生成的音乐（音频版请见电子资源）

从图8-5中可以看到，AI生成了两首歌词相同但旋律不同的音乐。用户可以选择更喜欢的音乐下载。在界面右侧，可以看到音乐的详细信息，包括AI自动生成的歌词和音乐风格。播放音乐，会发现两首音乐风格不同，但旋律都非常和谐且契合品牌定位。这种多样化的创作方式不仅能满足不同的听觉体验需求，还能在新车发布会上通过多样化的音乐风格吸引不同观众的注意力，提升品牌的整体感知和影响力。通过对比不同版本的音乐，品牌团队可以选择最能体现品牌精神和发布会主题的音乐，确保最终的呈现效果最佳。

8.5.2　Suno音乐创作的自定义模式

接下来使用自定义模式进行音乐创作。自定义模式主要分为4部分内容，包括设置歌词、乐器演奏、音乐风格、歌曲标题。

（1）Lyrics（歌词）：在文本框只输入想要生成的歌词主题方向即可，这里输入已经生成的“一位年轻人在城市生活中找到自然与自我的平衡，通过EcoDrive引领的绿色出行，重获内心的宁静与环保意识”，单击“Generate Lyrics”按钮即可生成整首歌的歌词，如图8-6所示。

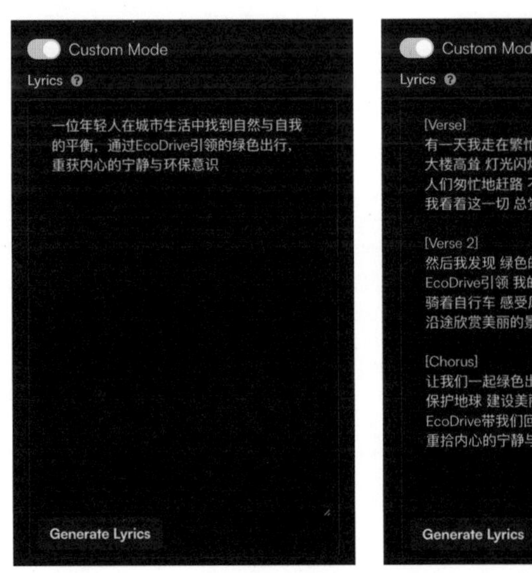

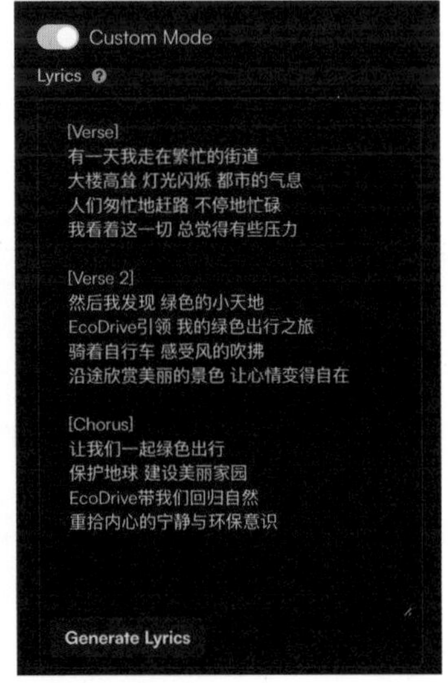

图 8-6　在自定义模式下生成的歌词

在生成的歌词中，可以看到带有中括号的词语，如[Verse]和[Chorus]。其中，[Verse]指的是段落或章节，是歌曲中主要叙述故事或传达信息的部分；[Chorus]是副歌，是歌曲中重复出现的部分。它们是用来标记歌曲结构的术语，分别代表歌曲的不同部分，各自具有特定的功能和特点。通过这些标记，可以控制音乐小节的生成方向，使得AI能够更好地组织和生成符合预期的音乐结构。

（2）Instrumental（乐器演奏）：可以选择打开或关闭乐器演奏开关。如果选择打开，则上面的“Lyrics”歌词开关会自动关闭，生成的音乐为不带歌词的纯音乐，如图8-7所示。

（3）Style of Music（音乐风格）：在音乐风格文本框里可以输入歌曲的音乐方向提示词，比如输入“Electronic Pop”，生成电子流行风格的音乐。如果不知道选择哪一种音乐风格，也可以单击“Use Random Style”按钮让系统随机挑选一种音乐风格，如图8-8所示。还可以查看Suno官方给出的音乐风格清单，在www.suno.wiki网址中查看并选择合适的音乐风格，如图8-9所示。

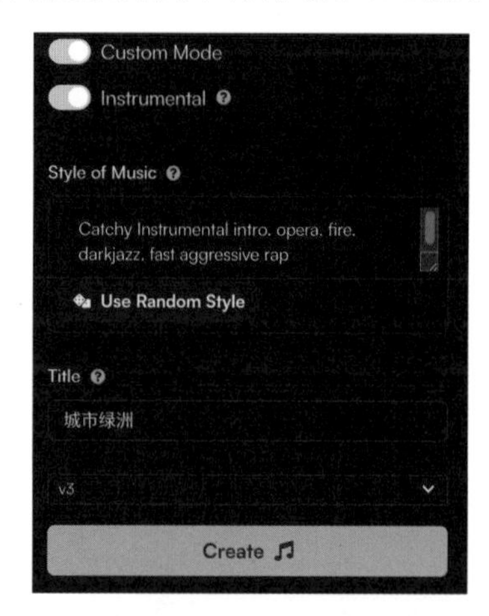

图 8-7　开启 Instrumental（乐器演奏）后的页面

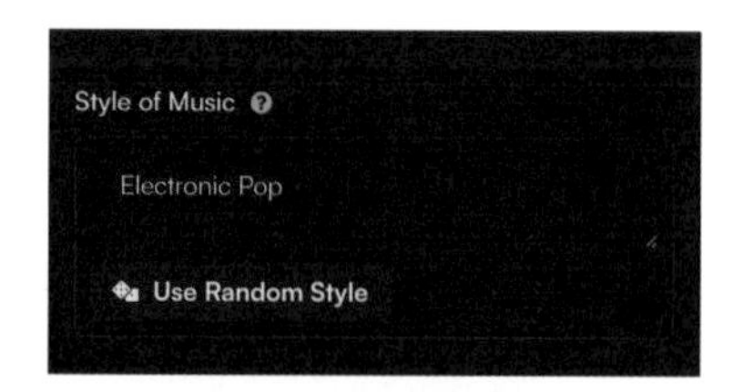

图 8-8　输入音乐风格

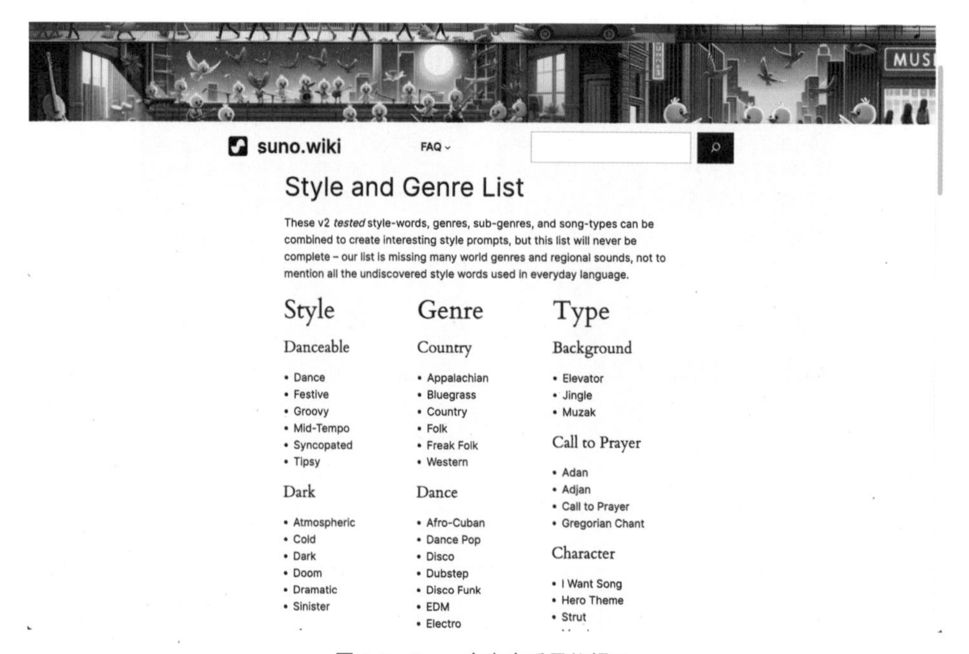

图 8-9　Suno 官方音乐风格提示

（4）Title（音乐标题）：在标题文本框里输入标题，在生成的音乐视频里会自动显示这个标题，作为视频的开头或结尾，帮助观众识别和记住这首音乐的主题。这里可以输入“EcoDrive的绿色未来”作为音乐标题，如图8-10所示。

图 8-10　输入音乐标题

将以上信息填好之后，单击“Create”按钮生成自定义模式下的音乐。可以看到，AI生成了两首音乐，并且是按照用户选择的音乐风格和输入的音乐标题生成的，如图8-11所示。单击下载按钮即可保存音乐视频，如图8-12所示。

图 8-11　Suno 自定义模式下生成的音乐

图 8-12　在 Suno 中下载的音乐视频（视频版请见电子资源）

8.5.3　用Suno生成一首完整的音乐

前面已经生成了主题歌曲。但是Suno在默认模式和自定义模式下生成的音乐，一般只有Verse和Chorus。平时人们听到的音乐都有完整的前奏、副歌、结尾等，是非常完整的有头有尾的歌曲。接下来介绍生成一首完整音乐的步骤。首先，介绍一下常见的歌曲结构。

什么是常见的歌曲结构?

1. Intro（开头）

开头是歌曲的开始部分，确定歌曲的基调和氛围。开头可以是音乐演奏，没有歌词，也可以有简单的几句歌词。开头的作用是吸引听众的注意，让他们想继续听下去。就像电影的开场镜头，引导观众进入故事。

2. Verse（章节）

章节是歌曲的主要部分，用来讲述故事或传达信息。每个章节的旋律相似，但歌词不同。它们推动故事的发展或描述特定的情感和场景。

3. Pre-Chorus（ 前副歌）

前副歌是连接章节和副歌的部分，通常在副歌前出现，旋律与章节和副歌不同。前副歌的作用是增加期待感，为即将到来的副歌做准备。它就像故事中的悬念部分，让人迫不及待想知道接下来会发生什么。

4. Chorus（副歌）

副歌是歌曲中重复出现的部分，通常包含歌曲的主题或情感。副歌的旋律和歌词每次出现时基本相同，易于记忆和传唱。副歌是歌曲的核心部分，通常最容易让人记住。例如，在流行歌曲中，副歌就是那部分大家都会跟着唱的部分。

5. Bridge（过渡段）

过渡段是歌曲中比较特别的一部分，用来提供变化。它通常在歌曲的中间或后半部分出现，旋律和歌词都与章节和副歌不同。过渡段给人一种新鲜感，并且为歌曲的最后一个副歌做铺垫。

6. Outro（结尾）

结尾是歌曲的结束部分，通常是歌曲渐渐消失或者重复几遍副歌后结束。结尾的目的是让歌曲更完整，给听众留下深刻的印象。想象一下，结尾就像故事的最后一句话，圆满地结束整个故事。

了解了常见的歌曲结构之后，接下来学习如何在现有Verse和Chorus的基础之上增加Intro（开头）、Pre-Chorus（前副歌）、Bridge（过渡段）和Outro（结尾）。这里首先要了解一个概念——“Metatags”（元标签）。

什么是Metatags（元标签）？

Metatags（元标签）是在歌词中用方括号标记的指令，用来控制音乐的某一部分怎么演奏或唱出来。简单来说，元标签用于告诉AI在特定的地方使用某种风格或乐器。比如，写[Syncopated Bass]，就是让AI在这段同步贝斯。注意元标签要简短，最好不超过3个词，否则AI可能会忽略它或者把它当成歌词来唱。总的来说，使用元标签可以更好地控制音乐小节的生成方向，让AI按照你的意图来创作音乐。

如何使用Metatags（元标签）？

下面按照一般歌曲结构的顺序详细描述如何使用元标签。

1. Intro（开头）

开头是歌曲的开始部分，确定歌曲的基调和氛围。一般情况下，加上元标签[Intro]之后，音乐的前奏还是会很短，不容易带入歌曲的氛围，因此可以在开头部分，把元标签设置为如下样式。

[Intro]
[Intro Silence]：歌曲开头的一段无声部分
[Extended Instrumental Intro]：歌曲开头延长乐器演奏部分
[Guitar solo]：吉他独奏

设置其中几个元标签之后，可以延长前奏时间，并加入一段有旋律的乐器演奏。也可以在[Intro]前面加上描述词，如[Powerful Intro]，使前奏在情绪上更加丰富。

2. Verse（章节）

章节是歌曲的主要部分，用来讲述故事或传达信息。在歌词中添加元标签时，可以使用描述性的风格词语来引导AI如何演唱这些部分，并加在Verse歌词的前面。例如：

- [Verse]
- [Sad Verse]：悲伤的章节
- [Rapped Verse]：说唱章节

3. Pre–Chorus（前副歌）

Pre-chorus前副歌是连接Verse（章节）和Chorus（副歌）的部分，通常用来增强情感和期待感。Pre-chorus可以引导听众进入副歌，使歌曲在情感上更加饱满。

以“一位年轻人在城市生活中找到自然与自我的平衡，通过EcoDrive引领的绿色出行，重获内心的宁静与环保意识”音乐主题故事为例，介绍如何在这个主题的歌词中使用[Pre-chorus]元标签，可以看到Pre-chorus（前副歌）在Verse和Chorus中间的部分。

[Verse]
Driving through the concrete jungle, lost in the grind,
City lights blur my vision, peace I cannot find,
But in my EcoDrive, a spark of hope so kind,
Nature's whisper calls me, leaves the stress behind.

[Pre-chorus]
Feel the heartbeat of the earth, it's calling me,
Echoes of the green, where I can be free.

[Happy Chorus]
EcoDrive, where the green meets the sky,
Feel the freedom as we glide, you and I,
EcoDrive, in this moment we fly,
Through the fields and the trees, let's drive high.

4. Chorus（副歌）

副歌是歌曲中重复出现的部分，通常包含歌曲的主题或情感。在歌词中添加元标签时，可以使用描述性的风格词语来引导AI如何演唱这些部分，并加在Chorus歌词的前面。例如：

- [Chorus]
- [Happy Chorus]：欢乐的副歌
- [Powerpop Chorus]：力量流行风格副歌

5. Bridge（过渡段）

Bridge是歌曲中提供转折或变化的部分，通常在情感和旋律上有所不同。Bridge可以出现在歌曲的任何地方，用来打破重复的节奏和旋律，增加歌曲的层次感。Bridge的元标签设置非常简单，只需在需要转折或变化的歌词部分前加上 [Bridge] 标签。

6. Outro（结尾）

结尾是歌曲的结束部分，结尾部分歌曲通常渐渐消失或者重复几遍副歌后结束。Outro的元标签设置也很简单，只需在结尾部分的歌词前加上 [Outro] 标签。

除了基本的元标签，如[Verse]、[Chorus]、[Pre-chorus]和[Bridge]，还可以在这些元标签下面加入乐器和音乐风格标签，如[pop]、[rap]等，以便更具体地指导AI如何创作和演绎这些部分。

综上所述，将整首歌的歌词完整写出来如下所示。

[Intro Silence]
[Powerful Intro]
[Extended Instrumental Intro]

[Verse]
走在城市的街头
寻找一片绿色的天空
我跟着EcoDrive的脚步
寻求内心的宁静

[Pre-Chorus]
我爱这个繁忙的城市
但也渴望那片无垠的大地
我忘不了那自然的呼吸
在城市中找到平衡的秘密

[Happy Chorus]
城市的喧嚣融入我的歌声
EcoDrive带我飞向远方
绿色出行种下希望的种子
心中充满环保意识的温柔

[Bridge]
[Rap]
EcoDrive, we ride through the night
追逐环保梦，不再徘徊
城市与自然共存的时代
绿色出行让未来更明亮

[Happy Chorus]
城市的喧嚣融入我的歌声
EcoDrive带我飞向远方
绿色出行种下希望的种子
心中充满环保意识的温柔

[Outro]
在EcoDrive的旅程中前行
我们找到了那绿色的共鸣
城市与自然和谐共生
EcoDrive的梦，永不止步

完整版的歌词可以用AI生成，也可以使用专门生成AI音乐歌词的GPT如Suno AI V3-Lyrics，更有针对性地生成结构正确的歌词和元标签。最后生成的音乐如图8-13所示。

图 8-13　Suno 生成的音乐

8.6　创建音乐视频的图片和视频素材

为了做出可以播放的、有统一风格画面的音乐视频，可以借助ChatGPT、Midjourney和PixVerse等AI工具生成音乐视频中的图片和视频素材，提升视频的视觉效果和整体品质。

8.6.1　生成音乐视频脚本分镜头和文生图关键词

首先将前面生成的完整版歌词给ChatGPT，让它生成一个两分钟的视频脚本，每个分镜头要对应相应的歌词画面，以及文生图的关键词，并做成表格，如表8-1所示。

表 8-1　Ecodrive 音乐视频：绿色未来

时间点	元标签	歌词	分镜画面描述	关键词（prompt）
0:00—0:08	[Intro Silence] [Powerful Intro] [Extended Instrumental Intro]	无	视频开始，黑屏，文字逐渐出现:EcoDrive presents，然后切换到城市街头，灯光闪烁，车流穿梭	"EcoDrive presents" text, city streets, flashing lights, traffic

续表

时间点	元标签	歌词	分镜画面描述	关键词（prompt）
0:08—0:20	[Verse]	走在城市的街头，寻找一片绿色的天空	年轻人在城市街头行走，背景是高楼大厦和车水马龙	Young person walking, city skyscrapers, busy traffic
0:20—0:32		我跟着EcoDrive的脚步，寻求内心的宁静	汽车在乡间小路上行驶，沿途绿树成荫，远处有连绵的山脉和蓝天白云	Car driving on a scenic country road, trees lining the road, distant mountains, blue sky with white clouds
0:32—0:44	[Pre-chorus]	我爱这个繁忙的城市，但也渴望那片无垠的大地	城市夜景，灯光闪烁，展示城市繁忙的一面，切换到广阔的自然景观	Busy city night scene, twinkling lights, bustling activity, transitioning to wide open natural landscapes
0:44—0:56		我忘不了那自然的呼吸，在城市中找到平衡的秘密	年轻人在绿色的田野中深呼吸，露出轻松的笑容，城市与自然景观交替展示	Young person breathing deeply in green fields, smiling, alternating city and nature scenes
0:56—1:08	[Happy Chorus]	城市的喧嚣融入我的歌，EcoDrive带我飞向远方	年轻人在车内，开车穿过城市和乡村，面带微笑	Young person in a car, driving through city and countryside, smiling joyfully
1:08—1:20		绿色出行种下希望的种子，心中充满环保意识的温柔	汽车在乡间小路上飞驰，周围是绿树和鲜花，年轻人微笑	Car speeding on a country road, surrounded by trees and flowers, young person smiling
1:20 - 1:32	[Bridge] [rap]	EcoDrive, we ride through the night，追逐环保梦，不再徘徊	夜晚的城市街头，汽车闪过，年轻人驾驶汽车，目光坚定	Night city streets, car zooming by, young person driving a car, determined look
1:32—1:44		城市与自然共存的时代，绿色出行让未来更明亮	城市与自然景观交替展示，汽车驶向远方，镜头逐渐变暗	Alternating city and nature scenes, car driving into the distance, screen gradually fading to dark
1:44—1:56	[Happy Chorus]	城市的喧嚣融入我的歌声，EcoDrive带我飞向远方	年轻人在车内，开车穿过城市和乡村，面带微笑	Young person in a car, driving through city and countryside, smiling joyfully
1:56—2:08	[Outro]	在EcoDrive的旅程中前行，我们找到了那绿色的共鸣	汽车在日落时分行驶，背景是壮丽的景色，车内镜头，年轻人微笑，看向窗外的美景	Car driving at sunset, majestic scenery, interior car shot, young person smiling, looking at the beautiful scenery outside

8.6.2 AI生成每个分镜头图片

下面用Midjourney等AI文生图工具生成每个分镜头的图片。这部分内容可以参考本书5.5一节确定广告风格与元素的AI应用中分镜头图片的制作步骤，并使用“--sref”功能保持音乐视频中画面风格的一致性。

先用Midjourney生成第二个分镜头的图片。在现有关键词的基础上，添加风格关键词，比如想要生成一个细节感丰富的3D水彩风格的视频，可以加入“Transparent Layers, Cartoon Character Modeling, 3D animation, 3D effect, 3D illustration, super detailed”关键词，生成的图片如图8-14所示。选择其中一张图片作为整个视频风格的参考图，比如选择第四张偏复古港风的图片，如图8-15所示，作为整个音乐视频视觉风格的参考。下载这张图片下来，并复制链接。

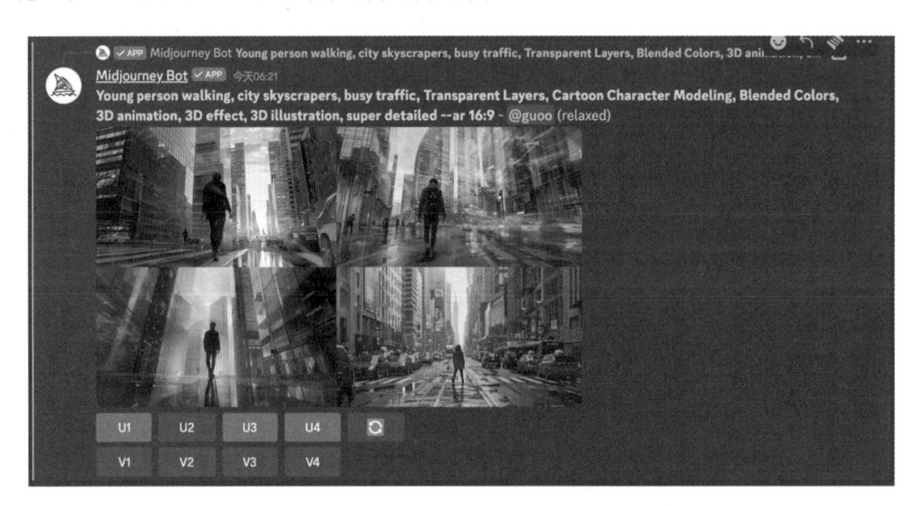

图 8-14　Midjourney 生成的第二个分镜头图片

图 8-15　整个音乐视频风格参考图

确定好风格参考图之后，后续生成的图片都会用到Midjourney的“--sref”功能，生成和图8-15风格相同的图片，保持整个音乐视频画面风格的一致性。

下面生成第三个分镜头的图片，输入关键词“Car driving on a scenic country road, trees lining the road, distant mountains, blue sky with white clouds（主体描述），

Transparent Layers, Blended Colors, 3D animation, 3D effect, 3D illustration（画面风格）--sref https://s.mj.run/A7gg6GNDXTQ（指令和参考图链接）--ar 16：9（图片尺寸）”，生成的图片如图8-16所示，生成的图片很好地参考了图8-15的风格。

图 8-16　Midjourney 生成的第三个分镜头图片

按照同样的方法，生成整个视频的分镜头图片，汇总的效果如图8-17所示，可以看出，使用“--sref”风格一致性功能可以非常完美地将视频画面风格进行统一。

图 8-17　EcoDrive 音乐视频分镜头图片

8.6.3　用AI生成每个分镜头视频

接下来将生成好的分镜头图片分别导入AI视频创作平台进行图生视频。以PixVerse为例，单击“Create”按钮进入创作视频页面后，单击“Image”按钮，上传分镜头1的图片，并输入提示词“city streets, flashing lights, traffic”，设置相机的移动参数，单击“Create”按钮生成视频，如图8-18所示。最后生成的视频效果如图8-19所示。从视频中可以看出，画面中汽车的移动轨迹还是比较顺畅的，但是新车画面还是会有变形的情况出现，需要不断刷新、调整提示词进行尝试，直到生成满意的视频效果。用同样的图生视频的方法，继续生成其他所有分镜头的视频。

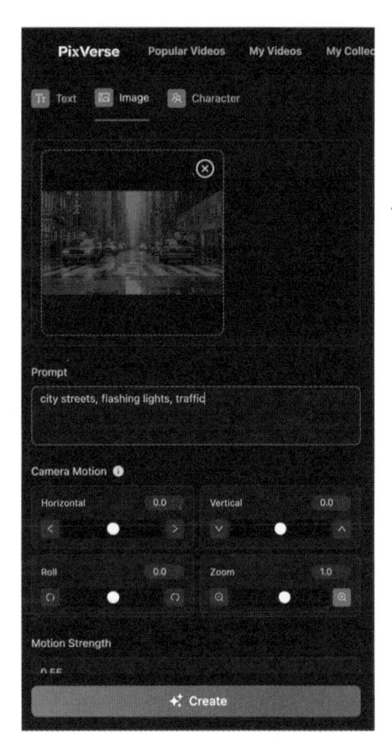

图 8-18　PixVerse 图生视频参数设置

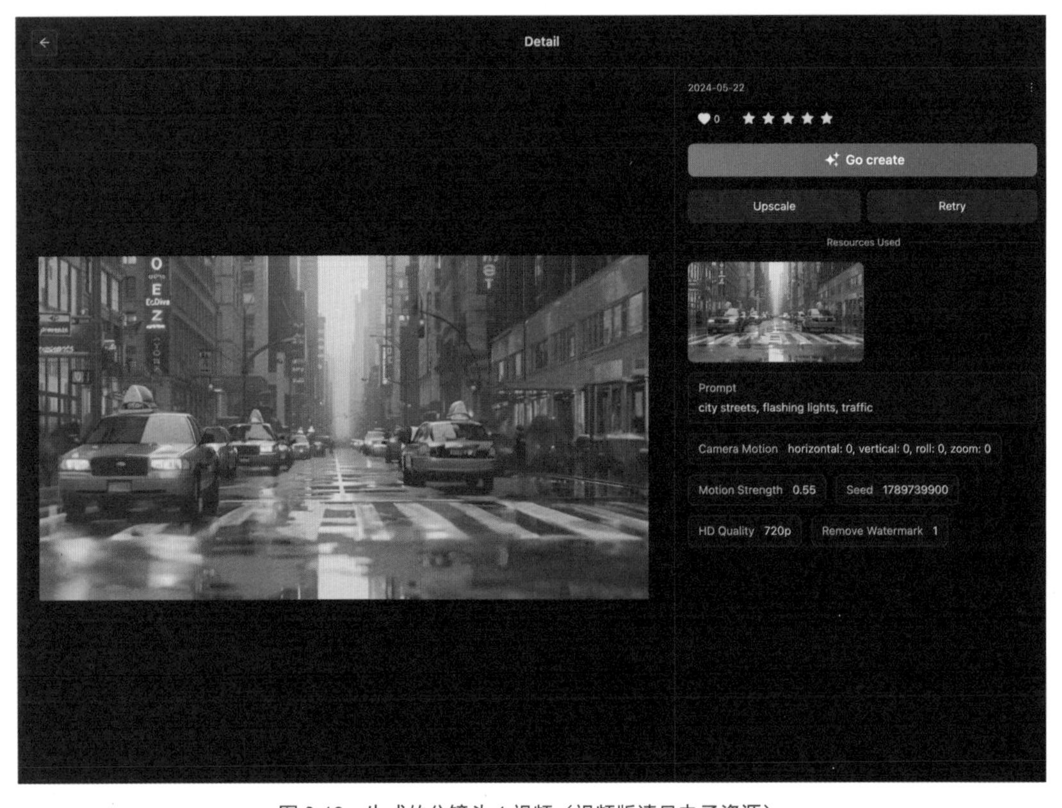

图 8-19　生成的分镜头 1 视频（视频版请见电子资源）

8.7　合成完整的音乐视频

所有分镜头的视频生成完之后，可以将所有视频片段通过剪映等后期视频制作软件，组合成一个完整的音乐视频进行传播。

以剪映为例，将AI生成的视频按照分镜顺序全部导入，添加音乐歌词、滤镜、特效等，使视频画面更加连贯，完整地讲述一个故事，如图8-20所示。最后，将8.5小节中生成的品牌音乐导入剪映，作为视频的背景音乐，最后导出一个完整的AI原创音乐视频。

图 8-20　在剪映中合成完整的音乐视频

8.8　AI音乐创作的实用指令与参数

本节汇总了AI音乐创作常用的网站、AI指令和利用AI生成音乐的常用元标签，如表8-2所示。这些资源旨在帮助读者更高效地利用AI工具，打造出精确且富有创意的品牌音乐视频。通过这些工具和标签，品牌可以更灵活地创作音乐，提升整体营销效果。

表 8-2　AI 音乐创作常用的网站、AI 指令与利用 AI 生成音乐的常用标签

常用网站	Suno 网址：https://suno.com/ 查看音乐风格：www.suno.wiki 协助生成音乐歌词的GPT：Suno AI V3 – Lyrics，可以更有针对性地生成正确结构的歌词和元标签
Midjourney 常用指令	"--ar"：尺寸，如"--ar 16：9""--ar 3：4" "--sref"：风格一致性功能
常见音乐结构和常用元标签	[Intro] 开头 [Intro], [Short Instrumental Intro], [Instrumental Intro], [Vocal Intro], [Intro Silence] [Soft Acoustic Intro], [Heavy Guitar Intro], [Synthwave Intro], [Orchestral Intro], [Piano Intro], [Ambient Intro], [Electronic Beat Intro] [Verse] 章节 [Verse], [Verse 1], [Verse 2], [Verse 3], [Verse A], [Verse B] [Soft Verse], [Aggressive Verse], [Melancholic Verse], [Uplifting Verse], [Dark Verse], [Happy Verse], [Sad Verse] [Acoustic Verse], [Electric Guitar Verse], [Synth Verse], [Piano Verse], [Orchestral Verse], [Hip-Hop Verse], [Jazz Verse] [Pre-Chorus] 前副歌 [Pre-Chorus], [Pre-Chorus 1], [Pre-Chorus 2] [Building Pre-Chorus], [Tense Pre-Chorus], [Soft Pre-Chorus], [Energetic Pre-Chorus], [Calm Pre-Chorus] [Chorus] 副歌 [Chorus], [Chorus 1], [Chorus 2], [Chorus Reprise], [Chorus Repeat] [Powerful Chorus], [Soft Chorus], [Emotional Chorus], [Energetic Chorus], [Melancholic Chorus], [Joyful Chorus], [Epic Chorus] [Acoustic Chorus], [Electric Guitar Chorus], [Synth Chorus], [Piano Chorus], [Orchestral Chorus], [Hip-Hop Chorus], [Jazz Chorus] [Bridge] 过渡段 [Bridge], [Bridge 1], [Bridge 2], [Instrumental Bridge] [Soft Bridge], [Aggressive Bridge], [Melancholic Bridge], [Uplifting Bridge], [Dark Bridge], [Happy Bridge], [Sad Bridge] [Acoustic Bridge], [Electric Guitar Bridge], [Synth Bridge], [Piano Bridge], [Orchestral Bridge], [Hip-Hop Bridge], [Jazz Bridge] [Outro] 结尾 [Outro], [Outro Refrain], [Outro and Fade], [Outro and Reprise], [Outro Silence] [Soft Outro], [Heavy Outro], [Melancholic Outro], [Uplifting Outro], [Dark Outro], [Happy Outro], [Sad Outro] [Acoustic Outro], [Electric Guitar Outro], [Synth Outro], [Piano Outro], [Orchestral Outro], [Hip-Hop Outro], [Jazz Outro]

本章小结

本章深入探讨了AI在品牌音乐创作中的应用，展示了AI技术如何从辅助创作到生成完整的音乐作品。AI技术的不断进步为音乐创作带来了前所未有的创新机会，对品牌经理和营销人员来说，掌握这些AI工具和方法至关重要。AI不仅能显著提高音乐创

作效率、降低经济成本，还能在短时间内生成风格和语言多样化的音乐，以满足品牌的不同需求。

运用AI进行音乐创作的4个流程如下。

（1）生成音乐提示词：根据品牌需求，生成详细的音乐提示词是利用AI创作音乐的第一步。音乐提示词决定了音乐作品的风格、情感和结构。品牌经理和营销人员需要明确品牌的定位和目标受众，详细描述所需音乐的风格、情感、节奏和主要乐器等。

（2）使用Suno创作音乐：只需将提示词输入到Suno中，系统会快速分析提示词并生成多个音乐片段供选择。通过预览这些音乐片段，选择最符合品牌需求的版本，并对其进行进一步调整和优化。注意，Suno有默认模式和自定义模式，用户可根据具体需求多次尝试生成。

（3）制作图片和视频素材：音乐创作完成后，下一步是制作与之匹配的视频素材。AI可以生成高质量的图片和视频素材，这些素材可以与音乐完美结合，增强品牌视频的视觉效果。使用工具如Midjourney和PixVerse，可以生成符合音乐风格和品牌形象的图片和视频。注意，要使用AI的风格一致性功能，并且确保生成的图片和视频素材完美匹配音乐的节奏和情感。

（4）合成完整的音乐视频：最后一步是利用剪映等后期剪辑工具将音乐和视频素材合成为一个完整的品牌音乐视频。后期剪辑包括调整画面色彩、添加过渡效果、添加歌词、添加品牌Logo、同步音乐和视频的节奏等，以确保最终成品的专业质量，增强视频的品牌识别度。

课后练习

AI品牌音乐视频创作

运用本章所学内容，创作一段2~3分钟的品牌音乐视频。首先，明确品牌的定位和目标受众，生成详细的音乐提示词，然后使用Suno平台创作符合品牌风格的音乐。接着使用AI工具如Midjourney和PixVerse生成与音乐匹配的图片和视频素材，并通过后期剪辑工具将这些素材合成为一个完整的视频。最后分享完成的音乐视频作品并分析其与品牌形象的契合度，以及可能的市场反应。制作AI音乐视频时需要注意以下几个关键点。

- 确保音乐提示词详细且符合品牌定位。
- 保持音乐视频画面风格一致，确保获得高质量的音乐视频。
- 注重后期剪辑中的细节以提升视频的专业性。

第 9 章

时尚界的 AI 创新

本章将深入讨论 AI 在时尚设计中的广泛应用及其对时尚品牌的重要性。随着 AI 技术的快速发展，时尚行业正在经历一场深刻的变革。AI 不仅显著提高了设计效率，还大大拓展了创意的边界，使得设计师能够实现前所未有的创新。对时尚品牌而言，掌握和应用这些 AI 技术不仅能加速设计过程，还能确保品牌在竞争激烈的市场中保持创新和领先地位。

首先，探讨 AI 如何从根本上改变了设计流程和创作方式。其次，详细介绍 AI 在服装设计中的具体应用，从线稿到试穿图，展示 AI 如何在各个环节发挥作用。再次，探讨 AI 如何将设计师的灵感转化为具体的时尚单品，以及 AI 生成时装周秀场视觉效果的过程。同时，特别介绍 The New Black 软件在服装设计中的应用，展示这一工具如何帮助设计师实现高效且富有创意的设计。通过对本章的学习，读者将深刻理解 AI 技术在时尚设计中的革命性影响，掌握具体的应用方法，提升品牌的创新能力和市场竞争力，将 AI 技术更好地融入到自己的创作和品牌建设中。

9.1 AI在时尚设计中的应用概述

AI技术的应用不仅提高了设计效率，还极大地拓展了创意的可能性。品牌经理和营销人员掌握和应用这些AI工具，能够显著提升设计效率，并增强品牌在市场中的竞争力。

9.1.1 提升设计效率和创意产出

AI工具在时尚设计中的应用首先体现在提升设计效率和创意产出上。传统的设计流程通常需要设计师花费大量时间进行线稿绘制、修改和试验。AI技术的引入，使得设计师可以快速生成多种设计方案，并在短时间内进行多次迭代，从而节省时间和成本，提高创意产出。这不仅加快了设计流程，还使得时尚品牌能够更快地推出新产品，满足市场的动态需求。

AI技术的一个具体应用是从线稿图到试穿图的自动生成。设计师可以通过AI工具，将初步的线稿快速转化为试穿图。这不仅简化了设计流程，还使设计师能够在早期阶段就看到设计的实际效果。品牌经理和营销人员可以利用这一功能，快速评估设计方案的可行性和市场潜力，从而更快地做出决策。

9.1.2 灵感捕捉与设计优化

AI还能将设计师的灵感快速转化为具体的设计方案。通过对大量设计数据的学习和分析，AI可以生成符合设计师意图的创新设计。这不仅提高了创意的多样性，还帮助设计师突破传统思维的限制，探索新的设计方向。对品牌来说，这意味着可以更快地响应市场需求和时尚趋势，推出创新性强的产品。AI可以捕捉和生成灵感，优化设计方案，使其更符合消费者的喜好和需求。

在生成时装周秀场视觉效果方面，AI展示了其在时尚展示中的重要性。AI可以快速生成高质量的视觉效果图，模拟时装秀场的场景和氛围。这不仅可以帮助设计师更好地规划和设计秀场，还提高了品牌的展示效果。品牌经理和营销人员可以利用这些视觉效果图，提前进行宣传和市场预热，吸引更多的关注和参与。AI生成的秀场设计图不仅能优化布置和展示，还可以在社交媒体和宣传材料中提前展示秀场的精彩瞬间，吸引观众的兴趣。

9.1.3 优化沟通与降低成本

AI的应用大大提高了品牌经理和设计师之间的沟通效率。通过AI生成的视觉效果图和设计方案，品牌经理可以更直观地理解设计师的创意和意图，减少了沟通中的误解和信息传递的时间。同时，AI的高效性显著降低了设计成本，使品牌能够在更短的时间内推出更多的设计方案，从而提升市场竞争力。AI生成的视觉效果图和设计方案，可以作为有效的沟通工具，帮助品牌经理和设计师更好地交流和协作，减少反复修改和试验的成本。

接下来将具体介绍AI在时尚设计中的具体应用和实际步骤。

9.2　从线稿图到试穿图：AI在服装设计中的应用

品牌主：郭郭老师，我们品牌的设计师画了一些服装线稿图，应该如何借助AI在最短的时间之内将这些线稿图转化为模特试穿图呢？

郭郭老师：借助AI工具可以大大提高服装设计的效率，看来你已经掌握诀窍啦。将线稿图转化为模特试穿图主要有3个步骤。

步骤一：上传线稿图并生成服装设计核心关键词。

步骤二：确定服装的颜色、面料、时尚拍摄等相关细节关键词。

步骤三：用AI生成模特试穿图。

首先你可以发我一张已有的线稿图，我带你用AI工具将其转化为实物图。

品牌主：好的！这是一张薄纱带有褶边的长袖衬衫的线稿图，如图9-1所示。

图 9-1　服装线稿图

郭郭老师：好的，我们生成的模特试穿图是基于这张线稿图制作的。因此，首先我们需要让AI识别出这张图的核心关键词，以便后续生成带有颜色、面料质感和模特试穿效果的图片。

使用Midjourney的“describe”指令，将这张图上传至Midjourney，并让AI生成该图片的基本描述，如图9-2所示。因为AI生成的描述通常比人们自己写的更加准确，从而尽可能保证后续图片生成的一致性。在图9-3中可以看到，AI生成了4组该图的关键词（prompt）。选择其中一组比较合适的，比如选择第一组描述这个服装设计的关键词并复制下来备用。

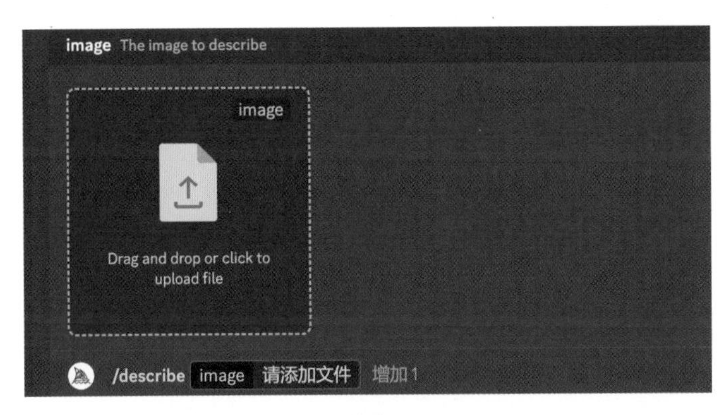

（a）

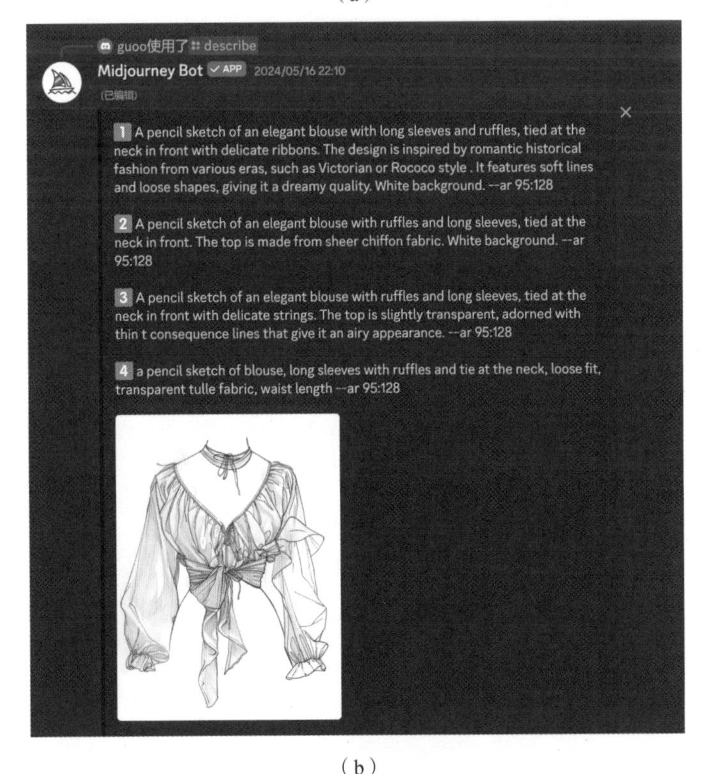

（b）

图 9-2　Midjourney 生成线稿图的基本描述

郭郭老师：接下来可以更加具体地说明该服装的颜色和面料质感，我们在此基础上再加入关键词，帮你生成更加真实的产品效果图。

品牌主：好的，这件服装是棕色的，丝质面料，整体设计风格是比较优雅的。

郭郭老师：OK，下面我们来整理下要提供给AI的关键词。

· 先复制刚才AI生成的关于服装描述的关键词 “an elegant blouse with ruffles and long sleeves, tied at the neck in front”；

· 加入服装的颜色和面料关键词“brown color, silk fabric”；

· 再加入真实感时尚拍摄关键词“realistic clothing texture, C4D style rendering, precise OC rendering, high-end realistic photography setting, ultra-realistic rendering, white background, detailed, rich, lifelike, commercial photography, Canon”；

· 最后加上尺寸关键词“--ar 3：4”。

在将上述关键词提供给AI之前，需要注意生成的真人试穿图片是基于图9-1制作的，因此可以利用Midjourney的参考图片功能，在输入关键词之前，先复制图9-1的图片地址，并将其放在关键词的最前面。然后加一个空格，在空格后面加入上述关键词，并在关键词后面加上“--iw 2”（注意：--iw的数值越大，表示参考原图的程度越大）。

最后提供给AI的关键词为“https://s.mj.run/c4nxOnMnU6Y（参考原图的图片地址）an elegant blouse with ruffles and long sleeves, brown color（服装颜色），tied at the neck in front（AI生成的图片描述）。The top is made from silk fabric（服装面料），realistic clothing texture, C4D style rendering, precise OC rendering, high-end realistic photography setting, ultra-realistic rendering, white background, detailed, rich, lifelike, commercial photography, Canon（真实感时尚拍摄关键词）--iw 2（参考图片权重） --ar 3：4（图片尺寸）”。最后生成的图片如图9-3所示。

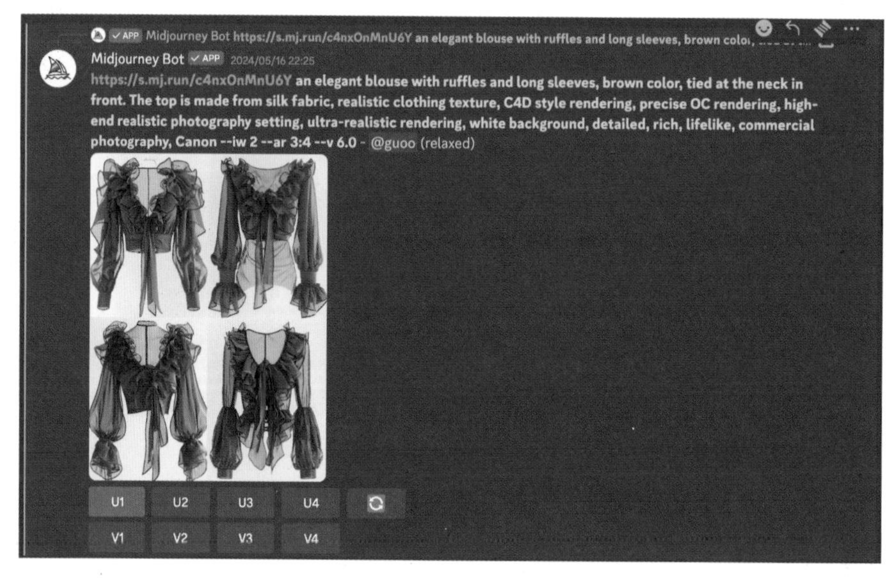

图 9-3　Midjourney 生成的服装实物图效果

在此基础之上，可以单击刷新按钮，多刷新几次，直到生成比较满意的、最接近服装效果的图片，如图9-4所示。

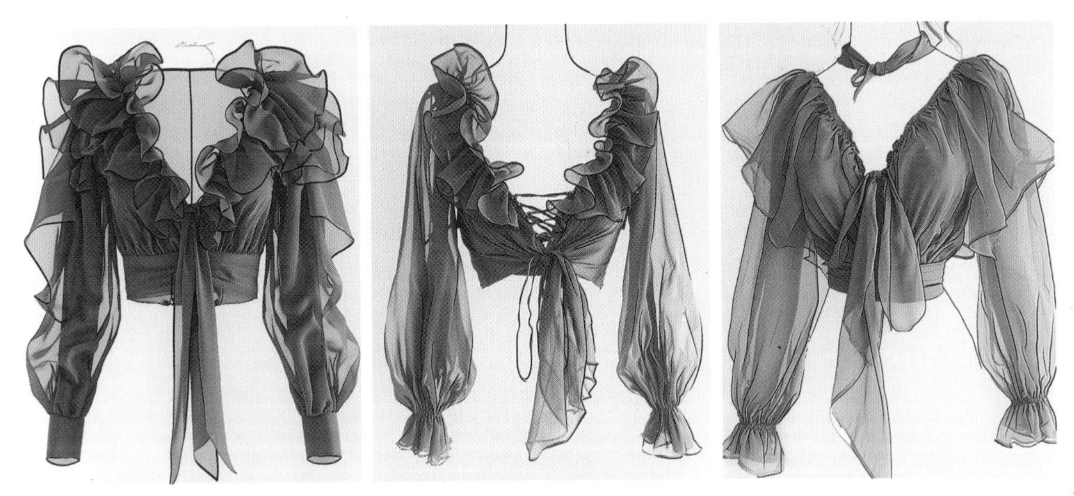

图 9-4　Midjourney 生成的服装实物图

在此基础上，生成有模特试穿效果的图。在现有关键词的基础上，把真实摄影相关的关键词的权重加大，如“high-end realistic photography setting::2 , ultra-realistic rendering::2, commercial photography::2”，这样生成的图片会更具真人模特感。同时，把参考的原图链接换成图9-4中生成的图片的链接。最后提供给Midjourney的关键词如图9-5所示，生成的效果如图9-6所示。

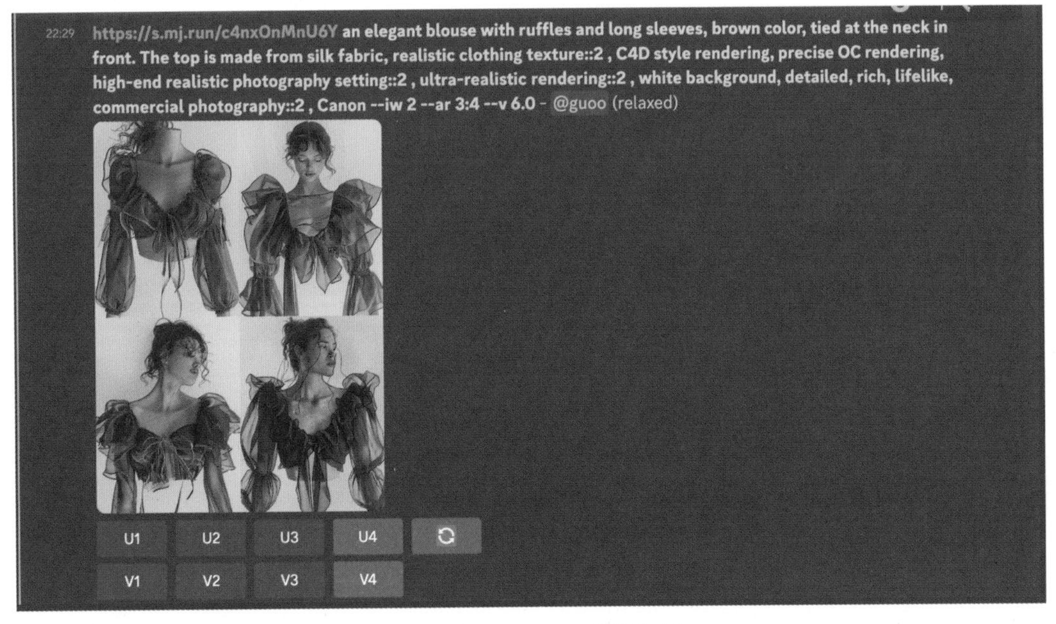

图 9-5　给 Midjourney 提供关键词

图 9-6　Midjourney 生成的模特试穿效果图

◎ AI设计灵感锦囊

以下将服装线稿图生成模特试穿图的文生图关键词，可以帮助人们生成具有真实感的服装模特试穿图，涵盖了常用的服装颜色、面料、拍摄效果和模特姿态。

服装颜色关键词

- Red：红色
- Blue：蓝色
- Green：绿色
- Black：黑色
- White：白色
- Yellow：黄色
- Pink：粉色
- Purple：紫色
- Orange：橙色
- Brown：棕色
- Gray：灰色
- Navy：藏青色
- Beige：米色
- Teal：水鸭蓝
- Burgundy：酒红色
- Coral：珊瑚色
- Mint：薄荷色
- Lavender：淡紫色
- Olive：橄榄色
- Maroon：栗色

服装面料关键词

- Silk Fabric：丝绸面料
- Cotton Fabric：棉质面料
- Wool Fabric：羊毛面料
- Linen Fabric：亚麻面料

- Denim Fabric：牛仔布
- Leather Fabric：皮革面料
- Satin Fabric：缎面
- Velvet Fabric：天鹅绒
- Chiffon Fabric：雪纺
- Lace Fabric：蕾丝
- Polyester Fabric：涤纶面料
- Knit Fabric：针织面料
- Tweed Fabric：粗花呢
- Suede Fabric：麂皮绒
- Organza Fabric：纱网
- Jersey Fabric：棉毛布
- Nylon Fabric：尼龙面料
- Taffeta Fabric：塔夫绸
- Crepe Fabric：绉纱
- Mesh Fabric：网布

真实感时尚拍摄关键词

- Realistic Clothing Texture：真实的衣物质感
- C4D Style Rendering：C4D风格渲染
- Precise OC Rendering：精准OC渲染
- High-End Realistic Photography Setting：高端、真实的摄影设置
- Ultra-Realistic Rendering：超真实渲染
- White Background：白色背景
- Detailed：详细的
- Richdetails：丰富的细节
- Lifelike：栩栩如生
- Commercial Photography：商业摄影
- Canon：佳能
- Studio Lighting：影棚灯光
- Editorial Style：编辑风格
- Fashion Editorial：时尚编辑风
- Glossy Finish：光泽效果

模特姿态关键词

- Full-Body Model：全身模特
- Half-Body Model：半身模特
- Dynamic Poses：动态姿势
- Natural Poses：自然姿势
- Front View：正面视角
- Side View：侧面视角
- Back View：背面视角
- Casual Pose：休闲姿势
- Elegant Pose：优雅姿势
- Walking Pose：行走姿势
- Seated Pose：坐姿
- Action Pose：动作姿势
- Hands on Hips：手插腰
- Over-the-Shoulder Pose：过肩姿势
- Crossed Arms：双臂交叉
- Leaning Pose：倚靠姿势
- Portrait Style：人像风格
- Profile View：侧脸视角
- Interaction Pose：互动姿势
- Motion Capture：动态捕捉

9.3 将灵感转化为设计：AI在时尚单品创作中的应用

品牌主：郭郭老师，我想把一些灵感元素转化为具体的时尚设计方案，比如想要以“塑料瓶”为灵感，设计出一些服装效果图，应该怎么用AI生成呢？

郭郭老师：当我们的脑海中没有很具象的设计想法时，让AI为我们提供一些创意方向是非常能够激发灵感的方式。下面我带你操作一下如何以不同的灵感生成时尚单品效果图。

利用下面这个AI提示词公式可以将灵感转化为时尚单品设计图。

AI时尚单品创作=时尚单品颜色+时尚单品类型+设计灵感+模特类型+时尚关键词

首先，以刚刚提到的“塑料瓶”为灵感，尝试用这个公式生成图片。例如，想要生成一个“以回收塑料瓶为灵感制成的可持续时尚外套，色彩高级，是一个欧洲模特穿着的，正面展示图，高级奢侈的感觉，3：4尺寸的图像”，将这些信息代入公式中，借助AI生成关键词。最后生成的关键词为“high-end colored sustainable fashion coat（时尚单品颜色和单品类型）, recycled plastic bottles inspiration（设计灵感）, European model（模特类型）, front view, high fashion, luxury, realistic（时尚关键词）--ar 3：4（图片尺寸）”，生成的图片如图9-7所示。

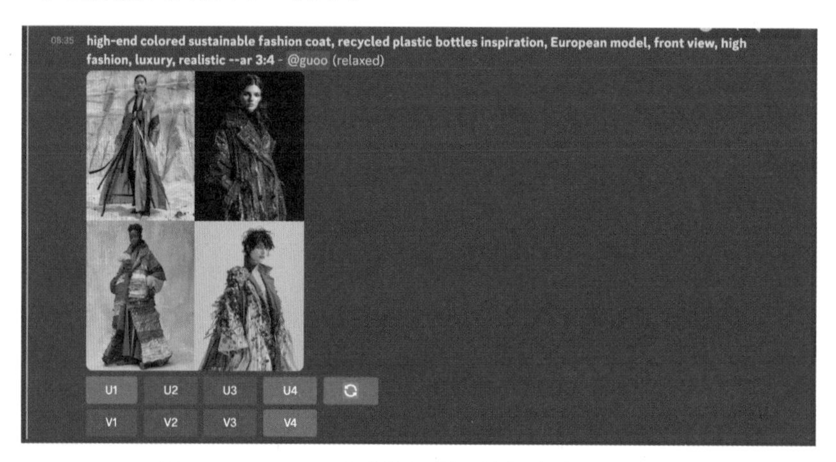

图 9-7　Midjourney 生成的以“塑料瓶”为灵感的服装图

从图9-8中可以看出，AI的创作力非常出色。当大家缺乏设计方向时，这些图片可以提供很好的灵感。同时，大家可以多次刷新，生成更多的以“塑料瓶”为灵感的设计图，如图9-8所示。

图 9-8　Midjourney 生成的服装图

接下来生成“一个以敦煌为灵感制成的长裙，色彩高级，复古，丝绸材质，是一个非洲模特穿着的正面展示图”，同样将相关信息代入公式中，提供给Midjourney的关键词为“high-end colored long dress（时尚单品颜色和单品类型）, Dunhuang inspiration（设计灵感）, African model（模特类型）, vintage, silk material, fashion magazine shoot, high fashion, luxury, realistic（时尚关键词）--ar 3：4（图片尺寸）”，生成的图片如图9-9所示。多次刷新，可以生成更多的以“敦煌”为灵感的服装设计图，如图9-10所示。

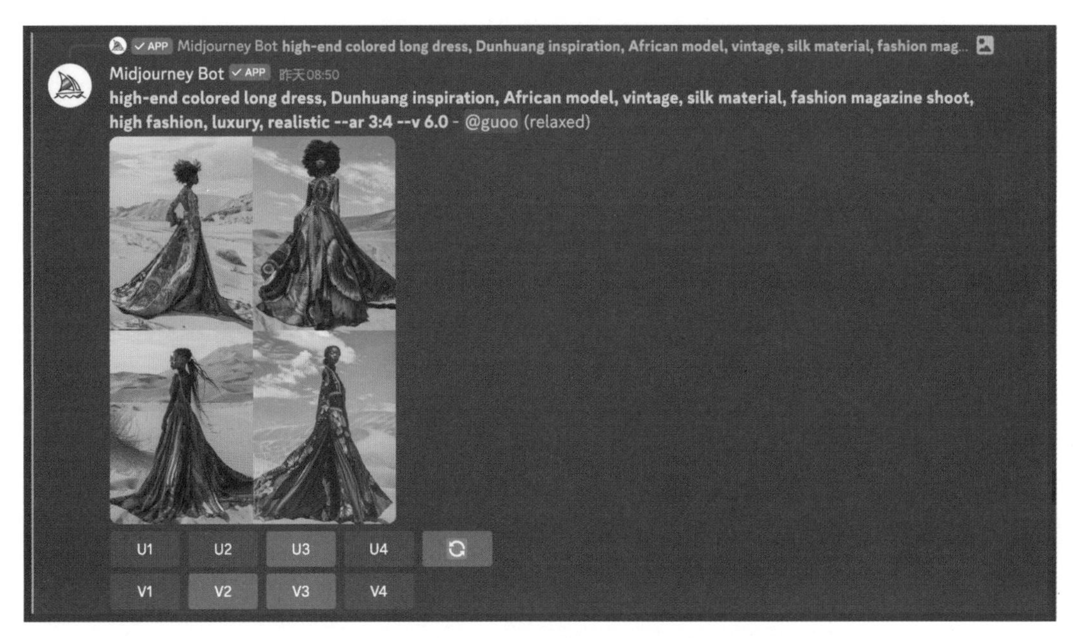

图 9-9　Midjourney 生成的以“敦煌”为灵感的服装设计图

图 9-10　Midjourney 生成的服装设计图

除了服装的全身和半身图，AI还可以生成服装近景细节图，通过加入“close-up details”等近景细节关键词，可以生成更近距离的服装效果图。还是以上述公式为例，生成“用回收的扣子为灵感制成的长裙，哥特风格，是一个欧洲模特穿着的，服装细节近景展示图”。根据公式，最后提供给Midjourney的关键词为“long dress（时尚单品类型）, recycled buttons inspiration, Gothic style（设计灵感）, European model（模特类型）, close-up details（近景细节）, high fashion, luxury, realistic（时尚关键词）--ar 3：4（图片尺寸）”。如果不确定想要什么颜色的服装，可以先不写颜色关键词，通过AI生成的图片再慢慢寻找灵感，生成的图片如图9-11所示。

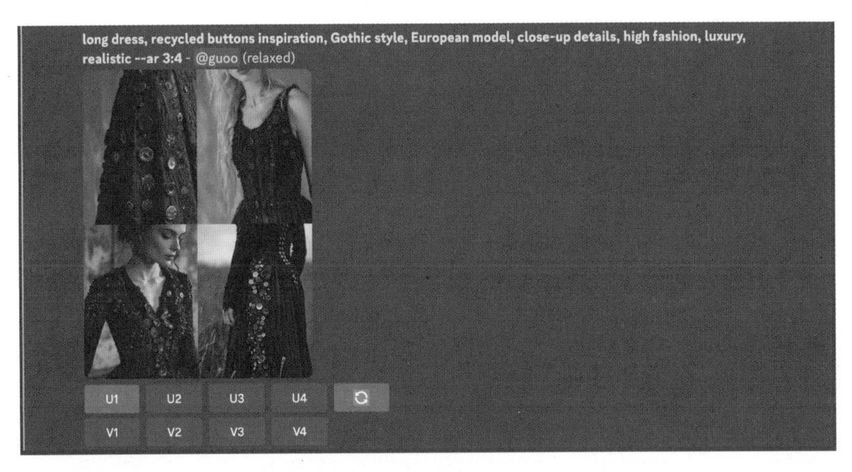

（a）

（b）

图 9-11　Midjourney 生成的以“回收扣子”为灵感的哥特风服装细节图

除了服装，AI还可以生成以不同灵感设计的其他时尚单品，比如首饰、箱包、丝巾、鞋靴等。接下来以首饰为例，让AI生成不同灵感的首饰设计图。

同样的，运用“时尚单品颜色+时尚单品类型+设计灵感+模特类型+时尚关键词”公式，生成“银色耳饰，以别针为灵感设计的耳饰，设计感强，极简风格，欧洲女模特穿戴”的图片。根据公式生成的关键词为“silver earrings（时尚单品颜色和单品类型）, safety pin inspiration, strong design, minimalist style（设计灵感）, European female model（模特类型）, fashion photography, high fashion, detailed, realistic（时尚关键词）--ar 3：4（图片尺寸）”，生成的耳饰设计图如图9-12所示。

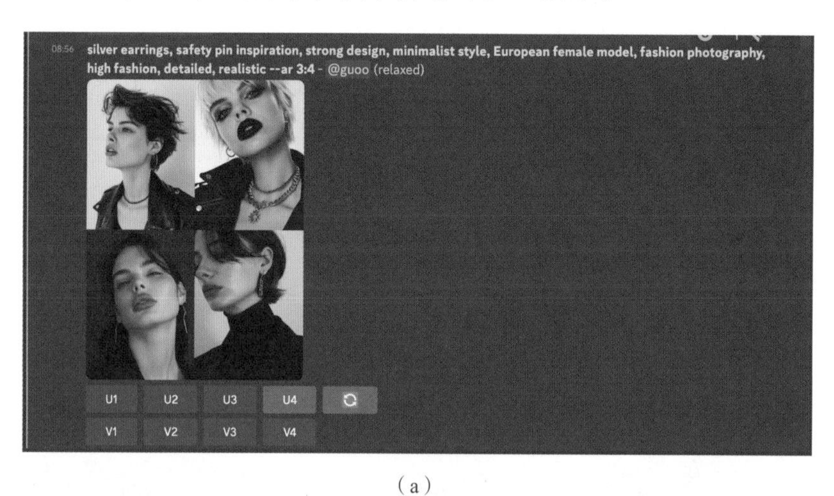

（a）

（b）

图 9-12　Midjourney 生成的以“别针”为灵感的耳饰设计图

再尝试设计一个以“猫咪”为灵感的项链，同样运用公式，提供给Midjourney的关键词为“cat-inspired necklace, strong design, elegant style, European female model, fashion photography, high fashion, detailed, realistic --ar 3：4”，生成的项链设计图如图9-13所示。

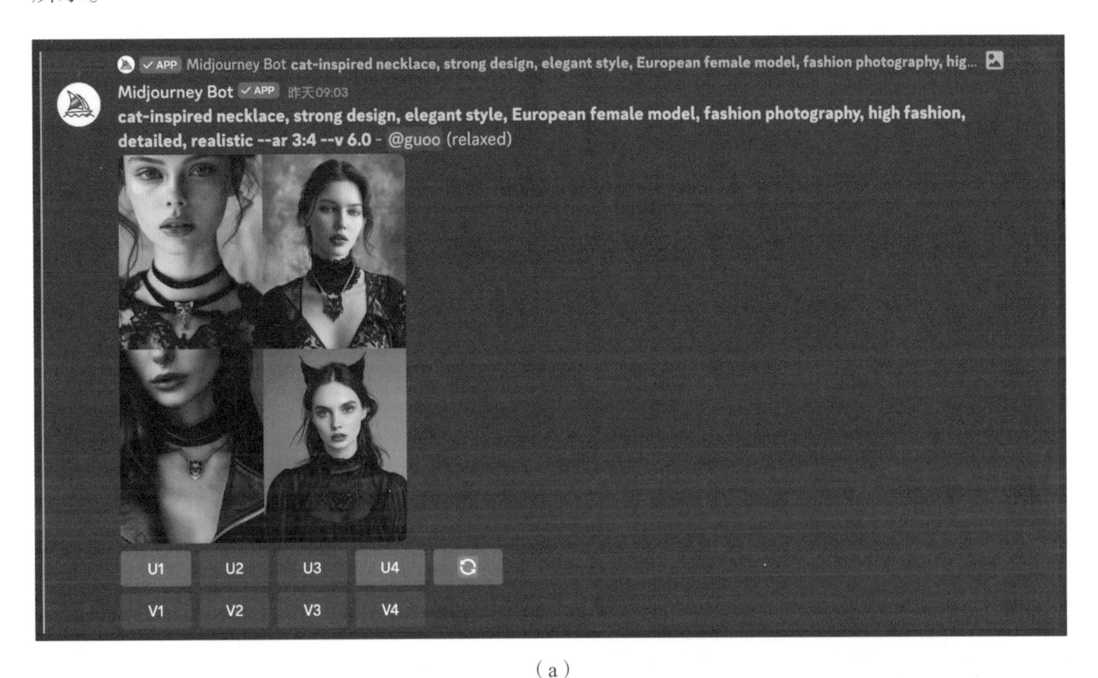

（a）

（b）

图 9-13　Midjourney 生成的以“猫咪”为灵感的项链设计图

AI的想象力是无穷的，还可以继续尝试让AI生成一套饰品，比如同时生成耳饰和项链。以“剪刀”为灵感，生成有设计感的耳饰和项链图片。同样套用公式，将下面的关键词提供给Midjourney “scissor-inspired earrings and necklace, minimalist design, European female model, fashion photography, high fashion, detailed, realistic --ar 3：4”，生成的饰品设计图如图9-14所示。

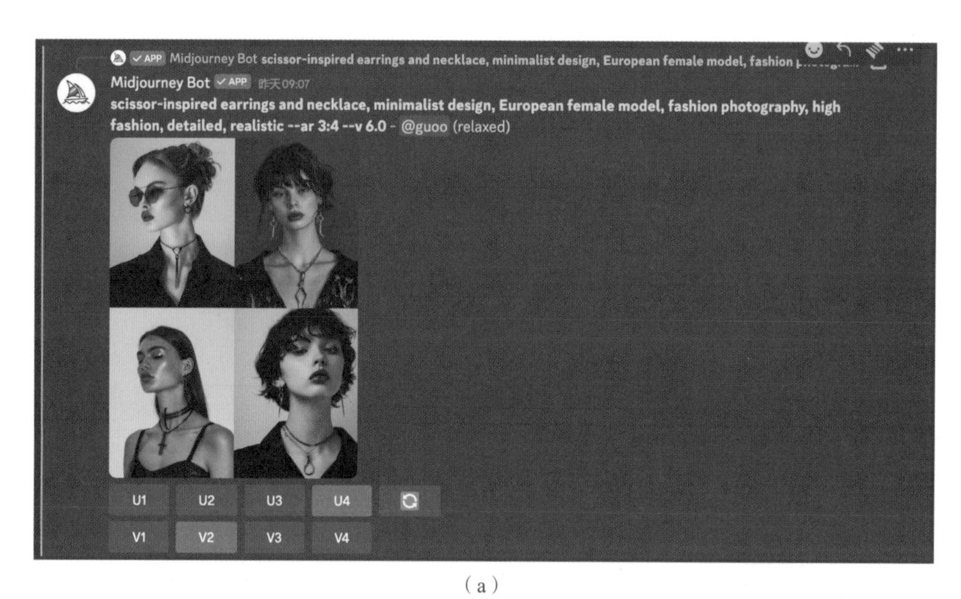

（a）

（b）

图 9-14　Midjourney 生成的以“剪刀”为灵感的耳饰和项链设计图

再以常用的大自然设计灵感为例，生成“以树叶为灵感设计的耳饰和项链，金色，设计感强，优雅风格”的效果图。套用公式后生成的关键词为“gold leaf-inspired earrings and necklace, minimalist style, European female model, fashion photography, high fashion, detailed, realistic --ar 3:4”，生成的首饰效果如图9-15所示。由以上这些图片可以看出，AI在生成服装、首饰等时尚单品的图片时，能够很好地捕捉设计灵感，并呈现出高质量且富有创意的视觉效果。

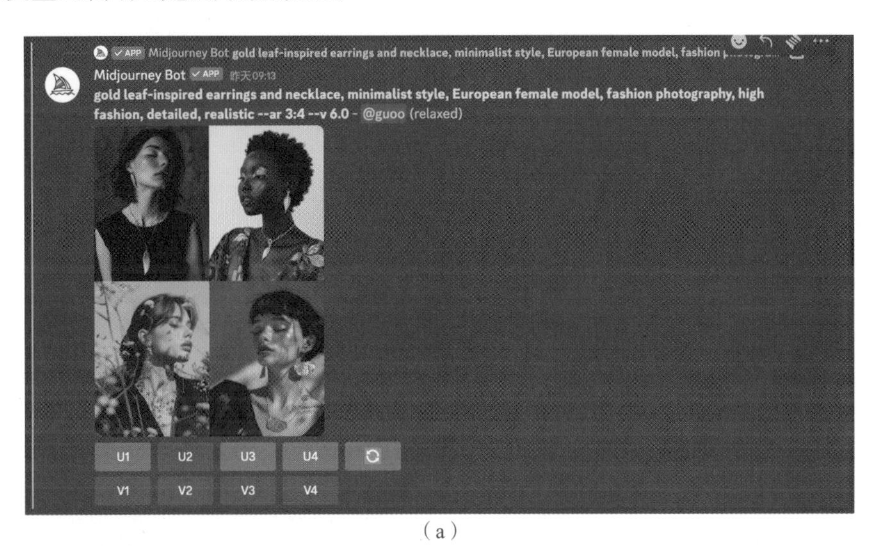

（a）

（b）

图 9-15　Midjourney 生成的以“树叶”为灵感的金色耳饰和项链效果图

◎ AI设计灵感锦囊

下面介绍一些将灵感元素转化为具体的时尚设计方案常用的文生图关键词，涵盖了常用的时尚单品类型、设计灵感来源、模特类型和时尚关键词。这些关键词能够帮助人们更精准地生成符合设计需求的图像，提升创作效率和效果。

时尚单品类型关键词

Necklace：项链
Long Dress：长裙
Short Dress：短裙
Blazer：西装外套
Trench Coat：风衣
Turtleneck Sweater：高领毛衣
Pencil Skirt：铅笔裙
Maxi Skirt：长裙
Jumpsuit：连体裤
Bomber Jacket：飞行夹克
Denim Jacket：牛仔夹克
High Heels：高跟鞋
Ankle Boots：踝靴
Handbag：手提包
Clutch Bag：手拿包
Sunglasses：太阳镜
Wide-Brim Hat：宽檐帽
Scarf：围巾
Belt：腰带
Statement Earrings：夸张耳环

设计灵感来源关键词

Dunhuang Inspiration：敦煌灵感
Recycled Plastic Bottles Inspiration：回收塑料瓶灵感
Nature Inspiration：自然灵感
Vintage Inspiration：复古灵感
Futuristic Inspiration：未来主义灵感
Art Deco Inspiration：装饰艺术灵感
Bohemian Inspiration：波希米亚灵感
Gothic Inspiration：哥特灵感
Minimalist Inspiration：极简主义灵感
Ethnic Inspiration：民族风灵感
Urban Street Style Inspiration：城市街头风格灵感
Floral Patterns Inspiration：花卉图案灵感
Abstract Art Inspiration：抽象艺术灵感
Cultural Heritage Inspiration：文化遗产灵感
Oceanic Inspiration：海洋灵感

模特类型关键词

European Model：欧洲模特
Asian Model：亚洲模特
African Model：非洲模特
Plus Size Model：大码模特
Petite Model：小巧的模特
Athletic Model：运动型模特
Mature Model：成熟的模特
Androgynous Model：中性模特
Male Model：男性模特
Female Model：女性模特

时尚类型关键词

High Fashion：高级时装
Luxury：奢华
Streetwear：街头服饰
Sustainable Fashion：可持续性时尚
Avant-Garde：前卫
Ready-to-Wear：成衣

Haute Couture：高级定制
Boho Chic：波希米亚风
Casual Chic：休闲时尚
Athleisure：运动休闲
Resort Wear：度假服饰
Business Casual：商务休闲
Classic：经典

9.4　AI生成时装周秀场视觉效果

品牌主：郭郭老师，我想要生成模特穿着有设计感的服装在走秀的图片，应该如何借用AI工具生成呢？

郭郭老师：AI生成的秀场效果图可以很好地帮助设计师规划和设计秀场，也可以让人看到模特穿着服装在秀场上走秀的场景。同时也可以生成模特穿着不同的服装在有特色的秀场上走秀的场景，帮助设计师构思秀场创意。下面我带你操作一下，同样可以利用公式来将灵感转化为秀场视觉效果图哦。

利用下面的AI指令公式可以帮人们将灵感转化为秀场视觉效果图。

AI时尚单品创作=秀场关键词+服装设计关键词+模特类型+时尚关键词

首先用一句话描述要生成的图片，比如“穿着复古的衬衫，外面是oversized复古风格西装，以建筑为灵感的纹理，下半身是个裙子，极简高级定制风格，欧洲模特的全身图，走在秀场上，3：4尺寸的图像”。将这些信息代入上述公式中，借助AI生成关键词。最后生成的关键词为“fashion runway（秀场）, vintage shirt with oversized vintage suit featuring architecture-inspired patterns and skirt, minimalist style, haute couture design（服装设计）, European model, full-body shot（模特类型）, clean background, fashion show image（时尚关键词）--ar 3：4（图片尺寸）”，生成的服装秀场图片如图9-16所示。

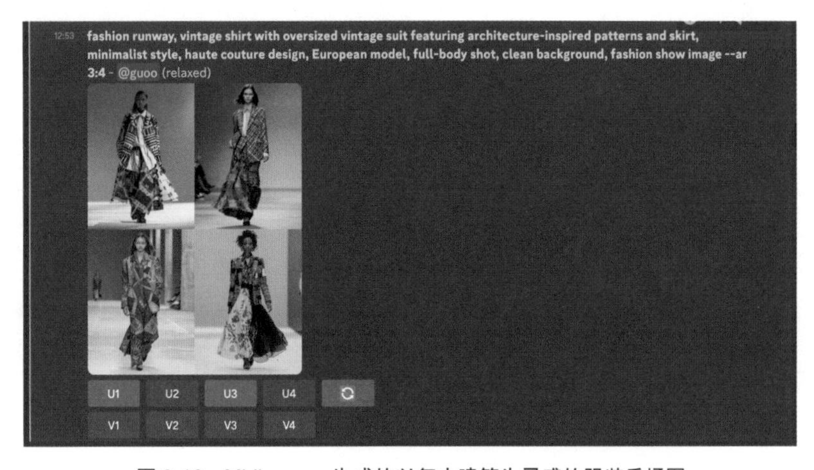

图 9-16　Midjourney 生成的以复古建筑为灵感的服装秀场图

在此关键词的基础上，可以多次刷新生成不同风格的服装和走秀图片，为设计师提供丰富的设计灵感。如图9-17所示，通过不断调整关键词，AI能够生成多样化的设计方案，为设计师提供新的创意视角。

图 9-17　Midjourney 生成的秀场图

接下来根据此公式尝试生成不同风格服装的秀场图。比如生成“以自然森林为灵感的高级定制服装的秀场图”。根据公式得出的关键词为“fashion runway（秀场）, trench coat with natural forest texture, European female model, eco-friendly, haute couture, earthy, realistic, haute couture design（服装设计）, European model, full-body shot（模特类型）, clean background, fashion show image（时尚关键词） --ar 3：4（图片尺寸）”，生成的图片如图9-18所示。可以看出，AI能够根据服装风格生成符合该风格的秀场空间，同时也为秀场空间设计提供了丰富的创意灵感。

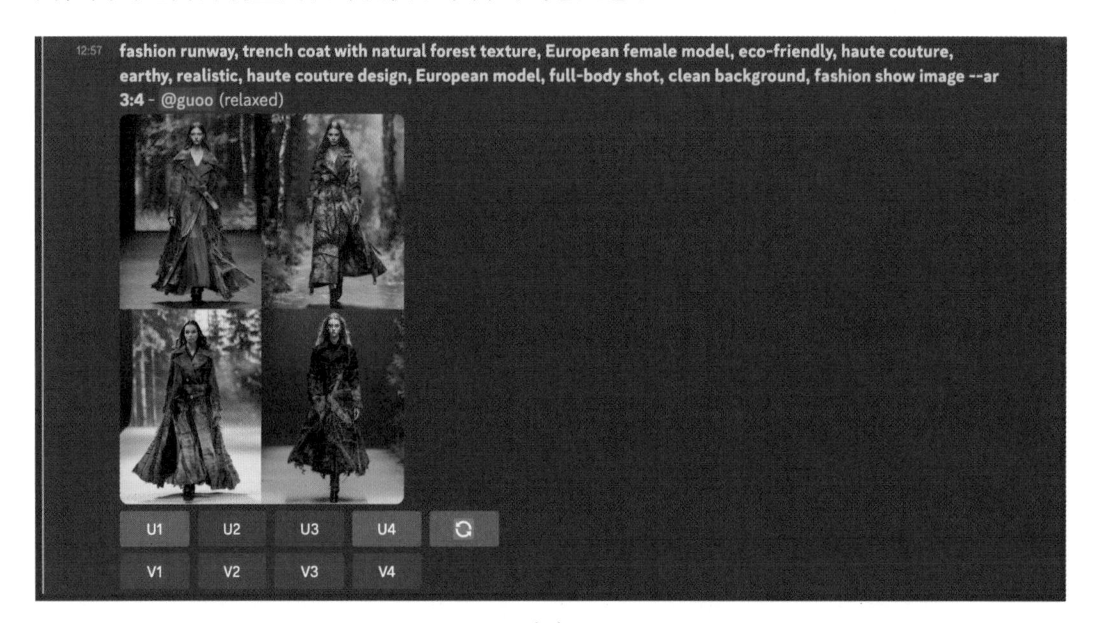

（a）

（b）

图 9-18　Midjourney 生成的以自然森林为灵感的服装秀场图

下面生成“一个男模穿着几何线条的结构化设计风格的大衣在T台走秀”的秀场图。根据公式，生成的关键词为“fashion runway（秀场）, structured coat with geometric lines, European male model, minimalist, haute couture, modern, realistic, haute couture design（服装设计）, European model, full-body shot（模特类型）, clean background, fashion show image（时尚关键词） --ar 3：4（图片尺寸）”，生成的图片如图9-19所示。

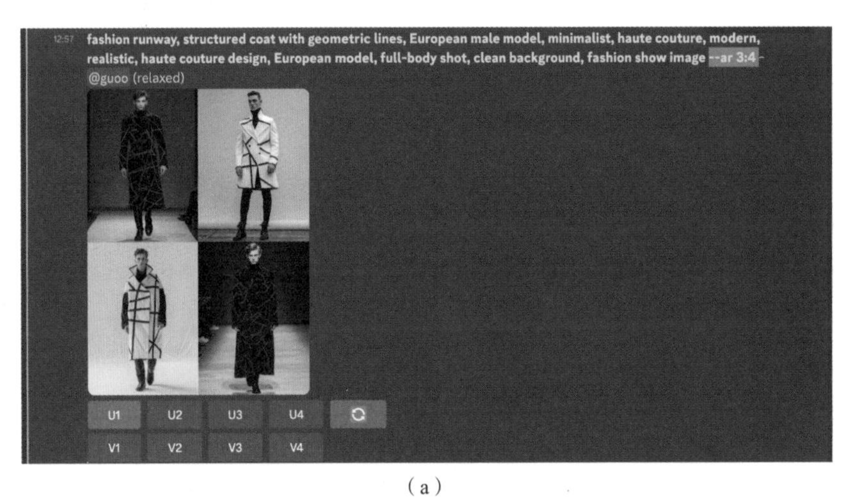

（a）

（b）

图 9-19　Midjourney 生成的几何线条结构化风格服装的秀场图

接下来生成“有未来主义风格的银色夹克服装秀场图”。根据公式，生成的关键词为“fashion runway, silver metallic jacket with laser-cut details, European female model, futuristic, haute couture, bold, detailed, haute couture design, European model, full-body shot, clean background, fashion show image --ar 3：4”，生成的服装秀场图片如图9-20所示。

（a）

（b）

图 9-20　Midjourney 生成的未来主义风格的服装秀场图

再来生成一组“维多利亚风格蕾丝礼服的秀场效果图”。根据公式，提供给Midjourney的关键词为“fashion runway, Victorian-style lace gown, European female model, vintage, haute couture, elegant, detailed, haute couture design, European model, full-body shot, clean background, fashion show image --ar 3：4”，生成的图片如图9-21所示。

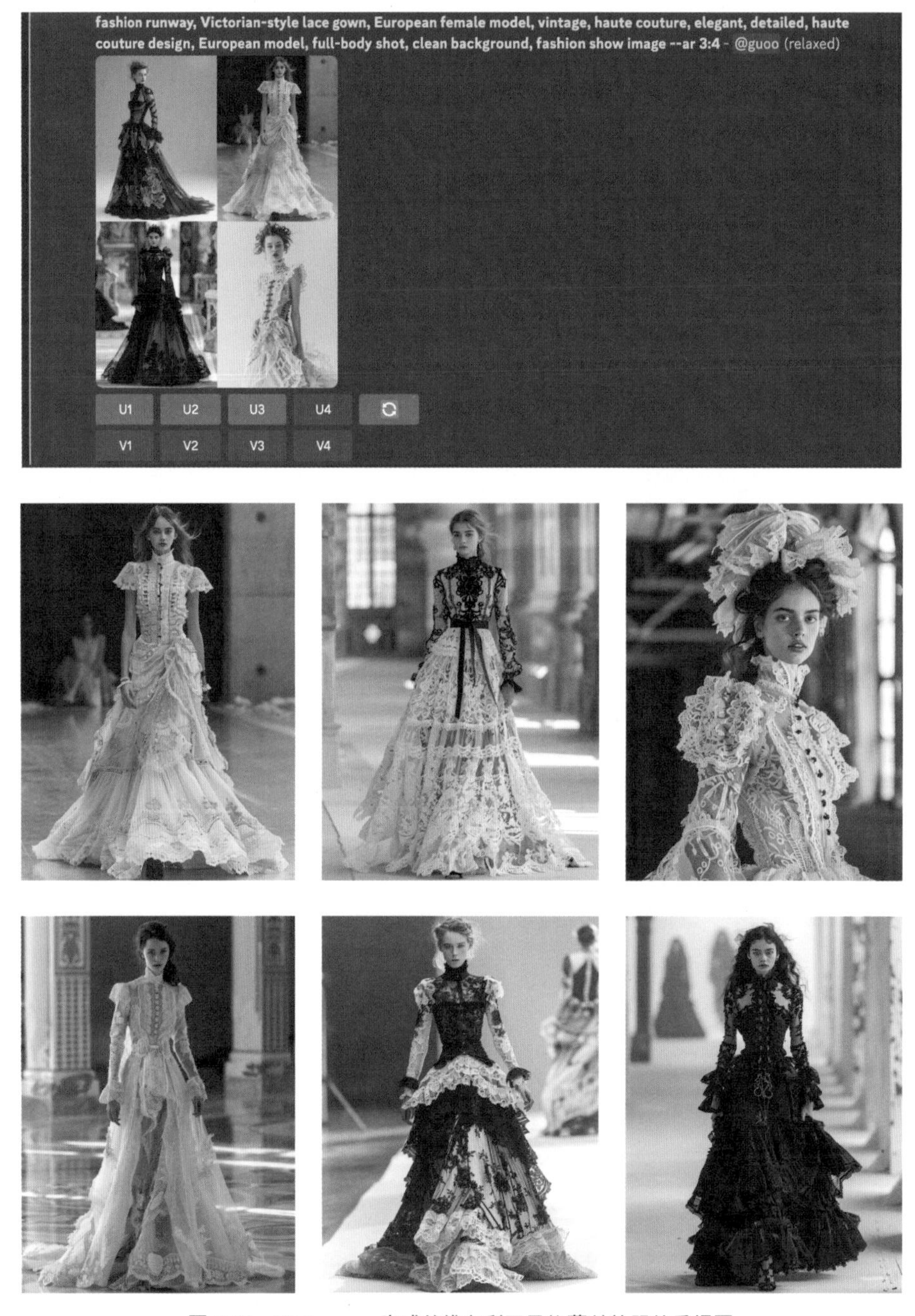

图 9-21　Midjourney 生成的维多利亚风格蕾丝礼服的秀场图

◎ AI设计灵感锦囊

下面介绍一些将灵感元素转化为秀场视觉效果图常用的文生图关键词，涵盖了常用的秀场关键词和秀场视觉效果关键词。通过使用这些关键词，设计师可以更精准地生成符合特定设计需求的秀场图像，提升创作效率和效果。

秀场关键词

Runway：T台
Catwalk：走秀台
Fashion Show：时装秀
Backstage：后台
Spotlight：聚光灯
Stage Design：舞台设计
LED Screens：LED屏幕
Light Effects：灯光效果
Music and Sound：音乐和音效
Model Walk：模特走秀
Designer Showcase：设计师展示
Themed Decor：主题装饰
Fashion Week：时装周
Haute Couture Show：高级定制秀

秀场视觉效果图关键词

Dynamic Catwalk：动感走秀台
High Fashion Atmosphere：高级时尚氛围
Dramatic Lighting：戏剧性灯光
Sleek Stage Design：时尚舞台设计
Interactive LED Screens：互动LED屏幕
Themed Runway Decor：主题T台装饰
Vibrant Light Effects：鲜艳灯光效果
Engaging Music and Sound：引人入胜的音乐和音效
Model Strut：模特步伐
Designer Spotlight：设计师聚光灯
Fashion Show Finale：时装秀闭幕
High-Resolution Photography：高清摄影
Iconic Fashion Week：标志性时装周
Haute Couture Glamour：高级定制魅力
Cutting-Edge Stage Technology：前沿舞台技术

9.5 The New Black软件在服装设计中的应用

除了常用的AI文生图工具，如Midjourney，还有一些专门为AI时尚设计开发的平台，如The New Black。The New Black 是一个专注于时尚设计的人工智能平台，它利用先进的AI技术帮助设计师快速创建独特且原创的时装设计。这个平台在时尚界引起了一场革命，为设计师提供了全新的创作方式，使他们能够以前所未有的速度和效率设计出引人注目的服装。

下面具体说明如何使用The New Black平台生成服装设计图。首先，进入The New Black平台网站 https://thenewblack.ai/，注册账号后，单击“Create a design”按钮进入AI Design（设计）页面，如图9-22所示。

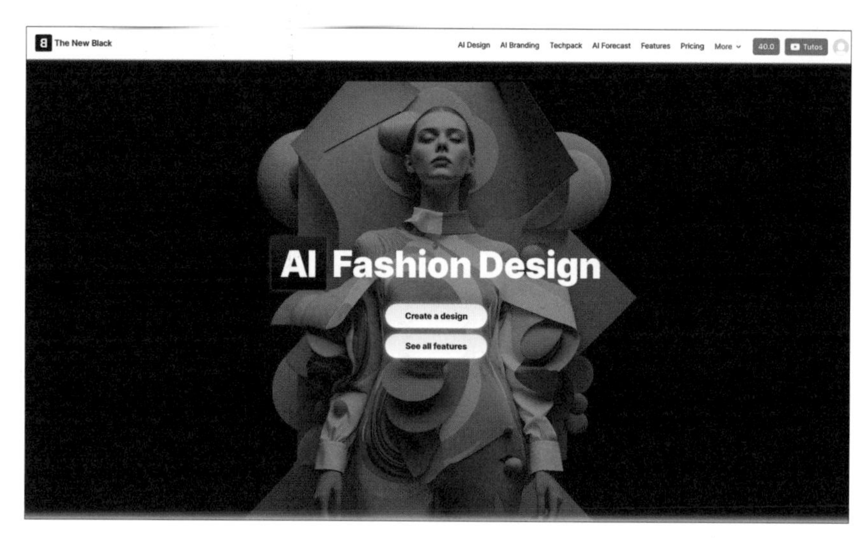

图 9-22　The New Black 平台首页

进入AI Design（设计）页面后，在左侧边栏可以输入关键词，如图9-23所示。

图 9-23　AI Design（设计）页面

在左侧边栏输入想要生成的图片信息，比如想要生成“一个以水母为设计灵感的服装，上面有由气泡膜和回收塑料制成的灯”。在“Gender & Type”选项区域选择“Woman”选项，在下方的下拉列表中选择“Clothing”选项；在“Creation”选项区域选择模特类型，并在下方的文本框里输入关键词“jellyfish costume with lights made out of bubble wrap and recycled plastics”。最后单击最下方的“Create a Design（1.0）”按钮，如图9-24所示，即可生成图片。生成的图片如图9-25所示，生成的图片随后会出现在右侧的“My designs”选项卡中。

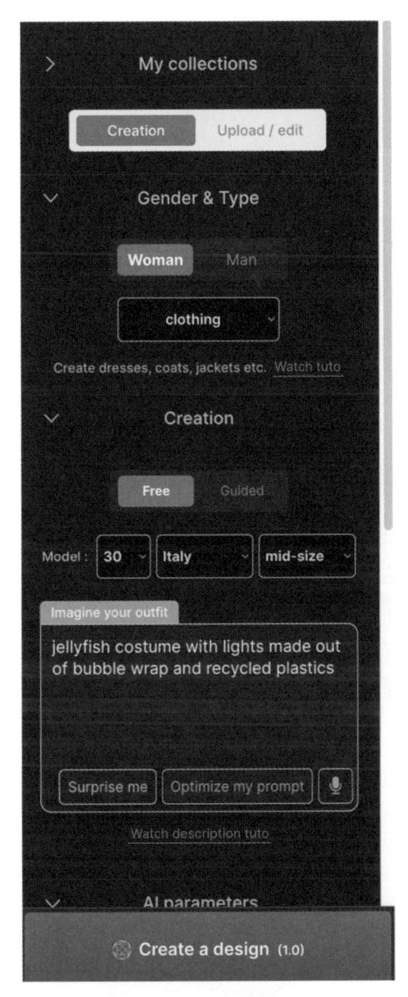

图 9-24 输入图片信息

图 9-25 The New Black 生成的服装设计图

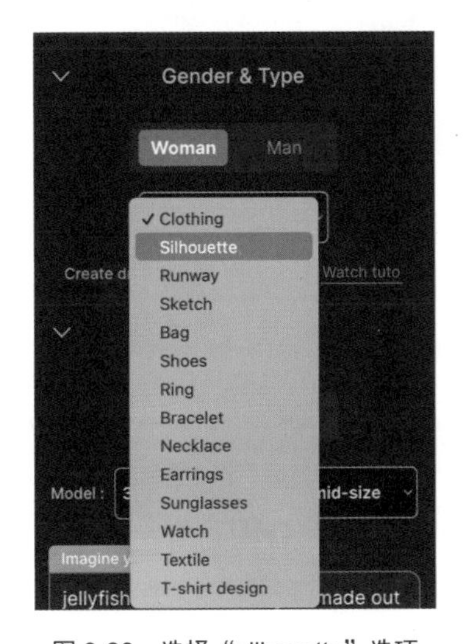

图 9-26 选择“silhouette”选项

除了服装设计图，也可以生成服装不同角度的整体轮廓图。首先在左侧边栏里选择“silhouette”选项，如图9-26所示。

然后选择喜欢的model类型，并分别在“Head”（模特头部）、“Top”（上衣）、“Bottom”（下装）、“Shoes”（鞋）、Accessory in hand（配饰）等文本框中输入关键词。比如，想要生成“戴着白色发带、上衣是白色和金色的粗花呢、袖子边有羽毛的长袖斗牛士夹克、下装是奶油色泡泡迷你裙、穿着一双金色的6英寸鲁布托鞋、手上有金色交叉首饰”的设计图，分别将以上信息填入左侧栏中，如图9-27所示。

单击“Create a silhouette（2.0）”按钮，即可生成服装图片，生成的图片如图9-28所示。从图中可以看出，AI可以帮助人们生成服装的正反面效果，使设计师能够更加清晰地看到服装的详细信息，为后续设计提供更多细节参考。这不仅提高了设计的精确度，还加快了创作过程。

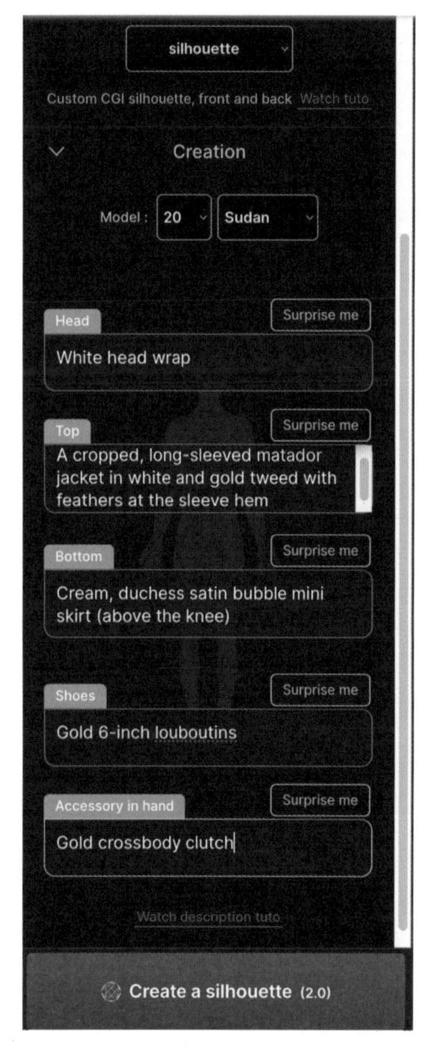

图 9-27　分别填入关键词

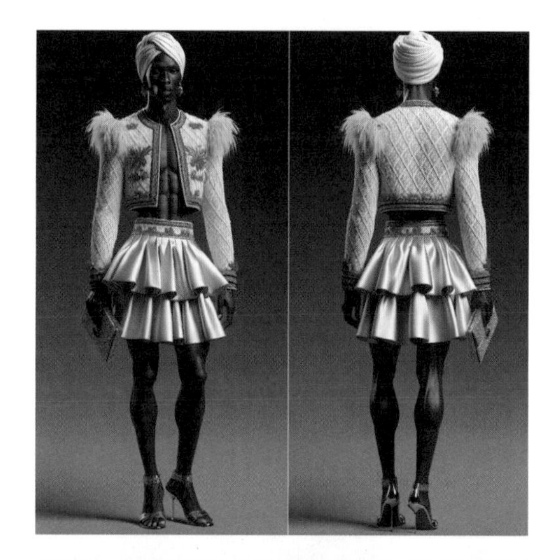

图 9-28　AI 生成的服装整体轮廓图

除了服装，在The New Black平台中还可以生成秀场图、箱包、戒指、项链、首饰、眼镜、鞋子和面料的设计图。下面以“箱包”为例，让AI生成“航空风格的、发光的蓝色六角手提袋”。在关键词文本框中输入“Aero-glamorous, luminescent blue Hexagon-Tote”，如图9-29所示。单击“Create a Design”按钮后，生成的图片如图9-30所示。由此可以看出，AI不仅准确地呈现了设计要求，还为设计增添了独特的创意和视觉效果。

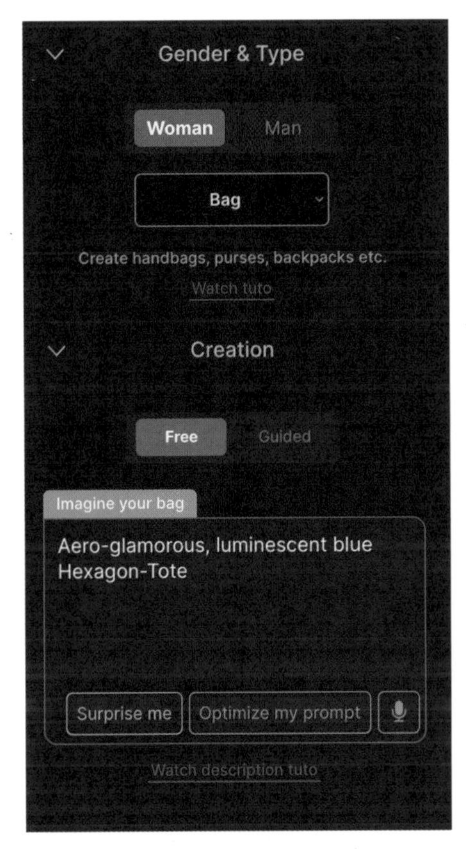

图 9-29　填入关键词

图 9-30　AI 生成的包包图片

用同样的方法，再生成一张“面料”图片。比如，想生成“绣着春天的花朵的图案”，在关键词文本框里输入“embroidery with spring flowers in neon bright ombre thread colors on mesh”，AI生成的图片如图9-31所示。由图9-31可以看出，AI不仅能够精确捕捉关键词的细节，还能创造出色彩丰富、细腻逼真的面料图案，为设计师提供了更多面料创意灵感和参考。

图 9-31　AI 生成的面料图片

用同样的方法，可以多次尝试，生成不同的设计图类型，并且生成的所有设计图，都会保存在“My designs”选项卡中，如图9-32所示。

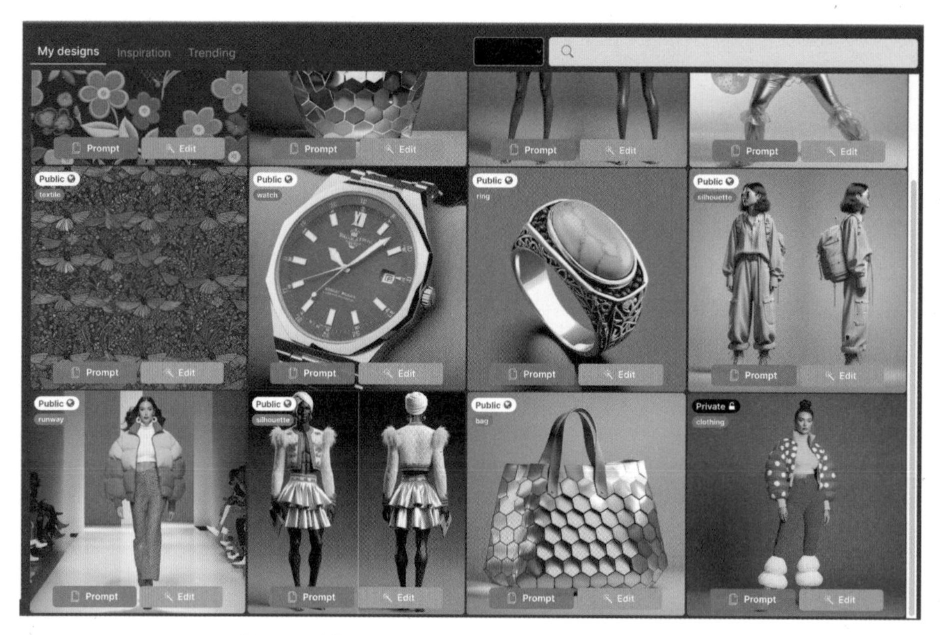

图 9-32　“My designs”选项卡中收录生成的图片

除了直接生成设计图，The New Black社区提供了各种各样的设计灵感。单击“Inspiration”按钮，可以看到社区里不同用户生成的图片。The New Black的优势在于，用户可以任意单击一张图片，单击“prompt”按钮，就可以复制关键词，生成相似的图片，如图9-33所示。

（a）

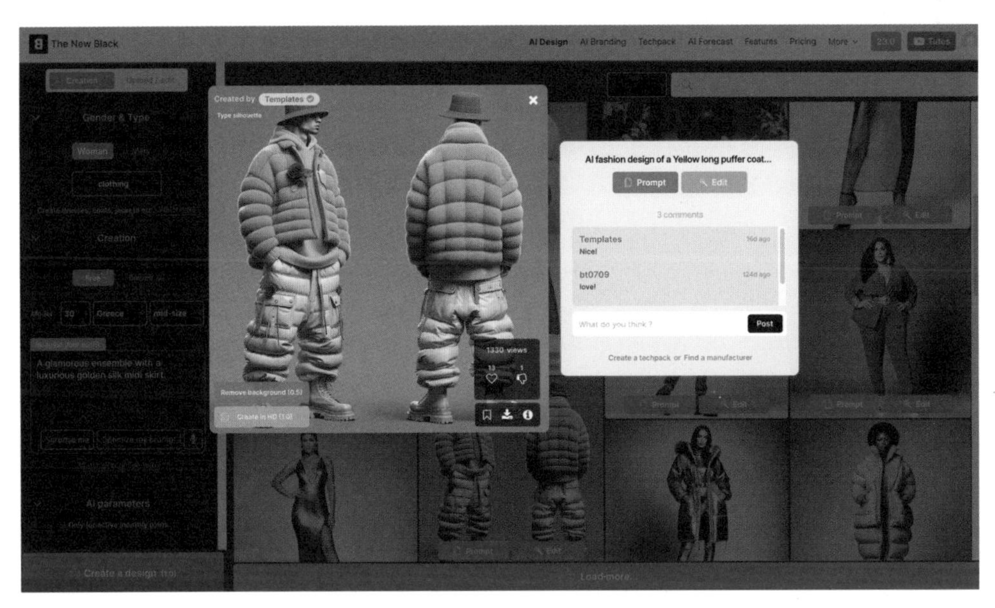

（b）

图 9-33　在“Inspiration”里找到喜欢的图片并单击 prompt 按钮可复制关键词

除此之外，在The New Black平台中还可以查看最近30天的关键词趋势。单击“Trending”按钮，即可看到“Last 30 days rising trends”和“Last 30 days top trends”两列关键词，如图9-34所示。每个关键词都可以单击“copy”按钮进行复制，通过这些关键词可以生成新的图片。这种功能可以帮助品牌主和设计师快速了解当前的流行趋势，确保设计作品紧跟市场潮流。

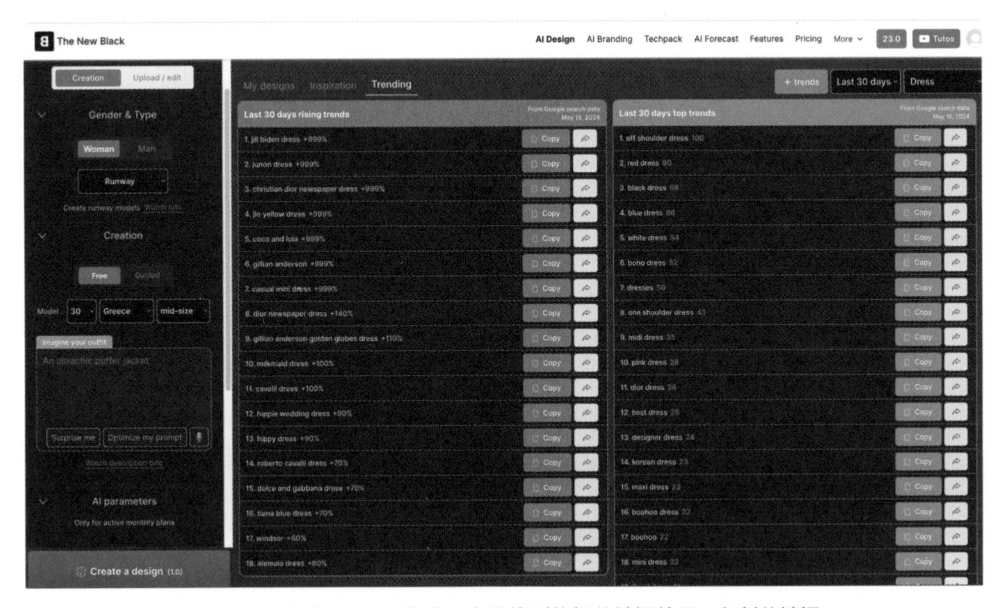

图 9-34　在“Trending”选项卡里找到热门关键词并且可复制关键词

9.6 常用AI时尚设计指令与参数

本节整理了AI时尚设计的Midjourney常用指令、网站、常用的AI文生图关键词，如表9-1所示。这些资源旨在帮助读者更高效地利用AI工具，以实现精确且富有创意的时尚设计方案。

表 9-1　AI 时尚设计的 Midjourney 常用指令、网站与常用的 AI 文生图关键词

Midjourney 常用指令	“describe”：描述指令，AI生成图片的基本描述关键词
	“--ar”：图片尺寸指令，如“--ar 3：4”“--ar 9：16”等
	::2, ::3（双冒号+数字），用于增加某个关键词的权重
AI时尚设计网站推荐	The New Black: https://thenewblack.ai/
服装颜色关键词	Red, Blue, Green, Black, White, Yellow, Pink, Purple, Orange, Brown, Gray, Navy, Beige, Teal, Burgundy, Coral, Mint, Lavender, Olive, Maroon
服装面料关键词	Silk Fabric, Cotton Fabric, Wool Fabric, Linen Fabric, Denim Fabric, Leather Fabric, Satin Fabric, Velvet Fabric, Chiffon Fabric, Lace Fabric, Polyester Fabric, Knit Fabric, Tweed Fabric, Suede Fabric, Organza Fabric, Jersey Fabric, Nylon Fabric, Taffeta Fabric, Crepe Fabric, Mesh Fabric
真实感时尚拍摄关键词	Realistic Clothing Texture, C4D Style Rendering, Precise OC Rendering, High-End Realistic Photography Setting, Ultra-Realistic Rendering, White Background, Detailed, Rich, Lifelike, Commercial Photography, Canon, Studio Lighting, Editorial Style, Fashion Editorial, Glossy Finish
模特姿态关键词	Full-Body Model, Half-Body Model, Dynamic Poses, Natural Poses, Front View, Side View, Back View, Casual Pose, Elegant Pose, Walking Pose, Seated Pose, Action Pose, Hands on Hips, Over-the-Shoulder Pose, Crossed Arms, Leaning Pose, Portrait Style, Profile View, Interaction Pose, Motion Capture
时尚单品类型关键词	Necklace, Long Dress, Short Dress, Blazer, Trench Coat, Turtleneck Sweater, Pencil Skirt, Maxi Skirt, Jumpsuit, Bomber Jacket, Denim Jacket, High Heels, Ankle Boots, Handbag, Clutch Bag, Sunglasses, Wide-Brim Hat, Scarf, Belt, Statement Earrings
设计灵感来源关键词	Dunhuang Inspiration, Recycled Plastic Bottles Inspiration, Nature Inspiration, Vintage Inspiration, Futuristic Inspiration, Art Deco Inspiration, Bohemian Inspiration, Gothic Inspiration, Minimalist Inspiration, Ethnic Inspiration, Urban Street Style Inspiration, Floral Patterns Inspiration, Abstract Art Inspiration, Cultural Heritage Inspiration, Oceanic Inspiration
模特类型关键词	European Model, Asian Model, African Model, Plus Size Model, Petite Model, Athletic Model, Mature Model, Androgynous Model, Male Model, Female Model
时尚类型关键词	High Fashion, Luxury, Streetwear, Sustainable Fashion, Avant-Garde, Ready-to-Wear, Haute Couture, Boho Chic, Casual Chic, Athleisure, Resort Wear, Business Casual, Classic
秀场关键词	Runway, Catwalk, Fashion Show, Backstage, Spotlight, Stage Design, LED Screens, Light Effects, Music and Sound, Model Walk, Designer Showcase, Themed Decor, Fashion Week, Haute Couture Show
秀场视觉效果图关键词	Dynamic Catwalk, High Fashion Atmosphere, Dramatic Lighting, Sleek Stage Design, Interactive LED Screens, Themed Runway Decor, Vibrant Light Effects, Engaging Music and Sound, Model Strut, Designer Spotlight, Fashion Show Finale, High-Resolution Photography, Iconic Fashion Week, Haute Couture Glamour, Cutting-Edge Stage Technology

本章小结

本章重点介绍了AI在时尚设计中的广泛应用及其对时尚品牌的重要性。对时尚品牌来说，掌握和利用这些AI工具至关重要，因为它们能够加快设计流程，确保品牌在竞争激烈的市场中保持创新和领先地位。

运用AI进行时尚设计的流程如下。

1. 定义设计目标和灵感方向

首先，明确设计的目标和主题，包括了解品牌的定位、目标市场及当前的设计趋势。品牌主和设计师通过输入相关关键词生成初步设计方案，确保设计方向与品牌的核心价值和市场需求相符。

2. 生成和优化设计方案

使用AI工具，可以将服装线稿图生成模特试穿图，快速生成多种设计方案。AI能够在短时间内提供多个设计迭代，使设计师能够进行多次优化，调整细节和整体效果，直到获得最佳方案。

3. 生成展示效果图

根据设计灵感，可以生成高质量的秀场效果图或产品展示图。这些效果图可以模拟时装秀场场景，展示产品的质感、颜色和细节。高质量的展示图不仅能够提升品牌展示的视觉冲击力和吸引力，还能在宣传材料和社交媒体上广泛传播，吸引潜在消费者的关注，更好地传达设计理念和品牌形象。

4. 反馈和调整

根据市场和消费者的反馈，使用AI快速调整和优化设计，使品牌主能够更灵活地应对市场挑战，推出更受欢迎的时尚产品。

课后练习

请基于本章内容，设计一款全新的时尚单品，利用AI工具从灵感捕捉、生成线稿图到制作模特试穿图，完整地实现整个设计流程。首先，定义设计目标和灵感来源，使用AI生成初步设计方案，并进行多次迭代优化。其次，利用AI工具生成模特试穿图，并通过生成的展示效果图进行市场预热和宣传，吸引更多潜在消费者的关注和兴趣。

在整个过程中，请记录每一步的设计思路和调整方案，并总结使用AI工具的经验和体会。

结 语

随着AI技术的飞速发展，品牌设计和营销领域正迎来一场前所未有的变革。未来，AI不仅是辅助工具，还将成为品牌发展的核心动力，人们将会看到AI在个性化营销、数据分析、语音搜索、内容生成、客户服务自动化及VR/AR体验中的广泛应用。这些技术将帮助品牌更好地理解和服务客户，打造更引人入胜的互动体验。

随着技术不断进步，人们手中的工具和方法也会不断更新。我会时刻保持学习，紧跟最新技术的步伐，以便及时更新和补充这本书的内容。书中的案例和工作流程，是我在高校教学与企业合作中总结出来的实战经验。相信随着AI工具和方法的不断完善，未来的品牌设计和营销会变得更加高效和创新。希望这本书不仅能成为您在AI创意设计方面的指南，还能激发您的灵感，鼓励您在未来勇敢创新、大胆地尝试新技术。

非常感谢每一位读者的支持和信任。希望您在阅读本书时，结合最新的技术和工具，发现更多的可能性，并将这些知识应用到实际工作中。作为“郭郭老师”，我会继续在AI创意设计领域不断探索，也希望能得到大家的反馈和建议，一起进步。

愿我们在这条充满创新和挑战的道路上一起前行，迎接AI时代下的无限可能。